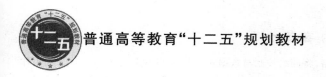

普通高等教育"十二五"规划教材

软件定义的无线接入网络架构与关键技术

主　编　路兆铭　王鲁晗　温向明
编　者　陈　昕　雷　涛　马　璐　赵　星
　　　　管婉青　张　彪　刘唯毓　夏修妍

北京邮电大学出版社
www.buptpress.com

内 容 简 介

本书采用 SDN 的思想演进未来无线接入网络,将网络控制与数据转发分离,为网络管理者提供开放操作平台,同时采用了先进的无线资源管理策略。该演进方案可以有效抑制未来无线网络密集部署带来的干扰,加快无线网络中新业务、新技术的部署速度,提升终端用户的业务体验质量,促进未来无线网络发展。

本书主要围绕以下三个关键问题:(1)未来无线接入网络能力的开放;(2)异构无线接入网络无缝融合;(3)高密度覆盖下无线业务 QoE 的保障。开展如下内容论述:(1)可编程数据面,主要讨论虚拟化可重构软基站技术和动态多模基带池技术;(2)高效无线接入控制平台,主要包括对控制平台架构、无线资源抽象和网络状态感知的论述;(3)开放无线网络架构下网络管理关键技术,主要包括异构网络移动性管理,无线业务 QoE 感知技术以及弹性网络资源分配策略等。

图书在版编目(CIP)数据

软件定义的无线接入网络架构与关键技术 / 路兆铭,王鲁晗,温向明主编. -- 北京:北京邮电大学出版社,2015.9

ISBN 978-7-5635-4487-5

Ⅰ.①软… Ⅱ.①路…②王…③温… Ⅲ.①无线接入技术-研究 Ⅳ.①TN925

中国版本图书馆 CIP 数据核字(2015)第 198100 号

书　　　名:软件定义的无线接入网络架构与关键技术
著作责任者:路兆铭　王鲁晗　温向明 主编
责 任 编 辑:满志文
出 版 发 行:北京邮电大学出版社
社　　　址:北京市海淀区西土城路 10 号(邮编:100876)
发 行　部:电话:010-62282185　传真:010-62283578
E-mail:publish@bupt.edu.cn
经　　　销:各地新华书店
印　　　刷:北京鑫丰华彩印有限公司
开　　　本:787 mm×1 092 mm　1/16
印　　　张:15.75
字　　　数:392 千字
版　　　次:2015 年 9 月第 1 版　2015 年 9 月第 1 次印刷

ISBN 978-7-5635-4487-5　　　　　　　　　　　　　　　　　　　　　定　价:32.00 元

前　言

　　无线接入网络宽带化的发展和移动终端能力的不断开放,带来了无线业务的爆发式增长。未来无线接入网络,不仅需要能够支撑业务容量的高速增加,还需要融合多种异构接入方式,满足终端用户越来越苛刻的业务体验需求。针对以上所述无线接入网络中所面临的问题,在本书中,拟引入控制与数据分离的无线接入网络架构,讨论在该架构下异构网络融合和资源管理等关键技术。本书将围绕以下三个关键问题展开:

　　1. 未来无线接入网络能力的开放:如何解决无线网络封闭性和无线业务泛在化之间的矛盾?

　　在无线接入网络中,随着终端硬件计算能力的不断提升,ANDROID,IOS 等终端开放操作系统已经成为主流。开放操作系统通过给用户和开发人员提供友好开发接口,已经实现了终端能力的逐步开放,带来了终端应用的爆发式增长。与此同时,无线接入网络却仍然处于十分封闭的状态,对网络的管理和升级需要对网络设备和协议进行复杂的配置和操作,封闭的无线接入网络和开放的移动终端之间产生了一个巨大的矛盾,导致网络的升级和革新无法适应井喷式涌现的新业务。这需要将软件定义网络(SDN)的理念引入到无线接入网络中,设计可编程的数据面,抽象无线网络资源,定义可以给用户提供友好接口的控制面,实现无线接入网络能力的开放。

　　2. 异构无线接入网络无缝融合:如何解决未来无线接入网络中多种接入方式共存和一致性网络资源管理之间的矛盾?

　　在无线接入网络的发展过程中,出现了各种各样的接入方式,在我们周围的自由空间中,常常会存在着三种以上的无线接入方式。然而,事实上我们只能够选择其中的一种或者两种接入,即使我们所在的接入网络已经处于满负载运行,周围的其他接入网络处于十分空闲的状态,要通过无线接入网络之间的高效协作,在不同的无线接入方式之间实现无缝的移动性和动态的流量转移,也是十分困难的事情。因此,需要通过在不同无线接入网络之间建立统一的网络管理平台,通过不同接入方式之间的高效协作,实现用户在异构接入网络之间的无缝移动性和负载转移。

　　3. 高密度覆盖下无线业务 QoE 的保障:如何解决未来无线网络中不可预测的动态干扰和苛刻的用户 QoE 需求之间的矛盾?

　　随着用户业务数据量和种类的飞速增加,无线网络需要高密度的接入点部署来提供更高的数据速率。然而,高密度的接入点部署会给网络中的用户带来不可预测的动态干扰,影响网络中业务特别是实时业务的质量。这就需要一方面分析无线网络中动态干扰的特征及产生原因,另一方面研究容易受到此类干扰影响的业务的 QoE 感知模型,通过对无线资源的合理配置和调度,最大限度降低干扰对业务质量的影响,保障终端用户 QoE。

　　本书由路兆铭、王鲁晗、陈昕全文审稿并统稿,雷涛,马璐,赵星,管婉青,张彪,刘唯毓,夏修妍等参与了本书的编写工作。在此,对关心支持本书和本书编者的领导、同事和朋友们表示由衷的感谢! 尤其对"网络体系构建与融合"北京市重点实验室的各位老师和同学表示感谢!

　　由于编者水平有限,加之时间较紧,因此疏漏瑕疵之处在所难免,恳请读者批评指正。

作　者

目　　录

第1章 无线接入网络的演进概述

1.1 无线接入网络简述

从信息论的角度讲,通信是指信息的传递和交换。如打电话,它是利用电话线路来传递和交换消息;人和人之间的谈话,是利用声音来传递和交换消息;古时候用的"消息树"、"烽火台"和现代仍使用的"信号灯"等则是利用光的方式传递消息。通信的目的是传递信息,信息具有不同的形式,例如:语言、文字、数据、图像、符号等。随着社会的发展,信息的种类越来越多,人们对传递信息的要求和手段也越来越高。在通信的实现过程中,信息的传递是通过信号来进行的,如:红绿灯信号、狼烟、电压、电流信号等,信号是信息传递的载体。通信技术的发展历史,伴随着信息传递载体的不断变革,自从马可尼第一次向世人展示了无线电波通信的神奇,无线通信技术就开始了不断创新的发展历程。

无线通信网络,严格意义上来说,指的是接入侧使用无线传输,即网络结点到用户终端之间,部分或全部采用了无线手段,向用户终端提供电话和数据服务。典型的无线接入系统由控制器、操作维护中心、基站、固定用户单元和移动终端等几个部分组成。

(1)控制器通过其提供的与交换机、基站和操作维护中心的接口与这些功能实体相连接。控制器的主要功能是处理用户的呼叫(包括呼叫建立、拆线等)、对基站进行管理,通过基站进行无线信道控制、基站监测和对固定用户单元及移动终端进行监视和管理。

(2)操作维护中心负责整个无线接入系统的操作和维护,其主要功能是对整个系统进行配置管理,对各个网络单元的软件及各种配置数据进行操作;在系统运转过程中对系统的各个部分进行监测和数据采集;对系统运行中出现的故障进行记录并告警。除此之外,还可以对系统的性能进行测试。

(3)基站通过无线收发信机提供与固定终接设备和移动终端之间的无线信道,并通过无线信道完成话音呼叫和数据的传递。控制器通过基站对无线信道进行管理。基站与固定终接设备和移动终端之间的无线接口可以使用不同技术,并决定整个系统的特点,包括所使用的无线频率及其一定的适用范围。

(4)固定用户单元是固定终接设备为用户提供电话、传真、数据调制解调器等用户终端的标准接口-Z 接口。它与基站通过无线接口相接。并向终端用户透明地传送交换机所能提供的业务和功能。固定终接设备可以采用定向天线或无方向性天线,采用定向天线直接指向基站方向可以提高无线接口中信号的传输质量、增加基站的覆盖范围。根据所能连接的用户终端数量的多少;固定终接设备可分为单用户单元和多用户单元。单用户单元(SSU)只能连接一个用户终端,适用于用户密度低、用户之间距离较远的情况;多用户单元则可以支持多个用户终端,一般较常见的有支持 4 个、8 个、16 个和 32 个用户的多用户单元,多用户单元在用户之间距离很近的情况下(比如一个楼上的用户)比较经济。

(5)移动终端从功能上可以看作是将固定终接设备和用户终端合并构成的一个物理实体。由于它具备一定的移动性,因此支持移动终端的无线接入系统除了应具备固定无线接入系统所具有的功能外,还要具备一定的移动性管理等移动通信系统所特有的功能。

1.2　无线接入技术的演进过程

现代意义下的无线通信起源于 1895 年马可尼成功的无线传输,几年后,马可尼跨越英吉利海峡 51 公里无线电通信试验成功,并获得英国政府颁发无线电专利,使得无线通信正式进入实用阶段。经过一个多世纪的发展,无线通信网络获得了飞速的发展,无论是无线通信的距离、通信的质量、终端的体积、终端性能还是传输的速度,都取得了令人难以置信的进步。技术的更新也带动了新的需求,从当初的寻呼系统,到 20 世纪后期语音信号,再到 21 世纪初的数字多媒体业务,每一代技术的革新也带动了新业务的发展。

如今,无线接入网络(Radio Access Network,RAN)已经遍布人们中的每一个角落,依据国际电信联盟(ITU)2013 年年初的调研显示,世界上共有 68 亿移动电话用户,其中一半以上(35 亿)在亚太地区,移动宽带用户从 2007 年的 2.68 亿大增至 2013 年的 21 亿——平均年增长率高达 40%。有预测表明,到 2019 年,全球移动宽带用户数将达到 76 亿,占移动用户总数的 80% 以上,智能手机用户数有望达到 56 亿。欧洲的智能手机用户数将达到大约 7.65 亿,超过其人口总数。另外,根据中国工业和信息化部于 2015 年 4 月公布的数据,我国移动用户数总规模达 12.93 亿户,新部署的 4G 移动电话用户月均净增超过 2000 万,移动宽带用户占比近 50%。在新一代无线通信网络中,加入了机器与机器(Machine To Machine,M2M)通信的架构设计,一个万物互联的时代已经为时不远。

从无线接入技术的角度来看,不仅有覆盖了全球绝大部分地区并提供广泛语音数据接入的蜂窝移动网络;有为局部热点地区提供高速率、高带宽接入的无线局域网;有适用于短距离、低成本传输的蓝牙系统;有可为全球用户提供大跨度、大范围、远距离的漫游和机动灵活的移动通信服务的卫星接入网,还有目前还处于实验室阶段的光脉冲无线传输信息技术(Light Fidelity,LiFi)。从接入的范围来看,无线接入技术可以分为广域网接入、城域网接入和局域网接入。这些技术各有所长,相辅相成,广泛运用在信息共享、人员社交、电子商务、工业自动化、紧急救援、太空探索、军事等方面,为人类的生活与科学探索带来了巨大的动力。

1.2.1　蜂窝无线通信系统的演进

早在 19 世纪末,人们就发现可以通过无线电波进行信息的传递,但是受制于通信效率、系统容量、设备精度、环境干扰等问题,无线通信在那个年代是一种昂贵、低效且不可靠的通信方式。然而随着蜂窝网概念的提出,真正解决了公用移动通信系统要求容量大与无线频谱资源有限之间的矛盾,使得移动通信系统真正意义上实用化、公众化。此外大规模集成电路技术的发展和微处理器技术的日趋成熟,为大型通信网的控制和管理提供了技术手段,也为移动通信系统的可靠性和抗干扰能力提供了技术基础。自从 20 世纪 70 年代贝尔实验室首次提出了先进移动电话系统(AMPS),建成了蜂窝移动通信网,大大提高了系统容量。同时摩托罗拉公司在通信电子器件上的革命,使得移动终端成为可能,移动通信技术的发展走进了日新月异的时代。

蜂窝系统的基本原理是频率复用,它利用无线信号功率随着距离增大而减小的特性,允许空间上分开一定距离的两个点使用相同的频率。蜂窝系统将覆盖区域分成互不重叠的小区,每个小区使用一组信道。同一组信道可以被一定距离之外的另一个小区重复使用,如图 1.1所示。每个小区中心放有基站控制整个小区的各种操作。蜂窝移动通信系统是无线广域网接入的典型代表,就正式运营而言,不过 30 多年的时间,就其发展历程而言,大约每 10 年就更新一代。20 世纪 80 年代我国引进了第一代通信系统 TACS(Total Access Communications System),到 90 年代初逐渐遍布全球的第二代 GSM 通信系统,再到 21 世纪初的三足鼎立的3G 时代,以及至今基于 MIMO-OFDM 的 4G 通信系统,蜂窝网络的演进实现了个人通信的伟大蓝图,接下来正要起步的 5G 无线网络,将会有怎么样的创举呢? 我们将会拭目以待。

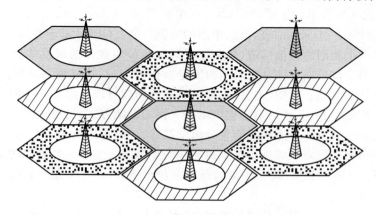

图 1.1　基于频率复用的蜂窝小区

第一代(即 1G,the first generation)移动通信系统的主要特征是采用模拟技术和频分多址(Frequency Division Multiple Access,FDMA)技术、有多种制式。我国主要采用欧洲的TACS 系统,其传输速率为 2.4 kbit/s,其他主流技术还有北美的 AMPS 系统。在第一代蜂窝系统中,蜂窝中心可以根据信号强度灵活地分配信道给每个手持终端,允许相同的频率在完全不同的位置复用,并且不会有干扰。这使得在一个地区内,大数量的手持终端被同时支持成为可能。第一代移动通信有代表性的终端设备就是众所熟知的"大哥大"。第一代移动通信系统在商业上取得了巨大的成功,但是其弊端也日渐显露出来,如频谱利用率低、业务种类有限、无高速数据业务、制式太多且互不兼容、保密性差、易被盗听和盗号、设备成本高、体积大、重量大。所以第一代移动通信技术作为 20 世纪 80 年代到 90 年代初的产物已经完成了任务退出了历史舞台。模拟蜂窝移动通信的出现可以说是移动通信的一次革命。其频率复用大大提高了频率利用率并增大系统容量,网络的智能化实现了越区转接和漫游功能,扩大了客户的服务范围,但上述模拟系统总结起来有四大缺点:

(1) 各系统间没有公共接口;

(2) 很难开展数据承载业务;

(3) 频谱利用率低无法适应大容量的需求;

(4) 安全保密性差,易被窃听,易做"假机"。

第一代移动通信系统的不兼容特性给用户,尤其是欧洲国家带来了巨大的不便,欧洲各国迅速的达成一致,制定了一个统一的标准——GSM,GSM 在 FDMA 的基础上加入了 TDMA 和慢跳频技术,分别提升了系统容量与安全性;话音调制采用频移键控;运行在 900 MHz 是 1800 MHz 频段。北美在第二代移动通信中产生了多种制式方案,主要有采用 FDMA 与 TDMA 相结合,采用相移键控的 IS-136 标准,以及采用 DS-CDMA 和相移键控的 IS-95 标准。这些新的标准形成了第二代移动通信网络(2G)。第二代移动通信网络引入数字无线电技术组成的数字蜂窝移动通信系统,提供更高的网络容量,改善了话音质量和保密性,并为用户提供无缝的国际漫游。当今世界市场的第二代数字无线标准,包括 GSM、D-AMPS。PDC(日本数字蜂窝系统)和 IS-95CDMA 等,均仍然是窄带系统。现有的移动通信网络主要以第二代的 GSM 和 CDMA 为主,采用 GSM GPRS、CDMA 的 IS-95B 技术。同时,用户也不满足蜂窝网的语音业务,用户需求开始向无线分组数据业务蔓延,为了应对这一发展趋势,ETSI 提出了通用分组无线服务技术(General Packet Radio Service,GPRS)。GPRS 经常被描述成"2.5G",也就是说这项技术位于第二代(2G)和第三代(3G)移动通信技术之间。它通过利用 GSM 网络中未使用的 TDMA 信道,提供中速的数据传递。GPRS 基于分组交换,也就是说多个用户可以共享一个相同的传输信道,每个用户只有在传输数据的时候才会占用信道。这就意味着所有的可用带宽可以立即分配给当前发送数据的用户,这样更多的间隙发送或者接受数据的用户可以共享带宽。WEB 浏览,收发电子邮件和即时消息都是共享带宽的间歇传输数据的服务。GPRS 突破了 GSM 网只能提供电路交换的思维方式,只通过增加相应的功能实体和对现有的基站系统进行部分改造来实现分组交换,这种改造的投入相对来说并不大,但得到的用户数据速率却相当可观。后来为了支持高速分组数据业务,IS-95 采用捆绑扩频码技术,数据提供能力可达 115.2 kbit/s,全球移动通信系统(GSM)采用增强型数据速率(EDGE)技术,速率可达 384 kbit/s。

第二代通信系统相较于第一代通信系统,在多个方面有了更加成熟的考虑。频谱效率方面,由于采用了高效调制器、信道编码、交织、均衡和语音编码技术,使系统具有高频谱效率。容量方面,由于每个信道传输带宽增加,使同频复用载干比要求降低至 9 dB,故 GSM 系统的同频复用模式可以缩小到 4/12 或 3/9 甚至更小(模拟系统为 7/21);加上半速率话音编码的引入和自动话务分配以减少越区切换的次数,使 GSM 系统的容量效率(每兆赫每小区的信道数)比 TACS 系统高 3～5 倍。话音质量方面,鉴于数字传输技术的特点以及 GSM 规范中有关空中接口和话音编码的定义,在门限值以上时,话音质量总是达到相同的水平而与无线传输质量无关。安全性方面,通过鉴权、加密和 TMSI 号码的使用,达到安全的目的。鉴权用来验证用户的入网权利;加密用于空中接口,由 SIM 卡和网络 AUC 的密钥决定;TMSI 是一个由业务网络给用户指定的临时识别号,以防止有人跟踪而泄漏其地理位置。移动性方面,实现了在 SIM 卡基础上的漫游,漫游是移动通信的重要特征,它标志着用户可以从一个网络自动进入另一个网络。GSM 系统可以提供全球漫游,当然也需要网络运营者之间的某些协议,例如计费。

数据业务需求的急剧增长,极大地推动了第三代移动通信系统(3G)的诞生。第三代移动通信系统是宽带数字通信系统。由国际电信联盟(ITU)发起,又称为国际移动通信 2000 标准(International Mobile Telecom System,IMT-2000)意即该系统工作在 2000 MHz 频段,最高业务速率可达 2000 kbit/s,预期在 2000 年左右得到商用。它的目标是提供移动宽带多媒体业务,能实现全球无缝覆盖,具有全球漫游能力并与固定网络相兼容。它可以实现小型便携式终端在任何时候、任何地点进行任何种类的通信。第三代移动通信技术的标准化工作由 3GPP 和 3GPP2 两个标准化组织来推动和实施。目前,在世界范围内应用最为广泛的第三代移动通信系统体制为 WCDMA(Wideband Code Division Multiple Access)、CDMA2000(Code Division Multiple Access 2000)及我国提出的 TD-SCDWA(Time Division-Synchronous Code Division Multiple Access),另外还有 WiMAX-TDD、DECT 和 UMC-136。

IMT-2000 是一个全球无缝覆盖、全球漫游,包括卫星移动通信、陆地移动通信和无绳电话等蜂窝移动通信的大系统。它可以向公众提供前两代产品不能提供的各种宽带信息业务,如图像、音乐、网页浏览、视频会议等。它是一种真正的"宽频多媒体全球数字移动电话技术",并与改进的 GSM 网络兼容。它的基本目标为:形成全球统一的频率和统一的标准;实现全球的无缝漫游;提供多种多媒体业务。ITU 对 IMT-2000 的无线传输技术提出的基本速率要求如下:

(1)室内环境至少 2 Mbit/s;

(2)室外步行环境至少 384 kbit/s;

(3)室外车载运动中至少 144 kbit/s;

(4)传输速率能够按需分配;

(5)上、下行链路适应于传输不对称业务的需要。

虽然 ITU 对 3G 标准的发展起着积极的推动作用,但是 ITU 的建议并不是完整的规范,各种技术细节主要是由 3GPP 和 3GPP2 两大标准组织根据 ITU 的建议来进一步完成的。在 3G 移动网络中,不仅仅是无线网络侧发生演进,核心网也向着全 IP 网络过渡。目前 3G 已经形成了三种制式三足鼎立的局面。其中,WCDMA 和 TD-SCDMA 标准由 3GPP 开发和维护,CDMA2000 标准由 3GPP2 开发和维护。

WCDMA 使用的部分协议与 2G GSM 标准一致,最适合 GSM 系统到 3G 的平滑过渡,受到广大厂商的青睐。具体一点来说,WCDMA 是一种利用码分多址复用方法的宽带扩频 3G 移动通信空中接口。WCDMA 采用直接扩频,载波带宽为 5 MHz,数据传送可达到 2 Mbit/s (室内)及 384 kbit/s(移动空间)。它采用 DS-FDD 双工模式,与 GSM 网络有良好的兼容性和互操作性。WSCDMA 采用最新的异步传输模式(ATM)微信元传输协议,能够允许在一条线路上传送更多的语音呼叫,呼叫数由现在的 30 个提高到 300 个,在人口密集的地区线路将不再容易堵塞。另外,WCDMA 还采用了自适应天线和微小区技术,大大地提高了系统的容量。WCDMA 名字跟 CDMA 很相近,同时 WCDMA 跟 CDMA 关系也很微妙。两者都基于码分多址技术,都使用了美国高通(Qualcomm)的部分专利技术。一般认为 WCDMA 的提出是部分厂商为了绕开专利陷阱而开发的,其方案已经尽可能地避开高通专利。

TD-SCDMA 是由我国信息产业部电信科学技术研究院提出,与德国西门子公司联合开发。主要技术特点有:时分同步码分多址技术,智能天线技术和软件无线技术。它采用 TDD 双工模式,载波带宽为 1.6 MHz。TDD 是一种优越的双工模式,因为在第三代移动通信中,需要大约 400 MHz 的频谱资源,在 3 GHz 以下是很难实现的。而 TDD 则能使用各种频率资源,不需要成对的频率,能节省未来紧张的频率资源,而且设备成本相对比较低,比 FDD 系统低 20%~50%,特别对上下行不对称,不同传输速率的数据业务来说 TDD 更能显示出其优越性。也许这也是它能成为三种标准之一的重要原因。另外,TD-SCDMA 独特的智能天线技术,能大大提高系统的容量,特别对 CDMA 系统的容量能增加 50%,而且降低了基站的发射功率,减少了干扰。TD-SCDMA 软件无线技术能利用软件修改硬件,在设计、测试方面非常方便,不同系统间的兼容性也易于实现。当然 TD-SCDMA 也存在一些缺陷,它在技术的成熟性方面比另外两种技术要欠缺一等。因此,信息产业部也广纳合作伙伴一起完善它。

CDMA2000 是由美国高通公司提出。它采用多载波方式,载波带宽为 1.25 MHz。CDMA2000 共分为两个阶段:第一阶段将提供 14 kbit/s 的数据传送率,而当数据速度加快到 2 Mbit/s 传送时,便是第二阶段。到时,和 WCDMA 一样支持移动多媒体服务,是 CDMA 发展 3G 的最终目标。CDMA2000 和 WCDMA 在原理上没有本质的区别,但 CDMA2000 做到了对 CDMA 系统的完全兼容,为技术的延续性带来了明显的好处:成熟性和可靠性比较有保障,同时也使 CDMA2000 成为从第二代向第三代移动通信过渡最平滑的选择。但是 CDMA2000 的多载传输方式比起 WCDMA 的直扩模式相比,对频率资源有极大的浪费,而且它所处的频段与 IMT-2000 规定的频段也产生了矛盾。相对于 WCDMA 来说,CDMA2000 的适用范围要小些,使用者和支持者也要少些。三种 3G 技术主要指标比较如表 1.1 所示。

表 1.1 三种 3G 技术主要指标比较

	WCDMA	TD-SCDMA	CDMA 2000
频率间隔/MHz	5	1.6	1.25
速率/(兆码片·秒$^{-1}$)	3.84	1.28	1.2288
帧长/ms	10	10(分为两个子帧)	20
基站同步	不需要	需要	需要,典型方法是 GPS
功率控制	快速功控:上、下行 1500 Hz	0~200 Hz	反向:800 Hz
			前向:慢速、快速功控
下行发射分集	支持	支持	支持
频率间切换	支持,可用压缩模式进行测量	支持,可用空闲时隙进行测量	支持
检测方式	相干解调	联合检测	相干解调
信道估计	公共导频	DwPCH,UpPCH,中间码	前向、反向导频
编码方式	卷积码	卷积码	卷积码
	Turbo 码	Turbo 码	Turbo 码

3GPP 在 2004 年年底启动了长期演进(Long Term Evolution,LTE)技术的标准化工作,开启了 4G 移动网络的序幕,该技术包括 TD-LTE 和 FDD-LTE 两种制式,严格来说 LTE 智能算作 3.9G,只有升级版的 LTE Advanced 才满足国际电信联盟对 4G 的要求。4G 是集 3G 与 WLAN 于一体,并能够快速传输数据、高质量、音频、视频和图像等,4G 能够以 100 Mbit/s 以上的速度下载,比目前的家用宽带 ADSL 快 25 倍,并能够满足几乎所有用户对于无线服务的要求。此外,4G 可以在 DSL 和有线电视调制解调器没有覆盖的地方部署,然后再扩展到整个地区。与之前移动通信系统相比,LTE 具有如下技术特点:支持最大带宽为 20 MHz,采用了 OFDM 技术,全面提高传输速率和频谱利用率;采用多输入/多输出(MIMO)技术利用多发射、多接收天线进行空间分集的技术,大大提高容量;系统的整体架构基于分组交换实现,同时通过系统设计和严格的 QoS 机制,保证实时业务的服务质量;系统支持多种带宽,除了 20 MHz 的最大带宽外,还能够支持 1.5 MHz、3 MHz、5 MHz、10 MHz 和 15 MHz 等系统带宽,以及"成对"与"非成对"的频谱部署,保证网络部署时的灵活性。LTE 系统网络架构更加扁平化、简单化,减少了网络结点和系统复杂度,从而减小了系统时延,也降低了网络部署和维

护成本,LTE 系统也支持与其他 3GPP 系统互操作。LTE 系统架构如图 1.2 所示。

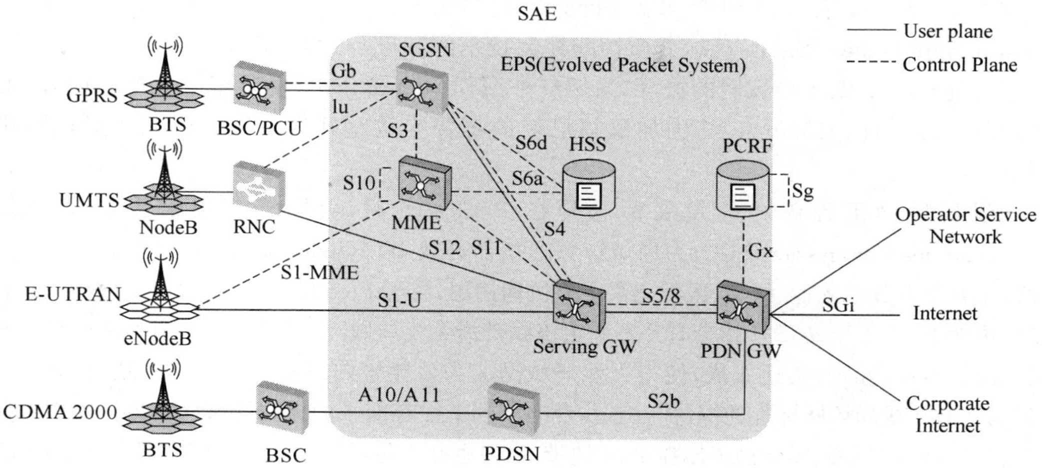

图 1.2　LTE 系统架构图

　　LTE 相关技术标准化接近于完成之时,3GPP 开始了 LTE-Advanced 项目,LTE-A 不仅是 3GPP 形成欧洲 IMT-Advanced 技术提案的一个重要来源,还是一个后向兼容的技术,完全兼容 LTE,是演进而不是革命。LTE-A 主要有以下几个特点:扁平化的网络体系设计,针对室内和热点游牧场景进行优化,有效支持新频段和大带宽应用,大幅提升峰值速率,改进频谱效率,支持网络的自优化和自配置,有效降低网络的成本和功耗。从 3G 到 LTE 涌现出了大量的新技术,蜂窝小区的链路容量已经逼近了香农限,从单纯的链路预算的角度来看,LTE-Advanced 目标中所要求的高速数据速率需要很高的信道信噪比,而这个信噪比在传统的广域蜂窝网络中是不可能达到的,因此 LTE-Advanced 主要强调了从 LTE 的平滑演进,不再进行大规模的技术革新,而是在 LTE 已有技术的基础上,对无线资源进行更加高效、动态的管理和网络层的优化。LTE-Advanced 中的主要技术包括多频段协同与频谱整合、中继技术、分布式天线和小区间协作技术等。

　　当前,我国正处于 3G 与 4G 交替的阶段,中国移动、联通、电信三家都在努力地推广 4G 网络,而学术界针对 5G 的讨论也逐渐兴起。5G 到底是一个什么样的网络,目前还没有定论,当下主流观点是基于 SDN 与 NFV 实现核心网功能,采用大规模天线阵列、超密集组网提升无线接入容量,融合现存的各种制式网络,形成全覆盖无缝的智能网络,未来蜂窝无线网络的推进势在必行。

1.2.2　无线局域接入网的演进

　　无线广域网在部署网络时候,更多的时候是从宏观的角度考虑,其传输速率、接入容量、覆盖范围等指标是一个统计的平均值。实际上,我们不能要求所有用户均匀地站立于基站的覆盖区域内,反而用户的分布具有极强的不均衡性,这也使得的无线资源的需求也是不均衡的,在一个宏基站中,通常存在一个或多个对资源需求极高的区域,称之为热点区域。工程人员通常采用在热点地区,增加部署无线局域网(Wireless Local Area Networks,WLAN)来提升局部的接入容量与传输速率,其覆盖范围从几十到几百米。

　　无线局域网的研究从 20 世纪 70 年代初就开始了,最早的无线局域网雏形系统可追述到

1971 年由夏威夷大学设计的 ALOHAnet,它采用了无线接入的最早的 Aloha 随机接入方式,也构成了无线局域网载波侦听多路访问/冲突避免(Carrier Sense Multiple Access with Collision Avoidance,CSMA/CA)介质访问控制技术的基础。1979 年,瑞士 IBM Ruesehlikon 实验室首先提出了无线局域网的概念,采用红外线作为传输介质,主要用于生产车间,降低布线难度与电磁干扰。1980 年,美国加尼福尼亚的惠普实验室开启了第一个无线局域网研究项目。

无线局域网里程碑式的发展标志是在 1985 年 5 月,美国联邦通信委员会(Federal Communications Commission,FCC)为局域扩频通信而开放 ISM(Industrial Scientific Medical)频带。此频段主要是开放给工业、科学、医学三个主要机构使用,属于 Free License,并没有所谓使用授权的限制。虽然 FCC 在开放 ISM 频带时并不指定该频带为无线局域网的特许频带,但是由于近年来无线局域网技术及产品的迅速发展,使得无线局域网成为该频带内最主要的产品。随着国际上,欧洲、美国等对无线局域网标准的探讨与制定,带动出一个很有前景的无线局域网市场。虽然目前已有的无线局域网产品大部分仍工作在 ISM 频带内,但也并不是所有的无线局域网都会在该频带内,如欧洲 ETSI 制定的 HIPERLAN 标准所用的频带为 $5.15 \sim 5.30$ GHz 和 $17.1 \sim 17.3$ GHz。

目前,从事无线局域网标准化工作的机构主要有三个,即 ETSI、IEEE 和 WINFORUM。ETSI 下设两个分会 RES-3/DATA 和 RES-10,分别从事数字增强无绳通信(DECT)标准和 HIPERLAN 标准。DECT 标准于 1992 年提出是一个开放型的、不断演进的数位通信标准,主要用于无绳电话系统,可为高用户密度,小范围通信提供话音和数据高质量服务无绳通信的框架;HIPERIAN 标准始于 1991 年,有 $5.15 \sim 5.30$ GHz 和 $17.1 \sim 17.3$ GHz 两个频段,5 GHz 频段的标准已于 1995 年 1 月完成,于 1996 年初获得批准,数据速率大约 24 Mbit/s,支持多媒体通信;17 GHz 频段的标准化工作将提供 155 Mbit/s 的数据速率,支持 ATM。IEEE 机构的无线局域网协议族 IEEE 802.11 标准化工作始于 1990 年,于 1997 年 6 月获得通过。该标准采用 ISM 频带中的 2.4 GHz 频段,规范了在物理层(Physical Layer,PHY)与媒体访问控制层(Media Access Control Layer,MAC)的标准,数据速率可达到 1 Mbit/s,2 Mbit/s。目前 IEEE 802.11 协议已经扩展成一系列协议,成为一个庞大的协议族。802.11 协议族也成为当前应用最广泛的无线局域网标准。

无线局域网协议至今已经经历了多代演进,最初无线局域网呈现百家争鸣,多种协议共同发展的状态,最近则呈现 IEEE 802.11 一家独大的态势。IEEE 802.11 协议族以及独特的技术是市场号召力,成为当前无线局域网技术的事实标准。自从 1997 年 IEEE 制定出第一个无线局域网标准 IEEE 802.11 标准以来,基于 802.11 标准的无线局域网已经历经五代演进。IEEE 802.11 是第一代无线局域网标准之一,也是国际电气和电子工程师联合会(IEEE)发布的第一个无线局域网标准,是其他 IEEE 802.11 系列的基础标准。该标准定义了物理层和介质访问控制 MAC 协议的规范,允许无线局域网及无线设备制造商在一定范围内建立互操作网络设备。现在常常把 IEEE 802.11 作为无线局域网的代名词。

第一代 IEEE 802.11 标准有两个版本:1997 年版和后来补充修订的 1999 年版,即 802.11a。IEEE 802.11 无线网络标准规定了 3 种物理层传输介质工作方式。其中 2 种物理层传输介质工作方式在 $2.4 \sim 2.4835$ GHz 微波频段(ISM 频段),采用扩频传输技术进行数据传输,包括跳频序列扩频传输技术(Frequency-Hopping Spread Spectrum,FHSS)和直接序列扩频传输技术(Direct Sequence Spread Spectrum,DSSS)。另一种方式以光波段作为其物理层,也就是利用红外线光波传输数据流。在 IEEE 802.11 的规定中,这些物理层传输介质中,FHSS 及红外线技术的无线网络则可提供 1 Mbit/s 传输速率(2 Mbit/s 为可选速率),而 DSSS 则可提供 1 Mbit/s 及 2 Mbit/s 工作速率。修订版本的 IEEE 802.11a 标准,将工作频率由原来的 2.4 GHz 变为了 5 GHz,因此各热点间的冲突概率变小,物理层速率最高可达 54 Mbit/s,传输层速率最高可达 25 Mbit/s。然而由于 802.11a 标准推出的时间很迟,FCC 也没有及时地为其批准足够的频率资源,导致 802.11a 的使用范围越来越窄,直到双频、双模式或者三模式的无线网卡出现,情况才有所好转。

IEEE 802.11b 是当前无线局域网标准中最著名的一个,也是当前最为普及的标准,绝大多数的 WiFi 都指的是 802.11b 的无线局域网(WiFi 是无线局域网联盟的商业商标,而不是标准)。其工作依然在 2.4 GHz,最高速率可以到达 11 Mbit/s,另外也可根据实际情况采用 5.5 Mbit/s、2 Mbit/s 和 1 Mbit/s 自适应速率。802.11b 的典型覆盖距离在室外是 300 米,在室内最长为 100 米,基本满足了热点区域的覆盖需求,并且支持在区域内的异频部署,有三个 2.4 GHz 互补重叠的频段,以提高用户容量,在一定程度下提供用户的漫游与切换服务。该标准运作模式基本分为两种:点对点模式(point to point mode)和基础设施模式(infrastructure mode)。点对点模式是指站点(如:无线网卡)和站点之间的通信方式。只要 PC 插上无线网卡即可与另一具有无线网卡的 PC 连接,对于小型的无线网络来说,是一种方便的连接方式,最多可连接 256 台 PC。而基本模式是指无线网络规模扩充或无线和有线网络并存时的通信方式,这是 802.11b 最常用的方式。此时,插上无线网卡的 PC 需要由接入点与另一台主机连接。接入点负责频段管理及漫游等指挥工作,一个接入点最多可连接 1024 台设备(无线网卡)。当无线网络结点扩增时,网络存取速度会随着范围扩大和结点的增加而变慢,此时添加接入点可以有效控制和管理频宽与频段。无线网络需要与有线网络互连,或无线网络结点需要连接和存取有线网的资源和服务器时,接入点可以作为无线网和有线网之间的桥梁。由于该协议对应硬件价格低廉,部署成本低,且能够提供基本满足用户在网页,即时消息方面的需求,802.11b 协议目前在市场上仍然占据着很大的比例。802.11 标准发展进程如图 1.3 所示。

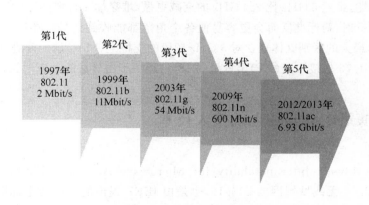

图 1.3　802.11 标准发展进程

尽管如此,面对网络技术的迅猛发展,以及人们对数据传输速度的渴望,2003 年 7 月,IEEE 再推更高速率的 802.11g 无线局域网标准作为第三代无线局域网标准,既实现了 802.11b 的远距离信号覆盖,又实现了 802.11a 的高传输速率。其关键技术大致有 3 种,直序列扩频调制技术及补码键控技术、包二进制卷积(Packet Binary Convolutional Code,PBCC)和正交频分复用技术(Orthogonal Frequency Division Multiplexing,OFDM)。IEEE 802.11g 也工作在 2.4 GHz 频段,运用了 OFDM 调制技术,IEEE 802.11g 也可以实现 6 Mbit/s、9 Mbit/s、12 Mbit/s、18 Mbit/s、

24 Mbit/s、36 Mbit/s、48 Mbit/s 和 54 Mbit/s 的传输速率。由于它仍然工作在 2.4 GHz 频段,并且保留了 IEEE 802.11b 所采用的 CCK(补码键控)技术,可与 IEEE 802.11b 的产品保持兼容,高速率和兼容性是它的两大特点。虽然作为 802.11b 的后继者,但是 802.11g 的设备在 802.11b 的网络环境下使用只能使用 802.11b 标准,又因为之前 802.11b 设备已经得到了广泛部署,因此 802.11g 的实力并没有完全显现。

802.11g 标准推出后,为实现更高带宽和质量的 WLAN 服务,能真正达到以太网的性能水平,IEEE 与 2004 年成立了 802.11n 任务组,但由于利益和技术等各方因素,直至 2009 年 802.11n 标准才算正式确立下来,迫使第四代 802.11 标准推迟了两年。新的 802.11n 标准,引入了 MIMO 与 OFDM 技术,使传输速率由 802.11a/g 的 54 Mbit/s 提升至 300 Mbit/s(理论速率最高可达 600 Mbit/s)。此外。802.11n 通过多组独立天线组成的智能天线阵列,可以动态调整波束,保证让 WLAN 用户接收到稳定的信号,并可以减少其他信号的干扰。因此其覆盖范围可以扩大到好几平方公里,使 WLAN 移动性极大提高,更加强了信号的稳定性。为了实现技术的兼容性,802.11n 引入了可编程数据面的思想,采用软件无线电技术,使得不同系统的基站和终端都可以通过这一平台的不同软件实现互通和兼容,这意味着 WLAN 将不但能实现 802.11n 向前后兼容,而且可以实现 WLAN 与无线广域网络的结合,比如 3G。

无线局域网的 5G 比蜂窝网络的 5G 来的更早些。面对高清、4K 视频、游戏等高宽带业务,802.11n 标准显然已有些力不从心。于是 2013 年 6 月,Wi-Fi 联盟宣布正式发布 IEEE 802.11ac 无线标准认证,标志着 5G Wi-Fi 时代终于来临。5G Wi-Fi 即 802.11ac 与 802.11n 相比,是一个更快更稳定的 Wi-Fi 版本,传输速率每秒高达 1.3Gigabits(理论值),是现有 802.11n 标准网速的两倍。另外,802.11ac 标准利用一种"波束形成"的新技术,可将无线信号集中到一个指定区域,使文件下载速度更快、点对点分享、视频音乐的缓冲也将更为流畅。802.11ac 的设备采用了工作在频率 5 GHz 的芯片,能同时覆盖 5 GHz 和 2.4 GHz 两大频段。除了更快,它还能改善无线信号覆盖范围小的问题,虽然 5 GHz 比 2.4 GHz 的衰减更强,难穿过障碍物,但由于覆盖范围更大,考虑到信号会产生折射,新标准反而会更容易使各个角落都能收到信号。802.11ac 继承了大部分 802.11n 的技术,最大的区别就体现在对 5 GHz 频段的支持上,MAC 层的改进并不多。2014 年,802.11ac 占全球 1.76 亿接入点(AP)出货量的 18%,经历了出货量的迅速增长,逐步成为无线局域网的主流标准。

1.2.3 演进中的其他无线接入技术

1. WiMax

WiMax(Worldwide Interoperability for Microwave Access),即全球微波互联接入。WiMax 也称 802.16 无线城域网或 802.16,也是由 IEEE 提出的一项技术标准。WiMax 是一项新兴的宽带无线接入技术,能提供面向互联网的高速连接,数据传输距离最远可达 50 km。WiMax 还具有 QoS 保障、传输速率高、业务丰富多样等优点,其技术起点较高,采用了代表未来通信技术发展方向的 OFDM/OFDMA、AAS、MIMO 等先进技术。WiMax 是又一种为企业和家庭用户提供"最后一英里"的宽带无线连接方案。目前 WiMax 已经成为 3G 的第四个标准,号称 3.5G。WiMax 曾对 3G 可能构成的威胁,使 WiMax 在一段时间备受业界关注。

WiMax 技术能够提供比 3G 更高速的宽带接入,并且其实现的 50 公里的无线信号传输距离是无线局域网所不能比拟的,网络覆盖面积是 3G 发射塔的 10 倍,只要少数基站建设就能实现全城覆盖,这样就使得无线网络应用的范围大大扩展。但是,WiMax 严格意义讲不是一个移动通信系统的标准,还是一个无线城域网的技术。从标准来讲 WiMax 技术是不能支持用户在移动过程中无缝切换,其支持的时速只有 50 公里。而且如果高速移动,WiMax 达不到无缝切换的要求,跟 3G 的三个主流标准比,其性能相差是很远的。美国曾寄希望于 WiMax 能够冲击欧洲电信企业在蜂窝网络的地位,但是 WiMax 作为一种即像无线局域网,又像蜂窝移动网的“融合”网络,并不为市场广泛接受。

2. 卫星接入

卫星接入是指利用卫星通信的多址传输方式,为全球用户提供大跨度、大范围、远距离的漫游和机动灵活的移动通信服务的一种技术。由于卫星通信具有通信距离远、费用与通信距离无关、覆盖面积大、不受地理条件限制、通信频带宽、传输容量大、适用于多种业务传输、可进行多址通信、通信线路稳定可靠、通信质量高、既适用于固定终端、又适用于各种移动用户等一系列优点,几十年来得到了迅速的发展,成为现代通信的重要组成部分。

卫星接入通信系统结构如图 1.4 所示。图中地球站若全部是固定地面站,则是固定卫星通信系统;若部分是移动站则是卫星移动通信系统;若是飞机站则是卫星航空通信系统;依次类推。总体说来,卫星系统由通信部分和通信保障部分两部分组成。通信部分主要由卫星空间转发器和卫星站组成;通信保障部分由跟踪遥测及指令地球站和监控管理地球站组成。

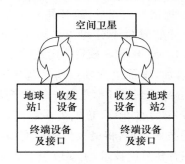

图 1.4　卫星接入通信系统结构

卫星通信部分主要包括发端地球站、无线上行链路、无线转发器、下行链路以及收端地球站组成。当然,目前卫星系统绝大部分都是双向的,发端地球站和收端地球站只是为了区别收发而专门进行定义的。为了进行双向通信,每个地球站都要装置发射系统和接收系统,收发两路系统共用一副天线,因此还需要收发混合/隔离的双工器。发射部分主要包括复用设备、调制设备以及发射机;接收部分主要包括接收机、解调设备和分用设备。收发两部分的工作过程相反,但工作原理一样。卫星转发器由安装于卫星上的收发系统、天线、双工器等组成,其主要任务是接收来自地球站的信号,经过频率变换和放大以后,再发射回各地球站。卫星通信系统的通信保障部分由承担跟踪遥测及指令的地球站和承担监控管理的地球站组成,这两种地球站都是固定站。跟踪遥测及指令地球站任务是在卫星发射最后阶段用于控制卫星,使其准确地进入预定同步轨道位置;并在卫星正常运行阶段,继续用于对卫星进行跟踪测量,定期修正卫星轨道和保持正确的姿态位置(如天线朝向、太阳能电池板朝向、防止卫星在太空中转动或抖动等)。监控管理地球站任务是对已经在地球轨道上准确定位的卫星,在通信业务开通前和开通后进行通信性能的监测与控制。如为保证正常的通信质量,必须对卫星转发器功率、天线增益、各地球站的发射功率、发射频率和带宽等通信参数进行检测与控制,与蜂窝系统中基站的管理功能类似。

卫星接入系统方式对于稀疏路由通信环境,即用户站比较分散,若采用 SCP、传统 FDMA

那样固定分配方式将会浪费空间卫星资源，为此，采用按需分配多址（DAMA）方式可提高效率。这种方式可以在依次呼叫基础上建立卫星链路，大量的用户站按需使用卫星容量，使空间资源得到很好利用。DAMA 用于 FDMA 称为 DA/FDMA 方式；用于 TDMA 称为 DA/TDMA 方式，也称为 SCPC/DAMA 方式。卫星接入系统作为全球互联互通的重要组成部分，五个国家已经宣布开始发展全球导航卫星系统（Global Navigation Satellite System，GNSS），无线接入网的进一步发展既有可能将卫星通信融入其中，实现全球的无缝漫游与覆盖。

3. 蓝牙

蓝牙（Bluetooth）是一种短距离无线技术标准，可实现固定设备、移动设备和楼宇个人域网之间的短距离数据交换。蓝牙技术是由爱立信公司为实现无线个域网而在 1994 年提出的，现在蓝牙由蓝牙技术联盟（Bluetooth Special Interest Group，SIG）管理，蓝牙技术联盟负责监督蓝牙规范的开发，管理认证项目，并维护商标权益。制造商的设备必须符合蓝牙技术联盟的标准才能以"蓝牙设备"的名义进入市场。

1999 年 7 月 26 日蓝牙技术正式发布 1.0 版，确定使用 2.4 GHz 频谱，最高资料传输速度 1 Mbit/s，同时开始了大规模宣传。和当时流行的红外线技术相比，蓝牙有着更高的传输速度，而且不需要像红外线那样进行接口对接口的连接，所有蓝牙设备基本上只要在有效通讯范围内使用，就可以进行随时连接。当 1.0 规格推出以后，蓝牙并未立即受到广泛的应用，除了当时对应蓝牙功能的电子设备种类少，蓝牙装置也十分昂贵。2001 年的 1.1 版正式列入 IEEE 标准，Bluetooth 1.1 即为 IEEE 802.15.1。同年，SIG 成员公司超过 2000 家。过了几年之后，采用蓝牙技术的电子装置如雨后春笋般增加，售价也大幅回落。蓝牙 1.1 版为最早期版本，传输率在 748～810 kbit/s，因是早期设计，容易受到同频率之间产品所干扰下影响通讯质量。为了扩宽蓝牙的应用层面和传输速度，SIG 先后推出了 1.2、2.0 版，以及其他附加新功能，例如 EDR（Enhanced Data Rate，配合 2.0 的技术标准，将最大传输速度提高到 3 Mbit/s）、A2DP（Advanced Audio Distribution Profile，一个控音轨分配技术，主要应用于立体声耳机）、AVRCP（A/V Remote Control Profile）等。Bluetooth 2.0 将传输率提升至 2 Mbit/s、3 Mbit/s，远大于 1.x 版的 1 Mbit/s（实际约 723.2 kbit/s）。

2009 年，蓝牙技术联盟（Bluetooth SIG）正式颁布了新一代标准规范"Bluetooth Core Specification Version 3.0 High Speed"（蓝牙核心规范 3.0 版，高速），蓝牙 3.0 的核心是"Generic Alternate MAC/PHY"（AMP），这是一种全新的交替射频技术，允许蓝牙协议栈针对任何一个任务动态地选择正确射频。最初被期望用于新规范的技术包括 802.11 以及 UMB，但是新规范中取消了 UMB 的应用。Generic AMP 决定了蓝牙功能和协议，使之具有可以使用一个或多个交替高速广播技术的高码率的优势。

蓝牙 4.0 是 2012 年最新蓝牙版本，是 3.0 的升级版本；较 3.0 版本更省电、成本低、3 毫秒低延迟、超长有效连接距离、AES-128 加密等；通常用在蓝牙耳机、蓝牙音箱等设备上。蓝牙 4.0 是蓝牙 3.0+HS 规范的补充，专门面向对成本和功耗都有较高要求的无线方案，可广泛用于卫生保健、体育健身、家庭娱乐、安全保障等诸多领域。它支持两种部署方式：双模式和单模式。双模式中，低功耗蓝牙功能集成在现有的经典蓝牙控制器中，或再在现有经典蓝牙技术（2.1+EDR/3.0+HS）芯片上增加低功耗堆栈，整体架构基本不变，因此成本增加有限。2014 年 12 月 4 日，蓝牙技术联盟公布了蓝牙 4.2 标准，不但速度提升 2.5 倍，隐私性更高，还可以通过 IPv6 连接网络。蓝牙 4.2 给了用户更多可控性，设备在定位、追踪用户之前，需要得到用户许可，用户隐私保护性更好。最有亮点的莫过于，蓝牙 4.2 可以通过 IPv6 连接网络。

当然,目前的智能手机连蓝牙 4.1 技术还没有用上,所以搭载蓝牙 4.2 技术的操作系统也不会在近期到来。隐私性可以通过软件升级提升,但更快的传输速度与连接网络的特性还需要硬件支持。

1.2.4　未来无线接入网络需求与挑战

下一代无线接入网络是面向 2020 年及未来,其中移动互联网和物联网业务将成为移动通信发展的主要驱动力。它将满足人们在居住、工作、休闲和交通等各种区域的多样化业务需求,即便在密集住宅区、办公室、体育场、露天集会、地铁、快速路、高铁和广域覆盖等具有超高流量密度、超高连接数密度、超高移动性特征的场景,也可以为用户提供超高清视频、虚拟现实、增强现实、云桌面、在线游戏等极致业务体验。与此同时,下一代无线接入网还将渗透到物联网及各种行业领域,与工业设施、医疗仪器、交通工具等深度融合,有效满足工业、医疗、交通等垂直行业的多样化业务需求,实现真正的"万物互联"。下一代无线接入网将解决多样化应用场景下差异化性能指标带来的挑战,不同应用场景面临的性能挑战有所不同,用户体验速率、流量密度、时延、能效和连接数都可能成为不同场景的挑战性指标。从移动互联网和物联网主要应用场景、业务需求及挑战出发,可归纳出连续广域覆盖、热点高容量、低功耗大连接和低时延高可靠四个主要技术场景,其对应需求如表 1.2 所示。

表 1.2　主要场景与关键性能挑战

场景	关键挑战
连续广域覆盖	• 100 Mbit/s 用户体验速率
热点高容量	• 用户体验速率:1 Gbit/s • 峰值速率:数十 Gbit/s • 流量密度:数十 Tbit/s/km²
低功耗大连接	• 连接数密度:106/km² • 超低功耗,超低成本
低时延高可靠	• 空口时延:1 ms • 端到端时延:ms 量级 • 可靠性:接近 100%

连续广域覆盖场景是移动通信最基本的覆盖方式,以保证用户的移动性和业务连续性为目标,为用户提供无缝的高速业务体验。该场景的主要挑战在于随时随地(包括小区边缘、高速移动等恶劣环境)为用户提供 100 Mbit/s 以上的用户体验速率。热点高容量场景主要面向局部热点区域,为用户提供极高的数据传输速率,满足网络极高的流量密度需求。1 Gbit/s 用户体验速率、数十 Gbit/s 峰值速率和数十 Tbit/s/km² 的流量密度需求是该场景面临的主要挑战。

低功耗大连接和低时延高可靠场景主要面向物联网业务,是无线接入网络新拓展的场景,重点解决传统移动通信无法很好支持地物联网及垂直行业应用。低功耗大连接场景主要面向智慧城市、环境监测、智能农业、森林防火等以传感和数据采集为目标的应用场景,具有小数据包、低功耗、海量连接等特点。这类终端分布范围广、数量众多,不仅要求网络具备超千亿连接的支持能力,满足 100 万/km² 连接数密度指标要求,而且还要保证终端的超低功耗和超低成本。低时延高可靠场景主要面向车联网、工业控制等垂直行业的特殊应用需求,这类应用对时延和可靠性具有极高的指标要求,需要为用户提供毫秒级的端到端时延和接近 100% 的业务可靠性保证。应用场景如图 1.5 所示。

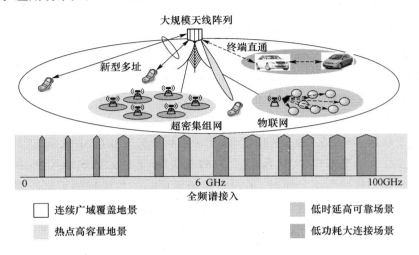

图 1.5 下一代无线接入网场景与适用技术

贝尔实验室无线研究部副总裁西奥多·赛泽表示,下一代无线接入网络将把 4G、WiFi 等网络融入其中,为用户带来更为丰富的体验。根据当前的研究来看,无线链路层的效率提高接近香农限,新的频谱不会有太多,因此链路层提升有限。下一个十年,网络容量的提升还需要在网络架构方面,尤其异构网络的融合是寻找增长点。在无线技术领域,大规模天线阵列、超密集组网、新型多址和全频谱接入等技术已成为业界关注的焦点;在网络技术领域,基于软件定义网络(SDN)和网络功能虚拟化(NFV)的新型网络架构已取得广泛共识。此外,基于滤波的正交频分复用(F-OFDM)、滤波器组多载波(FBMC)、全双工、灵活双工、终端直通(D2D)、多元低密度奇偶检验(Q-ary LDPC)码、网络编码、极化码等也被认为是重要的潜在无线关键技术。

针对下一代无线接入网络的需求与应用场景,在进一步演进中,本书总结出以下五点矛盾:

(1)异构无线网络并存 Vs. 固有独立设计

随着无线通信的不断发展,业务的多样化和接入场景的多元化,无线网络模式越来越复杂,已形成多种异构无线网络并存的格局,并且每一种异构网络都有其特有的网络特性与其提供的不同服务相对应,如以语音业务为主的 2G、3G 网络,或者提供局域网内高速视频服务的 WLAN 网络。然而由于固有的独立设计,异构网络之间很难实现相互连接,这使得网络运营商难以从无线网络的全局视角实现不同异构网络的优势互补以及对无线网络的有效优化。

(2)有限频谱资源 Vs. 较低资源利用率

随着移动用户流量需求的指数型增长,移动通信可用频谱资源逐渐显得不足,当前的无线通信系统正面临频谱资源危机,而频谱资源危机的一个重要原因即是无线资源的低利用率,由于异构网络独立设计和难以聚合的特点,许多网络设备并未得到充分利用,大量的无线资源被浪费。

（3）服务快速增长 Vs. 较低服务体验

近年来，无线服务与应用的数量显著增长而且变得越来越多元化，不同种类的服务要求不同种类的网络特性，然而现有的无线网络只支持提供同一个网络特性的服务，无法针对服务的不同要求提供支持，因而导致了较低的服务质量 QoS 和体验质量 QoE。由于异构网络之间的低协作，尽管在用户周围可能存在多个无线网络，但无法让用户接入最合适的一个无线网络，也无法让多个无线网络同时为同一个用户提供支持，用户只能一直接入某一个特定的无线网络，就算这个网络并不能带来良好的体验。

（4）研究创新要求 Vs. 网络结构僵化

无线通信网络越来越快的发展以及伴随发展而来的各种问题迫使着无线通信网络需要持续不断地进行创新，然而由于无线通信网络技术通常被固化在硬件中，因此研究人员很难对他们网络创新研究进行验证和进一步发展，从而阻碍了无线通信技术的部署和无线通信网络的演进。

（5）用户量快速增长 Vs. 运营商收入不变

尽管近几年来无线网络的用户量和通信量都以惊人的速度进行增长，然而无线网络运营商却陷入了网络成本持续上升，导致收入停滞不前的困境。因而无线网络运营商正要求新的无线网络架构和新的运营模式，以实现成本的降低和收入的提高。

现在，ITU 和 3GPP 两个组织都在加紧无线蜂窝网 5G 的标准化工作，预计 2020 年实现产业化。IEEE 组织也在推进下一代无线局域网技术 802.11ax 的实现。未来无线接入网络的演进方向已经向着多元化进展，移动互联网成为不可逆转的潮流，物联网也趋于融合进来。多元化业务提出对无线通信网络服务的更高要求，同时资源利用率低、网络结构僵化等问题日益明显，多种类型的无线通信网络共存与融合已经成为无线通信网络发展的必然趋势。

1.3　无线接入网络中的新技术

1.3.1　软件定义网络

1. SDN 的背景及特性

传统的网络设备（交换机、路由器）的固件是由设备制造商锁定和控制，所以大家希望将网络控制与物理网络拓扑分离，从而摆脱硬件对网络架构的限制。这样企业便可以像升级、安装软件一样对网络架构进行修改，满足企业对整个网站架构进行调整、扩容或升级。而底层的交换机、路由器等硬件则无需替换，节省大量的成本的同时，网络架构迭代周期将大大缩短。

软件定义网络（Software Defined Network，SDN）是一种新兴的控制与转发分离并直接可编程的网络创新架构，其核心技术 OpenFlow 通过将网络设备控制面与数据面分离开来，从而实现了网络流量的灵活控制。传统网络设备紧耦合的网络架构被分拆成应用、控制、转发三层分离的架构，控制功能被转移到了服务器，上层应用、底层转发设施被抽象成多个逻辑实体。传统网络架构与 SDN 架构比较如图 1.6 所示。

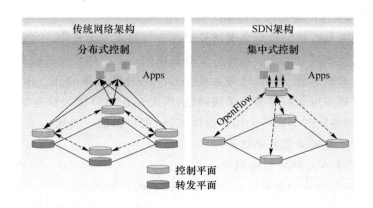

图 1.6　传统网络架构与 SDN 架构比较

SDN 的特性:

(1) 控制转发分离:支持第三方控制面设备通过 OpenFlow 等开放式的协议远程控制通用硬件的交换/路由功能。

(2) 控制平面集中化:提高路由管理灵活性,加快业务开通速度,简化运维。

(3) 转发平面通用化:多种交换、路由功能共享通用硬件设备。

(4) 控制器软件可编程:可通过软件编程方式满足客户化定制需求。

SDN 的典型架构共分三层,最上层为应用层,包括各种不同的业务和应用;中间的控制层主要负责处理数据平面资源的编排,维护网络拓扑、状态信息等;最底层的基础设施层负责基于流表的数据处理、转发和状态收集,如图 1.7 所示。SDN 本质上具有"控制和转发分离"、"设备资源虚拟化"和"通用硬件及软件可编程"三大特性,这至少带来了以下好处。

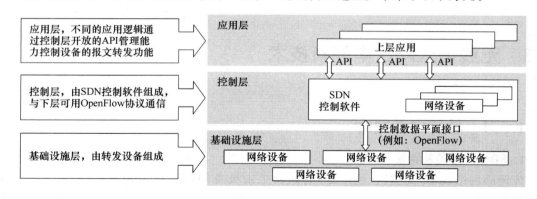

图 1.7　SDN 分层结构

第一,设备硬件归一化,硬件只关注转发和存储能力,与业务特性解耦,可以采用相对廉价的商用的架构来实现。

第二,网络的智能性全部由软件实现,网络设备的种类及功能由软件配置而定,对网络的操作控制和运行由服务器作为网络操作系统(NOS)来完成。

第三,对业务响应相对更快,可以定制各种网络参数,如路由、安全、策略、QoS、流量工程等,并实时配置到网络中,开通具体业务的时间将缩短。

SDN 技术就相当于把每人家里路由器的管理设置系统和路由器剥离开。以前我们每台路由器都有自己的管理系统,而有了 SDN 之后,一个管理系统可用在所有品牌的路由器上。如果说现在的网络系统是功能机,系统和硬件出厂时就被捆绑在一起,那么 SDN 就是 Android 系统,可以在很多智能机上安装、升级,同时还能安装更多更强大的手机 App(SDN 应用层部署)。

2. SDN 的核心技术:OpenFlow

OpenFlow 的核心思想很简单,就是将原本完全由交换机/路由器控制的数据包转发过程,转化为由 OpenFlow 交换机和控制服务器分别完成的独立过程。

OpenFlow 要解决的问题:现代大规模的网络环境十分复杂,给管理带来较大的难度。特别对于企业网络来说,管控需求繁多,应用、资源多样化,安全性、扩展性要求都特别高。因此网络管理始终是研究的热点问题。对于传统网络来说,交换机等设备提供的可观测性和控制性都十分有限。一方面管理员难以实时获取足够的网络统计信息,另一方面控制手段十分单一,依赖于静态的 policy 部署。而基于软件定义网络,这两方面的问题几乎迎刃而解。OpenFlow 网络结构如图 1.8 所示。

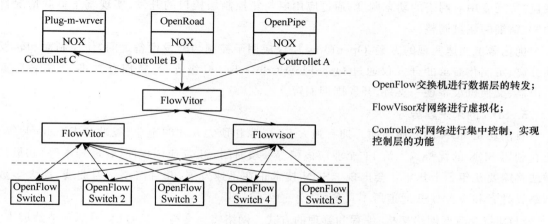

图 1.8　OpenFlow 网络结构

OpenFlow 交换机由流表、安全通道和 OpenFlow 协议三部分组成,如图 1.9 所示。

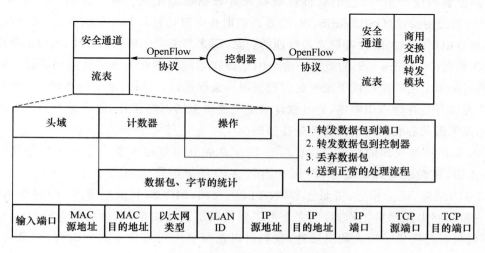

图 1.9　OpenFlow 交换机组成

3．SDN 目前应用分析

可用性：转发性能可满足数据交换容量、性能要求；

建设成本：OpenFlow 仍以传统设备额外支付的方式作为实现手段，因此 OpenFlow 转发设备的成本应不会大幅低于现有设备，有可能还会更高；

可维护性：对于拓扑发现、故障检测及倒换、各类告警须满足电信级要求；目前 SDN 的拓扑发现、OAM 协议尚未完善；

可拓展性：结点规模可拓展，能与现有网络兼容；

安全性：能够保证不同安全级别流量的隔离。

4．SDN 目前应用范围

分域的网络架构：SDN 应仅在同一个域内有效，如运营商某省网或数据中心内部、互联网络；不同域之间仍通过 IP 网络共有协议互通。

流量调优的工具：SDN 利用应用层（如云平台管理软件、网管系统）和控制层之间的 API 接口，实现应用对网络的动态调度；通过应用层与转控制层接口的开发，实现基于负载情况自动的、精细的流量调整。

优化需求快速实现的方案：OpenFlow 协议应用于控制与转发设备之间，使控制面和转发面分离；定制化需求的开发仅通过 OpenFlow Controller 升级支持，较现有方式，无需各厂家路由器、交换机设备逐一支持，开发周期缩短。

5．SDN 的未来趋势

目前还是 SDN 的发展初期。拥有强大 IT 资源和顶尖人才的企业（谷歌和 Facebook 等）正在利用 SDN 的优势。主流 IT 企业应该稍等一段时间，SDN 应用程序（管理脚本等）和最佳做法将需要几年到十几年才会出现。SDN 技术正在迅速发展，并且需要学习曲线，而大多数网络管理者和 VAR/SI 通道所不具备的。

SDN 将会改变网络架构、编程和管理的方式。网络将会变得更具敏捷、灵活和节约成本。然而，像很多 IT 创新技术一样，SDN 需要一些时间来发展。

从路由器的设计上看，它由软件控制和硬件数据通道组成。软件控制包括管理（CLI，SNMP）以及路由协议（OSPF，ISIS，BGP）等。数据通道包括针对每个包的查询、交换和缓存。如果将网络中所有的网络设备视为被管理的资源，那么参考操作系统的原理，可以抽象出一个网络操作系统（Network OS）的概念——这个网络操作系统一方面抽象了底层网络设备的具体细节，同时还为上层应用提供了统一的管理视图和编程接口。这样，基于网络操作系统这个平台，用户可以开发各种应用程序，通过软件来定义逻辑上的网络拓扑，以满足对网络资源的不同需求，而无需关心底层网络的物理拓扑结构。

SDN 提出控制层面的抽象，MAC 层和 IP 层能做到很好的抽象但是对于控制接口来说并没有作用，我们以处理高复杂度（因为有太多的复杂功能加入到了体系结构当中，比如 OSPF，BGP，组播，区分服务，流量工程，NAT，防火墙，MPLS，冗余层等等）的网络拓扑、协议、算法和控制来让网络工作，我们完全可以对控制层进行简单、正确的抽象。SDN 给网络设计规划与管理提供了极大的灵活性，我们可以选择集中式或分布式的控制，对微量流（如校园网的流）或聚合流（如主干网的流）进行转发时的流表项匹配，可以选择虚拟实现或是物理实现。

1.3.2　虚拟化

1. 虚拟化的概念

虚拟化是指通过虚拟化技术将一台计算机虚拟为多台逻辑计算机。在一台计算机上同时运行多个逻辑计算机，每个逻辑计算机可运行不同的操作系统，并且应用程序都可以在相互独立的空间内运行而互不影响，从而显著提高计算机的工作效率。

虚拟化是一个广义的术语，是指计算元件在虚拟的基础上而不是真实的基础上运行，是一个为了简化管理，优化资源的解决方案。如同空旷、通透的写字楼，整个楼层没有固定的墙壁，用户可以用同样的成本构建出更加自主适用的办公空间，进而节省成本，发挥空间最大利用率。这种把有限的固定的资源根据不同需求进行重新规划以达到最大利用率的思路，在 IT 领域就称为虚拟化技术。

虚拟化技术与多任务以及超线程技术是完全不同的。多任务是指在一个操作系统中多个程序同时并行运行，而在虚拟化技术中，则可以同时运行多个操作系统，而且每一个操作系统中都有多个程序运行，每一个操作系统都运行在一个虚拟的 CPU 或者是虚拟主机上；而超线程技术只是单 CPU 模拟双 CPU 来平衡程序运行性能，这两个模拟出来的 CPU 是不能分离的，只能协同工作。

2. 虚拟化的目的

虚拟化的主要目的是对 IT 基础设施进行简化。它可以简化对资源以及对资源管理的访问。消费者可以是一名最终用户、应用程序、访问资源或与资源进行交互的服务。资源是一个提供一定功能的实现，它可以基于标准的接口接受输入和提供输出。资源可以是硬件，例如服务器、磁盘、网络、仪器；也可以是软件，例如 Web 服务。

虚拟化支持的操作系统有：Windows 和 Linux 各种系统。

消费者通过受虚拟资源支持的标准接口对资源进行访问。使用标准接口，可以在 IT 基础设施发生变化时将对消费者的破坏降到最低。例如，最终用户可以重用这些技巧，因为他们与虚拟资源进行交互的方式并没有发生变化，即使底层物理资源或实现已经发生了变化，他们也不会受到影响。另外，应用程序也不需要进行升级或应用补丁，因为标准接口并没有发生变化。

IT 基础设施的总体管理也可以得到简化，因为虚拟化降低了消费者与资源之间的耦合程度。因此，消费者并不依赖于资源的特定实现。利用这种松耦合关系，管理员可以在保证管理工作对消费者产生最少影响的基础上实现对 IT 基础设施的管理。管理操作可以手工完成，也可以半自动地完成，或者通过服务级协定(SLA)驱动来自动完成。

在这个基础上，网格计算可以广泛地利用虚拟化技术。网格计算可以对 IT 基础设施进行虚拟化。它处理 IT 基础设施的共享和管理，动态提供符合用户和应用程序需求的资源，同时还将提供对基础设施的简化访问。

3. 虚拟化的方法

（1）完全虚拟

最流行的虚拟化方法使用名为 hypervisor 的一种软件，在虚拟服务器和底层硬件之间建立一个抽象层。VMware 和微软的 VirtualPC 是代表该方法的两个商用产品，而基于核心的虚拟机(KVM)是面向 Linux 系统的开源产品。

hypervisor 可以捕获 CPU 指令，为指令访问硬件控制器和外设充当中介。因而，完全虚拟化技术几乎能让任何一款操作系统不用改动就能安装到虚拟服务器上,而它们不知道自己运行在虚拟化环境下。主要缺点是,hypervisor 给处理器带来开销。

在完全虚拟化的环境下,hypervisor 运行在裸硬件上,充当主机操作系统;而由 hypervisor 管理的虚拟服务器运行客户端操作系统(guest OS)。

IBM 也有自己的虚拟化产品,Z/VM。

(2)准虚拟

完全虚拟化是处理器密集型技术,因为它要求 hypervisor 管理各个虚拟服务器,并让它们彼此独立。减轻这种负担的一种方法就是,改动客户操作系统,让它以为自己运行在虚拟环境下,能够与 hypervisor 协同工作。这种方法就称准虚拟化(para-virtualization)。

Xen 是开源准虚拟化技术的一个例子。操作系统作为虚拟服务器在 Xen hypervisor 上运行之前,它必须在核心层面进行某些改变。因此,Xen 适用于 BSD、Linux、Solaris 及其他开源操作系统,但不适合对像 Windows 这些专有的操作系统进行虚拟化处理,因为它们无法改动。

准虚拟化技术的优点是性能高。经过准虚拟化处理的服务器可与 hypervisor 协同工作,其响应能力几乎不亚于未经过虚拟化处理的服务器。准虚拟化与完全虚拟化相比优点明显,以至于微软和 VMware 都在开发这项技术,以完善各自的产品。

(3)系统虚拟

实现虚拟化还有一个方法,那就是在操作系统层面增添虚拟服务器功能。Solaris Container 就是这方面的一个例子,Virtuozzo/OpenVZ 是面向 Linux 的软件方案。

就操作系统层的虚拟化而言,没有独立的 hypervisor 层。相反,主机操作系统本身就负责在多个虚拟服务器之间分配硬件资源,并且让这些服务器彼此独立。一个明显的区别是,如果使用操作系统层虚拟化,所有虚拟服务器必须运行同一操作系统(不过每个实例有各自的应用程序和用户账户)。

虽然操作系统层虚拟化的灵活性比较差,但本机速度性能比较高。此外,由于架构在所有虚拟服务器上使用单一、标准的操作系统,管理起来比异构环境要容易。

(4)桌面虚拟

服务器虚拟化主要针对服务器而言,而虚拟化最接近用户的还是要算的上桌面虚拟化了,桌面虚拟化主要功能是将分散的桌面环境集中保存并管理起来,包括桌面环境的集中下发,集中更新,集中管理。桌面虚拟化使得桌面管理变得简单,不用每台终端单独进行维护,每台终端进行更新。终端数据可以集中存储在中心机房里,安全性相对传统桌面应用要高很多。桌面虚拟化可以使得一个人拥有多个桌面环境,也可以把一个桌面环境供多人使用,节省了 license。另外,桌面虚拟化依托于服务器虚拟化。没有服务器虚拟化,这个桌面虚拟化的优势将完全没有了。不仅如此,还浪费了许多管理资本。

(5)硬件助力软件

不像大型机,PC 的硬件在设计时并没有考虑到虚拟化,而就在不久前,它还是完全由软件来承担这项重任。随着 AMD 和英特尔推出了最新一代的 x86 处理器,头一回在 CPU 层面添加了支持虚拟化的功能。

遗憾的是,这两家公司的技术各自独立开发,这意味着它们的代码不相兼容。不过,硬件虚拟化支持功能让 hypervisor 从极其繁重的管理事务中脱离出来。这除了提高性能外,还有操作系统不用改动就能在准虚拟化环境下运行,包括 Windows 环境。

CPU 层虚拟化技术不会自动发挥作用。为了专门支持它,必须开发虚拟化软件。不过,因为这种技术的优点非常诱人,预计各种类型的虚拟化软件会源源不断地开发出来。

每种虚拟化方法都有各自的优点,选择哪个则取决于用户的具体情况。一组服务器基于同一操作系统,这非常适用于通过操作系统层实现合并。

准虚拟化技术集两者之所长,如果与支持虚拟化技术的处理器一起部署,优点更为明显。它不但提供了良好性能,还提供了可运行多种异构客户端操作系统的功能。

完全虚拟化性能受到的影响最大,但提供了这个优点:既能让客户端操作系统彼此完全隔离,还能让它们与主机操作系统完全隔离。它非常适用于软件质量保证及测试,另外还支持种类最广泛的客户端操作系统。

完全虚拟化解决方案提供了其他独特功能。譬如说,它们可以对虚拟服务器拍"快照(snapshot)",保留状态、有助于灾难恢复。这种虚拟服务器映像可以用来迅速配置新的服务器实例。越来越多的软件公司甚至开始提供评测版产品,作为可下载、预包装的虚拟服务器映像。

就跟物理服务器一样,虚拟服务器需要不断得到支持和维护。越来越流行的服务器虚拟化已为第三方工具造就了兴旺的市场,无论是物理环境到虚拟环境的迁移实用程序,还是面向虚拟化技术的各大系统管理控制台,它们都旨在简化从传统 IT 环境迁移到高效、具有成本效益的虚拟环境的过程。

4. 虚拟化的模式和技术

虚拟化可以通过很多方法来证实。它不是一个单独的实体,而是一组模式和技术的集合,这些技术提供了支持资源的逻辑表示所需的功能,以及通过标准接口将其呈现给这些资源的消费者所需的功能。这些模式本身都是前面介绍过的各种不同虚拟形式的重复出现。

下面是在实现虚拟化时常常使用的一些模式和技术:

(1) 单一资源多个逻辑表示

这种模式是虚拟化最广泛使用的模式之一。它只包含一个物理资源,但是它向消费者呈现的逻辑表示却仿佛它包含多个资源一样。消费者与这个虚拟资源进行交互时就仿佛自己是唯一的消费者一样,而不会考虑他正在与其他消费者一起共享资源。

(2) 多个资源单一逻辑表示

这种模式包含了多个组合资源,以便将这些资源表示为提供单一接口的单个逻辑表示形式。在利用多个功能不太强大的资源来创建功能强大且丰富的虚拟资源时,这是一种非常有用的模式。存储虚拟化就是这种模式的一个例子。在服务器方面,集群技术可以提供这样的幻想:消费者只与一个系统(头结点)进行交互,而集群事实上可以包含很多的处理器或结点。实际上,这就是从 IT 技术设施的角度看到的网格可以实现的功能。

(3) 在多个资源之间提供单一逻辑表示

这种模式包括一个以多个可用资源之一的形式表示的虚拟资源。虚拟资源会根据指定的条件来选择一个物理资源实现,例如资源的利用、响应时间或临近程度。尽管这种模式与上一种模式非常类似,但是它们之间有一些细微的差别。首先,每个物理资源都是一个完整的副本,它们不会在逻辑表示层上聚集在一起。其次,每个物理资源都可以提供逻辑表示所需要的所有功能,而不是像前一种模式那样只能提供部分功能。这种模式的一个常见例子是使用应用程序容器来均衡任务负载。在将请求或事务提交给应用程序或服务时,消费者并不关心到底是几个容器中执行的哪一个应用程序的副本为请求或事务提供服务。消费者只是希望请求或事务得到处理。

（4）单个资源单一逻辑表示

这是用来表示单个资源的一种简单模式，就仿佛它是别的什么资源一样。启用 Web 的企业后台应用程序就是一个常见的例子。在这种情况下，我们不是修改后台的应用程序，而是创建一个前端来表示 Web 界面，它会映射到应用程序接口中。这种模式允许通过对后台应用程序进行最少的修改（或根本不加任何修改）来重用一些基本的功能。也可以根据无法修改的组件，使用相同的模式构建服务。

（5）复合或分层虚拟

这种模式是刚才介绍的一种或多种模式的组合，它使用物理资源来提供丰富的功能集。信息虚拟化是这种模式一个很好的例子。它提供了底层所需要的功能，这些功能用于管理对资源、包含有关如何处理和使用信息的元数据以及对信息进行处理的操作的全局命名和引用。例如 Open Grid Services Architecture（OGSA）或者 Grid Computing Components，实际上都是虚拟化的组合或虚拟化的不同层次。

5．对于虚拟化的解决方案

（1）软件方案

纯软件虚拟化解决方案存在很多限制。"客户"操作系统很多情况下是通过虚拟机监视器（Virtual Machine Monitor，VMM）来与硬件进行通信，由 VMM 来决定其对系统上所有虚拟机的访问。（注意，大多数处理器和内存访问独立于 VMM，只在发生特定事件时才会涉及 VMM，如页面错误。）在纯软件虚拟化解决方案中，VMM 在软件套件中的位置是传统意义上操作系统所处的位置，而操作系统的位置是传统意义上应用程序所处的位置。这一额外的通信层需要进行二进制转换，以通过提供到物理资源（如处理器、内存、存储、显卡和网卡等）的接口，模拟硬件环境。这种转换必然会增加系统的复杂性。此外，客户操作系统的支持受到虚拟机环境的能力限制，这会阻碍特定技术的部署，如 64 位客户操作系统。在纯软件解决方案中，软件堆栈增加的复杂性意味着，这些环境难以管理，因而会加大确保系统可靠性和安全性的困难。

（2）硬件方案

而 CPU 的虚拟化技术是一种硬件方案，支持虚拟技术的 CPU 带有特别优化过的指令集来控制虚拟过程，通过这些指令集，VMM 会很容易提高性能，相比软件的虚拟实现方式会很大程度上提高性能。虚拟化技术可提供基于芯片的功能，借助兼容 VMM 软件能够改进纯软件解决方案。由于虚拟化硬件可提供全新的架构，支持操作系统直接在上面运行，从而无需进行二进制转换，减少了相关的性能开销，极大简化了 VMM 设计，进而使 VMM 能够按通用标准进行编写，性能更加强大。另外，在纯软件 VMM 中，缺少对 64 位客户操作系统的支持，而随着 64 位处理器的不断普及，这一严重缺点也日益突出。而 CPU 的虚拟化技术除支持广泛的传统操作系统之外，还支持 64 位客户操作系统。

虚拟化技术是一套解决方案。完整的情况需要 CPU、主板芯片组、BIOS 和软件的支持，例如 VMM 软件或者某些操作系统本身。即使只是 CPU 支持虚拟化技术，在配合 VMM 的软件情况下，也会比完全不支持虚拟化技术的系统有更好的性能。

6．虚拟化面临的问题和挑战

（1）VMM 控制权

x86 处理器有 4 个特权级别，Ring 0～Ring 3，只有运行在 Ring 0～Ring 2 级时，处理器才可以访问特权资源或执行特权指令；运行在 Ring 0 级时，处理器可以访问所有的特权状态。

x86 平台上的操作系统一般只使用 Ring 0 和 Ring 3 这两个级别,操作系统运行在 Ring 0 级,用户进程运行在 Ring 3 级。为了满足上面的第一个充分条件-资源控制,VMM 自己必须运行在 Ring 0 级,同时为了避免 Guest OS 控制系统资源,Guest OS 不得不降低自身的运行级别,运行在 Ring 1 或 Ring 3 级(Ring 2 不使用)。

（2）特权级压缩(Ring Compression)

VMM 使用分页或段限制的方式保护物理内存的访问,但是 64 位模式下段限制不起作用,而分页又不区分 Ring 0,1,2。为了统一和简化 VMM 的设计,Guest OS 只能和 Guest 进程一样运行在 Ring 3 级。VMM 必须监视 Guest OS 对 GDT、IDT 等特权资源的设置,防止 Guest OS 运行在 Ring 0 级,同时又要保护降级后的 Guest OS 不受 Guest 进程的主动攻击或无意破坏。

（3）特权级别名(Ring Alias)

特权级别名是指 Guest OS 在虚拟机中运行的级别并不是它所期望的。VMM 必须保证 Guest OS 不能获知正在虚拟机中运行这一事实,否则可能打破等价性条件。例如,x86 处理器的特权级别存放在 CS 代码段寄存器内,Guest OS 可以使用非特权 push 指令将 CS 寄存器压栈,然后 pop 出来检查该值。又如,Guest OS 在低特权级别时读取特权寄存器 GDT、LDT、IDT 和 TR,并不发生异常,从而可能发现这些值与自己期望的不一样。为了解决这个挑战,VMM 可以使用动态二进制翻译的技术,例如预先把"push ％％cs"指令替换,在栈上存放一个影子 CS 寄存器值;又如,可以把读取 GDT 寄存器的操作"sgdt dest"改为"movl fake_gdt, dest"。

（4）地址空间压缩(Address Space Compression)

地址空间压缩是指 VMM 必须在 Guest OS 的地址空间中保留一部分供其使用。例如,中断描述表寄存器(IDT Register)中存放的是中断描述表的线性地址,如果 Guest OS 运行过程中来了外部中断或触发处理器异常,必须保证运行权马上转移到 VMM 中,因此 VMM 需要将 Guest OS 的一部分线性地址空间映射成自己的中断描述表的主机物理地址。VMM 可以完全运行在 Guest OS 的地址空间中,也可以拥有独立的地址空间,后者的话,VMM 只占用 Guest OS 很少的地址空间,用于存放中断描述表和全局描述符表(GDT)等重要的特权状态。无论如何哪种情况,VMM 应该防止 Guest OS 直接读取和修改这部分地址空间。

（5）Guest OS 异常

内存是一种非常重要的系统资源,VMM 必须全权管理,Guest OS 理解的物理地址只是客户机物理地址(Guest Physical Address),并不是最终的主机物理地址(Host Physical Address)。当 Guest OS 发生缺页异常时,VMM 需要知道缺页异常的原因,是 Guest 进程试图访问没有权限的地址,或是客户机线性地址(Guest Linear Address)尚未翻译成 Guest Physical Address,还是客户机物理地址尚未翻译成主机物理地址。一种可行的解决方法是 VMM 为 Guest OS 的每个进程的页表构造一个影子页表,维护 Guest Linear Address 到 Host Physical Address 的映射,主机 CR3 寄存器存放这个影子页表的物理内存地址。VMM 同时维护一个 Guest OS 全局的 Guest Physical Address 到 Host Physical Address 的映射表。发生缺页异常的地址总是 Guest Linear Address,VMM 先去 Guest OS 中的页表检查原因,如果页表项已经建立,即对应的 Guest Physical Address 存在,说明尚未建立到 Host Physical Address 的映射,那么 VMM 分配一页物理内存,将影子页表和映射表更新;否则,VMM 返回到 Guest OS,由 Guest OS 自己处理该异常。

（6）系统调用

系统调用是操作系统提供给用户的服务例程，使用非常频繁。最新的操作系统一般使用 SYSENTER/SYSEXIT 指令对来实现快速系统调用。SYSENTER 指令通过 IA32_SYSENTER_CS，IA32_SYSENTER_EIP 和 IA32_SYSENTER_ESP 这 3 个 MSR（Model Specific Register）寄存器直接转到 Ring 0 级；而 SYSEXIT 指令不在 Ring 0 级执行的话将触发异常。因此，如果 VMM 只能采取 Trap-And-Emulate 的方式处理这 2 条指令的话，整体性能将会受到极大损害。

（7）中断和异常

所有的外部中断和主机处理器的异常直接由 VMM 接管，VMM 构造必需的虚拟中断和异常，然后转发给 Guest OS。VMM 需要模拟硬件和操作系统对中断和异常的完整处理流程，例如 VMM 先要在 Guest OS 当前的内核栈上压入一些信息，然后找到 Guest OS 相应处理例程的地址，并跳转过去。VMM 必须对不同的 Guest OS 的内部工作流程比较清楚，这增加了 VMM 的实现难度。同时，Guest OS 可能频繁地屏蔽中断和启用中断，这两个操作访问特权寄存器 EFLAGS，必须由 VMM 模拟完成，性能因此会受到损害。Guest OS 重新启用中断时，VMM 需要及时地获知这一情况，并将积累的虚拟中断转发。

（8）访问特权资源

Guest OS 对特权资源的每次访问都会触发处理器异常，然后由 VMM 模拟执行，如果访问过于频繁，则系统整体性能将会受到极大损害。比如对中断的屏蔽和启用，cli（Clear Interrupts）指令在 Pentium 4 处理器上需要花费 60 个时钟周期（cycle）。又如，处理器本地高级可编程中断处理器（Local APIC）上有一个操作系统可修改的任务优先级寄存器（Task-Priority Register），IO-APIC 将外部中断转发到 TPR 值最低的处理器上（期望该处理器正在执行低优先级的线程），从而优化中断的处理。TPR 是一个特权寄存器，某些操作系统会频繁设置（Linux Kernel 只在初始化阶段为每个处理器的 TPR 设置相同的值）。

软件 VMM 所遇到的以上挑战从本质上来说是因为 Guest OS 无法运行在它所期望的最高特权级，传统的 Trap-And-Emulate 处理方式虽然以透明的方式基本解决上述挑战，但是带来极大的设计复杂性和性能下降。当前比较先进的虚拟化软件结合使用二进制翻译和超虚拟化的技术，核心思想是动态或静态地改变 Guest OS 对特权状态访问的操作，尽量减少产生不必要的硬件异常，同时简化 VMM 的设计。

1.3.3　大规模多输入/多输出技术

在无线传输技术层面，大规模阵列天线多输入/多输出（Massive MIMO）技术以其在频谱效率、能量效率、鲁棒性及可靠性方面巨大的潜在优势，可能成为未来 5G 通信中具有革命性的技术之一。多天线多输入/多输出（MIMO）技术能够充分挖掘空间维度资源，显著提高频谱效率和功率效率，已经成为 4G 通信系统的关键技术之一。目前的 IMT-Advanced（4G）标准采用了基于多天线的 MIMO 传输技术，利用无线信道的空间信息大幅提高频谱效率。但是现有 4G 蜂窝网络的 8 端口多用户 MIMO（MU-MIMO）不可能满足频谱效率和能量效率的数量级提升需求。大规模阵列天线 MIMO 技术是 MIMO 技术的扩展和延伸，其基本特征就是在基站侧配置大规模的天线阵列（从几十至几千），利用空分多址（SDMA）原理，同时服务多个用户。

利用新型的低成本光纤无线融合传输技术替换常规的无线传输技术，把远端 ADC/DAC

等数字化单元剥离并上移到基带池云机房,通过光纤中多域混合复用技术,如频分复用、波分复用和偏振复用等,用光信号"直接"传输未经数字化的天线,待发射或接收到几十甚至几百路模拟无线信号,就可以构建大规模阵列天线 MIMO 技术与大规模协作的云架构完美结合的5G 无线网络。

面向 4G 之后移动通信的发展,为提高无线资源利用率、改善系统覆盖性能、显著降低单位比特能耗,异构分布式协作网络技术及智能自组织网技术得到业界更加广泛的关注。

在分布式协作网络中,处于不同地理位置的结点(基站、远程天线阵列单元或无线中继站)在同一时频资源上协作完成与多个移动通信终端的通信,形成网络多输入/多输出(MIMO)信道,可以克服传统蜂窝系统中 MIMO 技术应用的局限,在提高频谱效率和功率效率的同时,改善小区边缘的传输性能。然而,在目前典型的结点天线个数配置和小区设置的情况下,研究工作表明网络 MIMO 传输系统会出现频谱和功率效率提升的"瓶颈"问题。为此,研究者们提出在各结点以大规模阵列天线替代目前采用的多天线,由此形成大规模 MIMO 无线通信环境,以深度挖掘利用空间维度无线资源,解决未来移动通信的频谱效率及功率效率问题。

大规模 MIMO 无线通信的基本特征是:在基站覆盖区域内配置数十根甚至数百根以上天线,较 4G 系统中的 4(或 8)根天线数增加一个量级以上,这些天线以大规模阵列方式集中放置;分布在基站覆盖区内的多个用户,在同一时频资源上,利用基站大规模天线配置所提供的空间自由度,与基站同时进行通信,提升频谱资源在多个用户之间的复用能力、各个用户链路的频谱效率以及抵抗小区间干扰的能力,由此大幅度提升频谱资源的整体利用率;与此同时,利用基站大规模天线配置所提供的分集增益和阵列增益,每个用户与基站之间通信的功率效率也可以得到进一步显著提升。

大规模 MIMO 无线通信通过显著增加基站配置天线的个数,以深度挖掘利用空间维度无线资源,提升系统频谱效率和功率效率,其所涉及的基本通信问题是:如何突破基站侧天线个数显著增加所引发的无线传输技术"瓶颈",探寻适于大规模 MIMO 通信场景的无线传输技术。

近两年来,大规模 MIMO 无线通信引起了研究者们的广泛关注,文献上出现了一些初步的相关研究工作报道,这些工作设计传输性能分析、传输方案设计等多个方面。从已报道的工作可见:

(1) 关于大规模 MIMO 信道的理论建模和实测建模的工作较少,还没有受到广泛认可的信道模型出现。

(2) 所涉及的传输方案大都基于贝尔实验室提出的方案,即在配备单天线的用户数目远小于基站天线个数的假设下,通过上行链路正交导频和时分双工(TDD)系统上下行信道互易性,基站侧获得多用户上下行信道参数估计值,并以此实施上行接收处理和下行预编码传输。

(3) 传输方案性能分析往往假设大规模 MIMO 信道是理想的独立同分布(IID)信道,在此条件下,导频污染被认为是大规模 MIMO 系统中的"瓶颈"问题。

由此可知,大规模 MIMO 无线通信技术研究尚处在起步阶段,为充分挖掘其潜在的技术优势,需要探明符合典型应用场景的信道模型,并在实际信道模型、适度的导频开销及实现复杂性等约束条件下,分析其可达的频谱效率和功率效率,进而探寻信道信息获取技术及最优传输技术,解决大规模 MIMO 无线通信所涉及的导频开销及信道信息获取"瓶颈"问题、多用户共享空间无线资源问题、系统实现复杂性问题、对中高速移动通信场景及频分双工(FDD)系统的实用性问题等。

综上所述,4G 之后移动通信对频谱效率及功率效率提出了更高的要求,大规模 MIMO 无线通信能够深度挖掘空间维度无线资源,大幅提升无线通信频谱效率和功率效率,是支撑未来新一代宽带绿色移动通信最具潜力的研究方向之一。

1.3.4 全双工

全双工(Full Duplex)即为通信时允许数据在两个方向上同时传输,它在能力上相当于两个单工通信方式的结合。全双工指可以同时(瞬时)进行信号的双向传输(A→B 且 B→A)。指 A→B 的同时 B→A,是瞬时同步的。与之对应,单工就是在只允许甲方向乙方传送信息,而乙方不能向甲方传送。比如,计算机主机用串行接口连接显示终端,而显示终端带有键盘。这样,一方面键盘上输入的字符送到主机内存;另一方面,主机内存的信息可以送到屏幕显示。通常,往键盘上打入 1 个字符以后,先不显示,计算机主机收到字符后,立即回送到终端,然后终端再把这个字符显示出来。这样,前一个字符的回送过程和后一个字符的输入过程是同时进行的,即工作于全双工方式。

全双工是在微处理器与外围设备之间采用发送线和接受线各自独立的方法,可以使数据在两个方向上同时进行传送操作。指在发送数据的同时也能够接收数据,两者同步进行,这好像我们平时打电话一样,说话的同时也能够听到对方的声音。目前的网卡一般都支持全双工。

要理解全双工,就得与半双工一起比较讨论。半双工(Half Duplex),所谓半双工就是指一个时间段内只有一个动作发生,举个简单例子,一条窄窄的马路,同时只能有一辆车通过,当目前有两辆车对开,这种情况下就只能一辆先过,等到头儿后另一辆再开,这个例子就形象的说明了半双工的原理。早期的对讲机、以及早期集线器等设备都是基于半双工的产品。随着技术的不断进步,半双工会逐渐退出历史舞台。

全双工以太网使用两对电缆线,而不是像半双工方式那样使用一对电缆线。全双工方式在发送设备的发送方和接收设备的接收方之间采取点到点的连接,这意味着在全双工的传送方式下,可以得到更高的数据传输速度。

(1)交换机的全双工

交换机的全双工是指交换机在发送数据的同时也能够接收数据,两者同步进行。这好像我们平时打电话一样,说话的同时也能够听到对方的声音。目前的交换机应该都支持全双工。早期集线器等设备都是实行半双工的产品。

(2)声卡的全双工

严格来说,声卡上的全双工是指在录音的同时可以进行播放声音的工作,反之亦然,这才是真正的全双工作业。在网络支持全双工的情况下,如果声卡真正支持全双工,那么您使用 Net Meeting 或是网络电话应该与一般打电话是相同的,若是半双工的话,只要有一方讲话便听不见对方的声音,就好像在使用对讲机一般。

有部分的使用者会误解所谓的全双工是指在同一个时间内可以播放二个以上的声音,其实这不是一个正确的观念,声卡在设计上要完成二种基本工作,一为录音,一为放音,只有这二种工作可以同时进行才称为真正的全双工。

目前多数终端和串行接口都为半双工方式提供了换向能力,也为全双工方式提供了两条独立的引脚。在实际使用时,一般并不需要通信双方同时既发送又接收,像打印机这类的单向传送设备,半双工甚至单工就能胜任,也无需倒向。

1.3.5　毫米波

毫米波是波长为 1～10 mm 的电磁波称毫米波,它位于微波与远红外波相交叠的波长范围,因而兼有两种波谱的特点。毫米波的理论和技术分别是微波向高频的延伸和光波向低频的发展。

与光波相比,毫米波利用大气窗口(毫米波与亚毫米波在大气中传播时,由于气体分子谐振吸收所致的某些衰减为极小值的频率)传播时的衰减小,受自然光和热辐射源影响小。

毫米波的优点有:

(1) 极宽的带宽。通常认为毫米波频率范围为 26.5～300 GHz,带宽高达 273.5 GHz。超过从直流到微波全部带宽的 10 倍。即使考虑大气吸收,在大气中传播时只能使用四个主要窗口,但这四个窗口的总带宽也可达 135 GHz,为微波以下各波段带宽之和的 5 倍。这在频率资源紧张的今天无疑极具吸引力。

(2) 波束窄。在相同天线尺寸下毫米波的波束要比微波的波束窄得多。例如一个 12cm 的天线,在 9.4 GHz 时波束宽度为 18°,而 94 GHz 时波速宽度仅 1.8°。因此可以分辨相距更近的小目标或者更为清晰地观察目标的细节。

(3) 与激光相比,毫米波的传播受气候的影响要小得多,可以认为具有全天候特性。

(4) 和微波相比,毫米波元器件的尺寸要小得多。因此毫米波系统更容易小型化。

毫米波的缺点有:

(1) 大气中传播衰减严重。

(2) 器件加工精度要求高。

与光波相比,它们利用大气窗口(毫米波与亚毫米波在大气中传播时,由于气体分子谐振吸收所致的某些衰减为极小值的频率)传播时的衰减小,受自然光和热辐射源影响小。

近年来,随着 Internet 的日益发展,其相关业务迅猛发展,人们对通信网的要求,不再局限于电话、传真等传统形式,而且要求高速访问 Internet、传输数据和图像、提供 VOD(视频点播)及多媒体业务等,因此宽带化是当前通信网建设面临的最大挑战。目前在许多国家,电信骨干网络都实现了光纤化,其带宽基本可满足现有通信的需求,网络宽带化的瓶颈集中体现在用户与骨干网的连接部分,即要解决用户接入网的宽带化问题。从长远看,建设全光纤接入网络是最佳方案,但由于光纤铺设困难、造价高、光端机价格降不下来、全光网络技术尚未彻底解决等原因,全光纤接入网还不可能马上实现。

用户接入网按传输媒介可分为有线接入网和无线接入网。有线接入网技术包括电缆接入、基于铜双绞线的 xDSL 接入、光纤接入、光纤与电缆混合(HFC)接入等,其中 xDSL 和 HFC 接入技术近几年发展比较迅速。xDSL 可细分为非对称数字用户环路(ADSL)和对称数字用户环路(HDSL),ADSL 是采用离散多音频(DMT)调制技术,在普通铜双绞线即电话线上,上、下行速率不对称进行数据传输,其下行速率可达 8 Mbit/s,传输距离大于 3 km,由于 ADSL 开通费用相对较低,在市场上发展很快。现在 ADSL 正向着甚高速数字用户环路(VDSL)方向发展,同样利用双绞线,VDSL 技术可提供高达 52 Mbit/s 的上、下行速率,不过传输距离小于 i km。另外,随着有线电视网络的普及,HFC 接入网以其巨大的带宽潜力大有后来居上之势,HFC 网络不但可以传输电视,还能够提供电话、访问 Internet、数据传输等服务,更利于实现三网合一。

相对于有线接入网,无线接入网不但可以为固定用户服务,还可以为移动用户提供话音、图像、数据等接入服务。现在发展起来的无线接入网主要分为以下几种：

基于卫星通信网的无线接入技术，卫星通信有静止轨道卫星通信、中轨道卫星通信、低轨道卫星通信三种，卫星起中继的作用，地球站用来作基站或与用户相连，利用卫星通信可组成固定无线接入网或移动无线接入网，它的特点是覆盖面积大，可以做到全球通，而且对气候和传输距离不敏感。

基于移动通信网的无线接入技术，它是指通过改造原有蜂窝通信网，使其增加数据接入功能，这种方法通常数据传输速率较慢。例如，利用模拟蜂窝网的分组数据交换（CDPD）系统，可在现有的 AMPS 网上提供分组数据服务，信道速率为 19.2 kbit/s。在数字蜂窝通信网中，GSM 网的数据速率只有 9.6 kbit/s，当 GSM 网采用通用分组无线服务（GRPS）技术或增强数据速率（EDGE）技术改进后，它将分别提供 1 15.2 kbit/s 和 384 kbit/s 的数据速率。在 IS-95B、CDMAOne 中都增强了移动数据服务能力，而 CDMA2000 可提供高达 2 Mbit/s 的数据速率。利用移动通信网建设的无线接入网组网费用比较低，且覆盖面积较大，适合于车辆船只调度系统、110 报警指挥系统、铁路列车无线调度系统等方面的应用。

基于无绳电话系统的无线接入网，无绳电话系统包括 DECT 系统、PHS 系统等，例如日立的 RN1000 无线网络就是利用 PHS 系统建设的，它的缺点是覆盖面积小，主要应用于城区。

基于集群通信的无线接入网，它可以是固定网，也可以是移动网，目前大多利用数字集群系统组网。

宽带无线接入网为专网形式，例如多路多点分配业务（MMDS）和本地多点分配业务（LMDS），其中 LMDS 因为能提供宽带双向数据传输而得到迅速发展。

不过，随着通信业务的迅猛发展，频率低端无线频谱变得十分拥挤，为进一步满足人们的宽带无线接入需求，一方面可以提高通信系统频带利用率，如采用 MPSK、m-QAM 调制方式等；另一方面需要开发新的频段，现在在短波、超短波频段及微波低端频谱占用较多，而在毫米波波段频谱还很空闲，LMDS 系统就是一种利用毫米波通信组网的无线接入技术。

1. 毫米波通信的特点

按无线电波段的划分，波长在 1～10 mm（即频率在 30～300 GHz 之间）的无线电波称为毫米波，有时把稍低于 30 GHz 的无线电波也称为毫米波。由于毫米波波长较短，只适合视距通信，而且它在空中传播时的损耗较大，传播距离短。根据电波在自由空间传播损耗 L 的公式。L＝（锄 d/A）2 知，波长越小，传播距离越短，例如，频率为 30 GHz 的毫米波，在自由空间传播 10 km 的损耗为 142 dB，而同样的损耗，6 GHz 的微波可以传播 50 km。

实际上，微波在空中的传播，还会受到反射、折射、散射和吸收等因素的影响，从而增加传播损耗，特别在毫米波波段，引起的损耗更大。例如，对于频率为 30 GHz 的毫米波，空气中水蒸气造成的吸收损耗为 0.1 dB/km，2.3 mg/m³ 的雾引起的吸收损耗为 1 dB/km，而对于 6 GHz 的微波，水蒸气和雾造成的吸收损耗都小于 0.01 dB/km。在所有因素中，降雨对毫米波的影响最大，当降雨强度为 5 mm/h 时，对于频率为 30 GHz 的毫米波，吸收损耗约为 1.5 dB/km，而当降雨强度为 100 mm/h 时，吸收损耗可达 15 dB/km，这时 10 km 的损耗为 150 dB，再加上自由空间传播损耗等影响，基本会中断通信。

由于毫米波存在传输距离短、易受环境因素影响、实现难度大等问题，过去很少应用。但是，毫米波直线视距传输效果好、容易实现同频频率复用，特别是在毫米波波段频谱比较空闲，由于频率高，系统可用频带可达 1 GHz 以上，非常适合目前的宽带通信网络的需要。

2. LMDS

本地多点分配业务（Local Multipoint Distribute Service，LMDS）是一种崭新的宽带无线

接入技术,属于固定无线接入的范畴。LMDS 工作在毫米波波段,一般选择 24～38 GHz 频段,由于频率高,可用频带可达 1 GHz 以上,它的宽带特性有着诱人的应用前景,1998 年它被美国电信界评选为十大新兴通信技术之一。

LMDS 最初的用途是在铺设有线困难的地段配送电视节目,全球第一个商用 LMDS 系统是由 CellularVision 公司在 1991 年设计完成的,与以前单向传输的多路多点分配业务(MMDS)相比,LMDS 具有更高的带宽,支持双向传输,真正实现了交互式通信。由于毫米波在空间传播的损耗较大,LMDS 业务的覆盖面积比较小,覆盖半径一般为 3～10 km,利用毫米波通信,实现点对多点数据传输,LMDS 系统几乎可以提供现在的各种话音和数据通信业务,具体如下:

普通话音业务,LMDS 系统可提供高质量的话音服务,没有时延,并且与传统的电话接口兼容,可方便地接入 PSTN 电话网。

数据传输业务,LMDS 系统提供的数据业务包括低速、中速和高速三种。低速数据业务为 1.2～9.6 kbit/s,能处理开放协议的数据,网络允许从本地接入点连接增值业务网;中速数据业务为 9.6 kbit/s～2 Mbit/s,它一般为增值网络提供本地接点;高速数据业务为 2～155 Mbit/s,传输高速数据时必须有以太网接口和光纤分布数据接口(FDDI),支持物理层、数据链路层及网络层的相关协议。从理论上,LMDS 能够支持 1 Gbit/s 甚至更高速率的数据传输业务。

视频图像及多媒体业务,LMDS 能提供模拟和数字视频业务,如 VOD、远程视频监控、远程医疗、会议电视、远程教育及其他消费类多媒体业务等。

虚拟网(VPN)业务,LMDS 可为用户提供 ATM VPN 或 IP VPN。

另外,LMDS 系统支持多种协议或标准,如 ATM、TCP/IP、帧中继、MPEG2 标准等,能够提供包括 nJ-11、以太网在内的多种标准接口,方便与其他系统互连。

LMDS 系统带宽巨大、业务齐全,一时被称为“无线光纤”。它主要为无线宽带网络供应商提供业务承载服务,比较适合在城区使用,在光纤到户(FTTH)还不可能马上实现的情况下,可为用户提供急需的宽带接入服务,是传统用户接入网的一种有力补充。由于 LMDS 所具有的宽带接入技术优势和潜在的商业应用价值,所以在短短几年中迅速发展起来。

3. 基于毫米波通信的 LMDS 系统组网技术

(1) LMDS 系统的构成

一般地,LMDS 系统由基站、用户终端、网管系统和电信骨干网四部分构成,如图 1.10 所示。

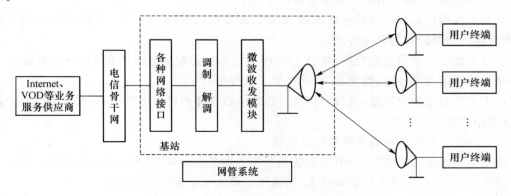

图 1.10 LMDS 系统的一般结构

基站通过毫米波通信与各个用户终端连接,实现点对多点的业务配送。在实际应用中,LMDS系统通常采用类似于移动通信的蜂窝式配置方式,它将服务范围划分为多个蜂窝式小区,每个小区由一个基站和多个用户终端组成,由于毫米波方向性较强,一个小区又可以划分为多个扇区,每个扇区可以根据用户要求提供不同的业务。LMDS系统蜂窝小区的覆盖面允许相互重叠,单个小区的覆盖半径一般为3~10 km,若要增加小区基站的覆盖半径,可以采用加大通信收发天线口径、增加发射功率及改善接收灵敏度等方法。基站设备由多个扇区设备组成,每个扇区分室外单元(ODU)和室内单元(IDU)两部分,室外单元包括天线、微波收发模块;室内单元包括调制解调模块、网络接口模块。其中网络接口模块提供与电信骨干网的接口,如ATM、IP、帧中继、PSTN、ISDN等,并通过电信骨干网与Internet、VOD等业务服务供应商相连接。

用户终端可以是小区或家庭用户,同样由室外单元(ODU)和室内单元(IDU)组成,室外单元包括天线、微波收发模块;室内单元包括调制解调模块、用户接口模块。用户接口模块向用户提供各种网络接口,可通过机顶盒直接连接用户的电视机、计算机、电话机、摄象头等设备。

网管系统是整个LMDS系统的监控中心,负责完成网络配置、系统计费、安全管理及告警处理等功能。

(2) LMDS系统的优势

作为一种固定无线接入技术,LMDS系统具有以下优点:

可用频带宽,可达1 GHz,比蜂窝通信系统(50 MHz)、PCS系统(140 MHz)、MMDS系统(140 MHz)等的带宽高得多,支持高达155 Mbit/s的数据传输速率,非常符合目前用户宽带接入的需要。

可以承载几乎任何通信业务,包括话音、数据、图像及多媒体等。

可提供多种网络接口,包括E1、FR、ISDN、ATM、IOBase-T等,很容易与现存通信网络透明互连。

系统容量大,LMDS的可用带宽为1 GHz以上,若采用QPSK、16QAM或64QAM等调制方式,还可进一步提高频道利用率。LMDS的传输容量可与光纤相比拟,完全满足当前覆盖区内所有用户的业务需要,因此特别适用于城区高密度用户地区。

LMDS系统的基站和用户终端都采取模块化设计,设备配置灵活,具有良好的扩展性,其容量扩充和添加新业务都很方便、快捷。在网络设计时,根据用户的分布和需求,合理规划基站和扇区的配置,可避免造成设备及资源的浪费。

具有无线通信系统一般具有的优势,如建设成本低、启动资金较小、建设周期短、投资回收快、网络运行和维护费用低等特点。

在毫米波波段频谱比较宽松,建设LMDS系统不会影响其他通信系统的频谱资源。

毫米波通信方向性好,性能稳定,受外界干扰较小。

由于工作在毫米波波段,天线口径及射频前端设备体积可以做得很小,减少了设备的复杂性,这对用户端尤为重要。

(3) LMDS系统的缺陷及组网注意问题

由于毫米波传输距离短,LMDS系统业务服务覆盖范围较小,不适合远程用户使用。

通信质量受雨、雪等天气影响较大,大暴雨还可能引起无线通信链路的中断。

基站设备相对比较复杂,价格较贵,这一特点决定了LMDS系统只适合在人口稠密的城区建设。

在实际毫米波组网设计中,应想办法减少环境因素的影响。首先,在毫米波频率点选取时,要注意避开环境影响比较大的几个峰值频率点,例如,氧气的吸收损耗峰值频率点在60 GHz,吸收损耗约为 17 dB/km,水蒸气的吸收损耗峰值频率点在 166 GHz,吸收损耗约为35 dB/km。另外,当设计通信系统时,为增强接收效果,一方面努力增大接收系统的 AGC 动态范围,如选用动态范围大的运放等;另一方面可以采用分集技术。分集技术分为频率分集和空间分集两种方法,频率分集指采用两个或两个以上的频率,同时发送和接收同一信号,然后进行合成或选择的技术,空间分集是一种在垂直空间位置放置多副天线,同时发送或接收同一信号,并进行合成或选择的技术,由于空间分集的频谱利用率较高,分集效果也比较好,是毫米波通信中常用的一种方式,一般采用二重空间分集接收技术。

1.4　本章小结

本章首先对无线接入网络作了简要分析,首先介绍了无线接入移动化的演进过程,并详细介绍了蜂窝无线接入网络,无线局域网的等传统无线接入方式的演进过程。根据无线网络当前的需求与应用场景,本章着眼于无线接入网络出现的问题,具体包括部署密集、异构共存、服务体验低和网络结构僵化等,总结出演进的规律;并在最后一节介绍了无线接入网络中的新技术,从软件定义网络、虚拟化、大规模多输入/多输出技术、全双工、毫米波等多个方面对未来无线网络可能应用的技术做出阐述。

参考文献

[1]　无线接入. http://www.baike.com.

[2]　GSM 数字移动通信. http://doc.mbalib.com/view/d7680e980498056ea47eef83139fa784.html

[3]　Goldsmith,A.,杨鸿文,李卫东,郭文彬. (2007). 无线通信. 北京:人民邮电出版社.

[4]　王文博,常永宇,& 李宗豪. (2005). 移动通信原理与系统. 北京:北京邮电大学出版社,45-130.

[5]　Ojanpera,T.,& Prasad,R. (1998). An overview of air interface multiple access for IMT-2000/UMTS. Communications Magazine,IEEE,36(9),82-86.

[6]　路兆铭. 下一代移动通信系统中跨层资源分配研究[D]. 北京:北京邮电大学,2012.

[7]　牛凯,吴伟陵. 移动通信原理. 北京:电子工业出版社,2009.

[8]　郑娟毅,石明卫. 802·11 无线局域网技术及其发展[J]. 西安:西安邮电学院学报,2006,03:13-16+122.

[9]　802.11. http://baike.baidu.com/link? url=-LVjq3XZHMvbBV_RVUjlouAC34O4pPcZT8bdIoBAl4sxCcEGf6QR_7xMEoa6W_bu6aXjCfC2F5wyRts3FNPeo_.

[10]　戚文芽,程时昕. 无线局域网的现状及发展趋势[J]. 电信科学,1996,09:18-22.

[11]　Crow,B.P.,Widjaja,I.,Kim,J.G.,& Sakai,P.T. (1997). IEEE 802.11 wireless

local area networks. Communications Magazine,IEEE,35(9),116-126.

［12］ Li,X.,Gani,A.,Salleh,R.,& Zakaria,O.(2009,February). The future of mobile wireless communication networks. In Communication Software and Networks,2009. ICCSN′09. International Conference on (554-557). IEEE.

［13］ 2020 (5G) 推进组 IMT.(2014).5G 愿景与需求白皮书［Z］(Doctoral dissertation).

［14］ 刘礼白.宽带无线接入技术演进历程回顾及未来发展趋势[D].移动通信.2008(24).

［15］ SDN. http：//www. zdnet. com. cn/wiki-SDN.

［16］ 虚拟化. http：//baike. baidu. com.

［17］ 虚拟化技术. http：//www. baike. com/wiki.

［18］ 雷葆华,王峰,王茜,王和宇,等. SDN 核心技术剖析和实战指南. 北京：电子工业出版社,2013.

［19］ 毫米波通信. http：//www. baidu. com.

［20］ Thomas D. Nadeau,Ken Gray. SDN：Software Defined Networks. 北京：人民邮电出版社,2014.

［21］ LMDS. http：//www. baidu. com.

第2章 软件定义的无线接入网络架构

2.1 SDN 简介

SDN 的英文全称是 Software Defined Network，即软件定义网络，是一种新型的网络架构，其最大的特点是将传统网络的控制平面和数据转发平面分离，而且控制平面可以控制多个物理设备。

SDN 的特性是动态实时调节、可管理、成本低、适应性强，而如今电子商务、移动互联网、大数据业务等服务的快速发展，网络虚拟化及云计算等业务的兴起与发展，传统网络已经难以满足网络数据高吞吐量、网络资源实时调度、网络的实时配置、自动负载均衡、绿色节能的网络服务等需求，SDN 所倡导的理念满足了这些兴起业务的需求。

SDN 架构将网络的控制功能和转发功能解耦合，网络智能和网络状态在逻辑上是集中的，从而使得网络的控制功能实现了可编程化，同时底层数据平面对上层的应用程序和网络服务实现了资源抽象，这大大提高了网络的实时编排能力和调度能力。SDN 的发展使企业和运营商获得前所未有的可编程性、自动化和网络控制，他们可以构建高度可扩展的、灵活的网络，从而适应不断变化的业务需求。

作为一个近几年来比较热门的技术，SDN 的发展历史也是颇有渊源。现在 SDN 架构的提出源于 OpenFlow 的提出与发展。OpenFlow 起源于斯坦福大学的 Clean Slate 项目组。CleanSlate 项目的最终目的是要重新发明英特网，旨在改变设计已略显不合时宜，且难以进化发展的现有网络基础架构。在 2006 年，斯坦福的学生 Martin Casado 领导了一个关于网络安全与管理的项目 Ethane，该项目试图通过一个集中式的控制器，让网络管理员可以方便地定义基于网络流的安全控制策略，并将这些安全策略应用到各种网络设备中，从而实现对整个网络通讯的安全控制。受此项目启发，Martin 和他的导师 Nick McKeown 教授（时任 Clean Slate 项目的 Faculty Director）发现，如果将 Ethane 的设计更一般化，将传统网络设备的数据转发（data plane）和路由控制（control plane）两个功能模块相分离，通过集中式的控制器（Controller）以标准化的接口对各种网络设备进行管理和配置，那么这将为网络资源的设计、管理和使用提供更多的可能性，从而更容易推动网络的革新与发展。于是，他们便提出了 OpenFlow 的概念，并且 Nick McKeown 等人于 2008 年在 ACM SIGCOMM 发表了题为 OpenFlow：Enabling Innovation in Campus Networks 的论文，首次详细地介绍了 OpenFlow 的概念。该篇论文除了阐述 OpenFlow 的工作原理外，还列举了 OpenFlow 几大应用场景，包括：①校园网络中对实验性通讯协议的支持（如其标题所示）；②网络管理和访问控制；③网络隔离和 VLAN;④基于 WiFi 的移动网络;⑤非 IP 网络;⑥基于网络包的处理。当然,目前关于 OpenFlow 的研究已经远远超出了这些领域。

基于 OpenFlow 为网络带来的可编程的特性,Nick 和他的团队(包括加州大学伯克利分校的 Scott Shenker 教授)进一步提出了目前国内多直译为"软件定义网络"(Software Defined Network, SDN)的概念,其实,SDN 的概念据说最早是由 KateGreene 于 2009 年在 TechnologyReview 网站上评选年度十大前沿技术时提出。如果将网络中所有的网络设备视为被管理的资源,那么参考操作系统的原理,可以抽象出一个网络操作系统(Network OS)的概念——这个网络操作系统一方面抽象了底层网络设备的具体细节,同时还为上层应用提供了统一的管理视图和编程接口。这样,基于网络操作系统这个平台,用户可以开发各种应用程序,通过软件来定义逻辑上的网络拓扑,以满足对网络资源的不同需求,而无需关心底层网络的物理拓扑结构。关于 SDN 的概念和原理,可以参考开放网络基金会(Open Networking Foundation)发表的 SDN 白皮书 Software Defined Networking:The New Norm for Networks。

从上面的描述中,可以看出 OpenFlow/SDN 的原理其实并不复杂,从严格意义上讲也很难算是具有革命性的创新。然而 OpenFlow/SDN 却引来了业界越来越多的关注,成为近年来名副其实的热门技术。截止 2012 年,包括 HP、IBM、Cisco、NEC 以及国内的华为和中兴等传统网络设备制造商都已纷纷加入到 OpenFlow 的阵营,同时有一些支持 OpenFlow 的网络硬件设备已经面世。2011 年,开放网络基金会(Open Networking Foundation)在 Nick 等人的推动下成立,专门负责 OpenFlow 标准和规范的维护和发展;同年,第一届开放网络峰会(OpenNetworking Summit)召开,为 OpenFlow 和 SDN 在学术界和工业界都做了很好的介绍和推广。2012 年年初召开的第二届峰会上,来自 Google 的 Urs Hölzle 在以 OpenFlow@Google 为题的 Keynote 演讲中宣布 Google 已经在其全球各地的数据中心骨干网络中大规模地使用 OpenFlow/SDN,从而证明了 OpenFlow 不再仅仅是停留在学术界的一个研究模型,而是已经完全具备了可以在产品环境中应用的技术成熟度。而后,Facebook 也宣布其数据中心中使用了 OpenFlow/SDN 的技术。

关于 OpenFlow 我们会在第 5 章做详细介绍,下面介绍目前的 SDN 架构的几种定义。

2.1.1 SDN 架构的几种定义

目前存在多种不同的 SDN 定义,主要有以下几种 SDN 定义参考架构,分别是目前基于领导地位的开放网络基金(Open Networking Foundation,ONF)提出的 SDN 架构,和由 IT 巨头思科、Juniper、IBM、微软等参与的 OpenDaylight 开源项目提出的 OpenDaylight 开源 SDN 项目,以及欧洲电信标准化协会(European Telecommunications Standards Institute,ETSI)行业规范小组(Industry Specification Group,ISG)提出的网络功能虚拟化(Network Function Virtualization,NFV)参考架构。下面我们重点介绍 ONF 提出的 SDN 架构定义。

成立于 2011 年的开放网络基金会 ONF(Open Networking Foundation)是一个非营利性组织,主要致力于推动 SDN 架构、技术的规范和发展工作。ONF 是目前 SND 标准化技术的引领者,其提出并倡导的以 OpenFlow 为基础的网络架构首次系统的阐述了 SDN 架构以及一些应用场景,OpenFlow 规范了控制平面和数据平面的通信,是为 SDN 设计的第一个标准化接口,可以提供高性能、跨不同厂商网络设备的精准流量控制,为 SDN 的发展奠定了重要基础。ONF 提出的 SDN 整体架构如图 2.1 所示。

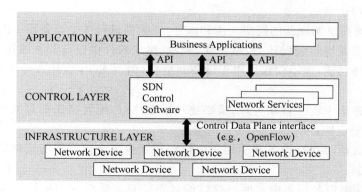

图 2.1　ONF 提出的 SDN 整体架构

由图 2.1 可以看出 ONF 提出的 SDN 整体架构分为三层结构，即基础设施层(也可称为基础设施平面，后面两个类似)、控制层和应用层。

(1) 基础设施层表示网络的底层转发设备及必要的数据转发和处理功能，包含了特定的转发面抽象，比如说 OpenFlow 交换机中流表各个匹配字段的设计。基础设施层由各个网络单元组成，通过南向接口(Northband Interface，SBI)向控制层提供具体的硬件能力。在 ONF SDN 架构下，路由器和交换机统称为 OpenFlow 交换机，因为 OpenFlow 交换机对数据包采取流表匹配然后转发模式。

(2) 控制层集中维护网络状态，网络智能化控制逻辑上集中在一个基于软件的 SDN 控制器，SDN 控制器通过维护全局网络视图来维护整个网络的基本信息，我们可以称中间实现控制逻辑功能的控制层为网络操作系统(Network Operating System)。SDN 控制器会解读上层 SDN 应用的需求并合理地调用底层基础设施网络单元的硬件能力，同时 SDN 控制器也会像上层 SDN 应用提供对应的信息。由于有限的底层网络资源，SDN 控制器需要根据相应的策略合理地安排各个应用之间的需求。控制功能从网络设备中分离出来，在网络设备上维护流表(flow table)结构，数据分组按照流表进行转发，而流表的生成、维护、配置则由中央控制器来管理。OpenFlow 的流表结构将网络处理层次扁平化，使得网络数据的处理满足细粒度的处理要求。控制层通过南向接口(控制和数据平面接口，如 OpenFlow)获取底层基础设施信息，同时为应用层提供可扩展的北向接口，目前 ONF 仍在制定和完善南向接口 OpenFlow 协议，而面向应用的可编程北向接口仍处在需求讨论阶段。

(3) 应用层根据网络不同的应用需求，调用控制层的北向接口(Northband Interface，NBI)，实现不同功能的应用程序。通过这种软件模式，网络管理者能够通过动态的 SDN 应用程序来配置、管理和优化底层的网络资源，从而实现灵活可控的网络，这也是 SDN 开放性和可编程性最重要的体现。

ONF 定义的 SDN 架构带来的好处是显而易见的：

(1) 网络控制是与转发功能解耦合的，因此网络控制是直接可编程的，网络管理人员可以通过动态、自动化的 SDN 程序来及时地配置、管理、维护和优化网络资源；

(2) 可以集中管理和控制来自多个不同厂商的网络设备，网络智能逻辑上集中在 SDN 控制器(controller)上，控制器维护着整个网络的全局视图，这样应用程序和策略就可以如一个单一的逻辑开关一样来实现；

（3）通过使用通用 API 来抽象底层网络的详细信息，从而在业务流程和系统配置方面提高了自动化和管理；

（4）可以快速提供实现新的网络功能和服务，而无需进行单个设备逐一配置；

（5）通过使用通用的编程环境，运营商，企业，独立软件供应商和普通用户都可以进行编程实现需要的网络功能，而不仅仅局限于设备制造商，因为 SDN 应用程序并不依赖于一些私有软件；

（6）网络设备集中统一自动管理，策略统一下发执行，配置错误明显减少，这些都增加了网络的可靠性和安全性；

（7）通过在会话、用户、设备和应用程序级别部署应用全面广泛的策略，从而能够提供更细粒度的网络控制；

（8）应用程序可以利用集中式网络提供的状态信息来适应用户的实时需求，从而提供更佳的用户体验；

（9）基于开放标准并独立于供应商，通常不同的供应商提供的设备和协议是相互绑定不开源的，而 SDN 是基于开放的标准来实现部署的，指令通过 SDN 控制器来提供，这样就可以大大简化网络的设计和操作。

在 ONF 新的 SDN 定义中，对 SDN 架构做了一些修改，在命名方式上，为了避免和网络层次的"层"的混淆，应用层、控制层、基础设施层分别称为应用程序平面、控制平面、数据平面。在新的 SDN 架构定义中，增加了管理功能（Management Function），管理功能在一些 SDN 的简单定义中是经常被忽略的，虽然有直接的应用控制器平面接口（Application-Controller Plane Interface，A-CPI），许多传统的管理功能会显得没必要（可以通过具体的应用进行管理），但是还是有许多基本的管理功能还是必须要有的。在数据平面，管理功能至少要包括：各个网络单元的初始化，指定对应的 SDN 控制部件并配置其对应的 SDN 控制器；在控制平面，管理功能应包括：配置相应的策略来定义 SDN 应用程序可以控制的范围，以及监视整个系统的性能；在应用程序平面，管理功能需要配置一些共同约定和服务层面的协议。在所有的平面中，管理功能都配置了安全连接，保证分散的功能之间能够安全互通。

图 2.2 采用修改之后的术语，展示了增加管理功能之后的 SDN 架构。图中画出了 SDN 控制器和应用程序平面之间的应用控制平面接口以及 SDN 控制器和数据面之间的数据控制平面接口（Data-Controller Plane Interface，D-CPI）。通过这些接口交换的信息是一些与协议无关的信息模型实例。

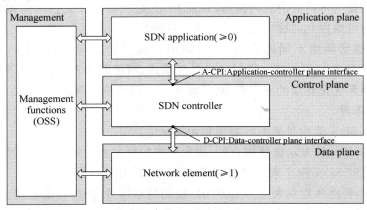

图 2.2 增加了管理功能的 SDN 架构

在一般情况下,客户系统都是通过供应商的业务支撑系统(Business Support Syst,BSS)或运营支撑系统(Operation Support Syst,OSS)间接地连接到网络。SDN 则考虑到应用程序可通过 SDN 控制器,来根据需要对网络资源实现动态和颗粒化的控制。考虑到在供应商和消费者之间存在的商业边界,供应商和消费者不在同一个信任域中,SDN 体系结构也得必要地识别 SDN 控制器平面和使用 SDN 控制器的应用程序之间的业务或组织边界。供应商和客户处于不同的信任域中。

图 2.2 中只有一个信任域,如图 2.3 所示。

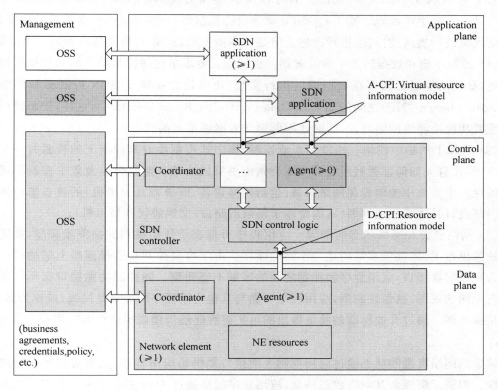

图 2.3　拥有物理数据面的 SDN 架构

不同的颜色代表了不同的信任域,蓝色是默认的,可以认为其就是一个网络提供者,而其他颜色,例如绿色和红色,表示在整体蓝信任域内的客户,商户,或甚至不同组织或应用实体。每个信任域有其自己的管理功能,不同的信任域可在逻辑上延伸到其他信任域的组件。比如图中在蓝色 SDN 控制器上的绿色和红色 Agent(代理),在两个 Agent 上执行的代码是由蓝色的管理者部署的,这就是所谓的"逻辑上扩展"。

我们从图 2.3 也可以看到各个网络单元及位于 SDN 控制器平面的代理(Agent)和协调者(Coordinator)。Agent 支持底层资源的共享及虚拟化,比如说,网络单元的端口是 SDN 控制的(相对于传统的或混合的端口);再如在将一个客户的服务与其他客户服务相隔离时,暴露给 SDN 应用程序的虚拟网络细节。在 SDN 控制器中,不同的 Agent 会暴露网络的不同层次的控制抽象(纵向)或是不同的函数集(横向)。规划和仲裁应用程序之间的网络需求是 SDN 控制器的任务之一,SDN 控制器还负责通过网络单元(Network Element,NE)Agent 把不用应用的需求转化为对暴露的网络单元资源的指令。在 SDN 控制器和网络单元上的 Coordinator(协调者)都设置有客户专有的资源以及从管理功能那里传来的策略。

无论是在 SDN 控制器还是在任何一个网络单元上,都可以同时存在多个 Agent,但是只有一个逻辑上的管理接口,因此每个网络单元或是 SDN 控制器上都是只有一个 Coordinator。

以上我们主要介绍了 ONF 定义的 SDN 架构,并简要叙述了 ONF 对 SDN 架构的几个新的定义。接下来阐述 SDN 的特性。

2.1.2 SDN 的特性

基于对 SDN 的不同理解,现在有不同的 SDN 定义方法,各生产商也研发出不同的 SDN 应用产品。一些生产商专注基于 OpenFlow 协议的控制器,一些则试图从虚拟机的角度(实现网络交换机进行抽离)对网络进行改进。但是从本质上来说,SDN 应具备下面的三个原则:

(1) 控制平面和数据转发平面的解耦。也就是说要求单独的控制器平面和数据平面。我们知道,最终的控制必须要在数据面内执行实现,所以设计了位于 SDN 控制器和网络单元(Network Element,NE)之间的 D-CPI(Data-Controller Plane Interface),这样,控制器可以将一些重要功能委派给网络单元,同时还不断感知着网络单元的状态。

(2) 逻辑上的集中控制。相较于本地控制,集中式控制器对其控制下的资源有一个更广阔的视野,在有关如何部署利用资源方面会做出更好的决策。解耦合以及集中控制都可以增加扩展性。中央集中控制器和网络部署(包括网络设备、服务器及虚拟机)的核心思想是将复杂的网路进行具体细化地抽离(这需要基于复杂的路由/交换协议和虚拟机)。

(3) 网络资源和网络状态的抽象。应用程序可存在于任何级别的抽象或粒度,在更深层次的抽象思想下,属性经常被描述为不同的纬度。由于将资源和状态暴露给上层的接口通常被认为是控制器接口,应用程序和控制之间的区别不够明确。同样的功能接口在不同所有者下会有不同的视图,就像控制器,应用程序可能与其他应用程序的关系是同级,或作为客户端,亦或是服务器。通过开放标准的验证得出的可扩展性能够借助简单的外部应用程序进行网络编程。

抽象的网络资源和状态通过应用控制平面接口提供给应用程序,从而可以实现网络的可编程性。知道了资源和其对应状态信息,应用程序能够通过 SDN 控制器来向其提供的网络服务指定一些需求或请求,并通过编程的方式来对网络状态做出合理的反应。

SDN 的目标是提供一种开放接口,从而通过软件来控制网络资源之间的连接性以及监测调整网络流量,这些通过软件实现的功能可以被抽象成任意的网络服务,尽管有些功能目前还没有实现。在 SDN 的三层架构下(即应用程序平面、控制平面和数据平面),网络的运行维护仅需要通过软件的更新来实现网络功能的升级,网络配置将通过网络服务和应用程序的形式直接得到部署,网络管理者无需再针对每一个硬件设备进行配置或者等待网络设备厂商硬件的发布,从而加速网络部署周期。同时,SDN 降低了网络复杂度,使得网络设备从封闭走向开放,底层的网络设备能够专注于数据转发而使得功能简化,有效降低网络构建成本。另一方面,传统网络中的结点只能通过局部状态和分布式算法来实现数据转发,因而很难达到最优性能。SDN 通过软件来实现集中控制,使得网络具备集中协调点,因而能够通过软件形式达到最优性能,从而加速网络创新周期。

在 ONF 新的 SDN 架构下,随着分层次递归应用程序/控制器以及信任区间概念的引入,将会允许应用程序创建的时候结合更多的部件,从而可以提供更广泛的服务。

2.2　基于 SDN 的无线接入网络架构

近年来软件定义无线网络 SDWN 以及无线资源虚拟化 WRV 正逐渐受到研究人员的重视,并被认为是未来无线通信网络发展的一个重要方向,软件定义网络 SDWN 以及无线资源虚拟化 WRV 为未来无线通信网络发展带来无限发展。

虽然现在有各种 SDN 的定义方法,但都体现了 SDN 的思想:逻辑控制与数据转发分离。SDN 的这种思想可以大大降低物理设备的复杂度。数据层的物理设备可以专注于数据包的转发,而转发决策不再由本地生成,而是由控制器通过软件实现并下发,这样简化了网络管理和配置操作,有利于将一些网络控制的新技术直接部署到现有网络,灵活性和扩展性大大提高。

SDN 的核心架构包括三层,应用层、控制层和数据转发层,中间的控制层集中维护网络状态,并通过南向接口获取底层基础设施信息、与底层设备交互,同时为应用层提供可扩展的北向接口。图 2.4 展示了 SDN 的核心架构。

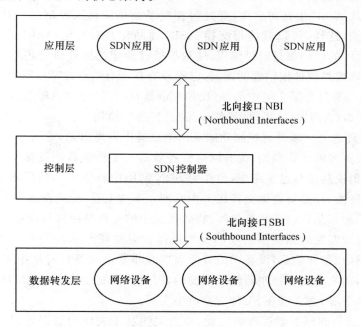

图 2.4　SDN 核心架构

我们之前介绍的 ONF 定义的 SDN 架构及众多其他 SDN 定义参考架构也是遵循着以上 SDN 的三层核心架构,每层以及层与层之间都有许多核心技术,来共同实现逻辑控制与数据转发的有效分离,提供逻辑上集中的网络控制系统,并提供灵活开放的软件接口。

在无线通信网络中引入软件定义网络 SDN 的核心思想,将控制平面和数据平面分离,简化网络设备(包括无线接入设备、传输设备等等)并且使其按照由逻辑上的集中控制平面所制定的规则工作。数据平面上的网络设备动态地向控制平面报告全局信息,控制平面接收并处理这些由数据平面上的网络设备所提交的信息,并根据这些信息可以从全局视角分配网络资源,调度网络设备以及配置无线参数。

同时,通过将资源虚拟化的方法应用到无线网络场景中,实现无线资源虚拟化。网络虚拟化和资源虚拟化可以被应用于网络的各个方面,例如在数据中心和云计算中,通过网络虚拟化和资源虚拟化可以使网络获得更高的资源利用率,更低的代价,更灵活的管理以及更高的能源效率。

下面我们将分别介绍基于 SDN 的无线接入网络架构的一些核心技术,包括:可编程数据面及南向协议关键技术,无线接入网络控制器及北向协议关键技术,无线接入网络的可编程配置管理以及无线资源虚拟化 WRV。

2.2.1 可编程数据面及南向协议关键技术

1. 数据面

SDN 的目标是保证所有控制层面上的逻辑决策都由一个中心实体发出。而传统网络控制层面上的决策是从其所在位置发出,因此每个交换机都需要智能化。SDN 的这种中心决策方法能够降低交换机的复杂度,并减少结点拓扑内对智能结点数的需求量。

SDN 的发展基于专用集成电路(Application Specific Integrated Circuit,ASIC)硬件商品化的事实,而且,现在建立不同网络需要的 ASIC 并没有很大的不同,其真正的区别是软件。把控制平面功能从 ASIC 中分离出来(通过将控制平面功能移入控制器),并使交换 ASIC 仅用于数据平面功能(这样,可以就使得交换 ASIC 商品化并对特定 ASIC 的复杂性进行了简化)。任何网络软件的使用都是通过编程,使数据通过特定的路径进行传输。现在,随着硬件的逐渐商品化和软件对硬件依赖性的减弱,已经没有在所有结点处都运行智能软件的必要了。SDN 概念的实现是通过在某个集中部件(比如控制器)进行软件的逻辑运行,并通过使用南向协议/应用程序接口(API)对交换机(硬件商品)进行指令编程。

SDN 的核心理念之一就是将控制功能从网络设备中剥离出来,通过中央控制器实现网络可编程,从而实现资源的优化利用,提升网络管控效率。工作在基础设施层的 SDN 交换机虽然不在需要对逻辑控制进行过多考虑,但作为 SDN 网络中负责具体数据转发处理的设备,为了完成高速数据转发,还是要遵循交换机工作原理。本质上看,传统设备中无论是交换机还是路由器,其工作原理都是在收到数据包时,将数据包中的某些特征域与设备自身存储的一些表项进行比对,当发现匹配时则按照表项的要求进行相应处理。SDN 交换机也是类似的原理,但是与传统设备存在差异的是,设备中的各个表项并非是由设备自身根据周边的网络环境在本地自行生成的,而是由远程控制器统一下发的,因此各种复杂的控制逻辑(例如链路发现、地址学习、路由计算等等)都无需在 SDN 交换机中实现。

SDN 交换机可以忽略控制逻辑的实现,全力关注基于表项的数据处理,而数据处理的性能也就成为评价 SDN 交换机优劣的最关键指标,因此,很多高性能转发技术被提出,例如基于多张表以流水线方式进行高速处理的技术。另外,考虑到 SDN 和传统网络的混合工作问题,支持混合模式的 SDN 交换机也是当前设备层技术研发的焦点。同时,随着虚拟化技术的出现和完善,虚拟化环境将是 SDN 交换机的一个重要应用场景,因此 SDN 交换机可能会有硬件、软件等多种形态。例如,开放虚拟交换标准(Open vSwitch,OVS)交换机就是一款基于开源软件技术实现的能够集成在服务器虚拟化 Hypervisor 中的交换机,具备完善的交换机功能,在虚拟化组网中起到了非常重要的作用。

SDN 交换机的出现,对传统的网络设备厂商造成了最直接的威胁,如何将新兴的网络技术与传统设备产品的优势相融合,是这些厂商正在苦苦思索的问题。虽然 SDN 交换机已经对传统的网络产业链造成了巨大的冲击,但是仅凭单独的数据转发设备还不足以支撑起整个 SDN 的天空,未来更激烈地竞争必将会在 SDN 的控制层和应用层发生。

SDN 交换机只负责网络高速转发,保存的用于转发决策的转发表信息来自控制器,SDN 交换机需要在远程控制器的管控下工作,与之相关的设备状态和控制指令都需要经由 SDN 的南向接口传达,从而实现集中化统一管理。

具体来看,数据面的资源中,既有直接处理客户流量的资源,同时还有为保证适当的虚拟化、连接性、安全性、可用性及质量提供必要的资源支持。图 2.5 相较图 2.3 详细描述了数据平面中的网络单元资源视图。网络单元资源块包括数据源、数据接收和转发处理引擎以及一个虚拟器,虚拟器的作用是将资源抽象化给 SDN 控制器,并执行 SDN 控制器的下发策略。同时还需引入一个主资源数据库(Master Resource Database,RDB),这是一个概念上的库,包含了网络单元已知所有的资源信息。

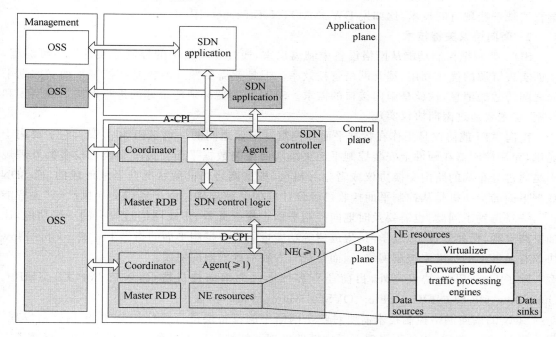

图 2.5 网络单元的资源细节

软件定义网络关注的是流量转发和流量处理功能,如 QoS,过滤,监听等。流量可能通过物理或逻辑端口进入/离开 SDN 数据平面,并且可以被引导进入或退出转发、处理功能单元。流量处理可能是由一个 OAM 引擎,加密功能或虚拟网络功能来实现。流量转发或处理功能的控制可由 SDN 控制器来执行,或通过各个独立的机制与给定的 SDN 控制器一起执行。

在控制器平面作出的转发决定,要在数据平面实现。原则上,数据面不会自主做出转发决定。然而,控制器平面可配置数据平面,使其能够自主地应对一些事件(比如说网络故障),也可以通过配置使数据平面支持一些功能,例如,链路层发现协议(LLDP),生成树协议(STP),发现路由器转发故障的新协议(BFD)或网间控制报文协议(ICMP)。

数据面和控制平面之间的接口 D-CPI 包含以下的功能:

(1) 可编程控制由主资源数据库(RDB)暴露的所有功能;

（2）功能告知；

（3）事件通知。

数据平面的 Agent（代理）是一个可以执行 SDN 控制器指令的实体，数据面的 Coordinator（协调者）也是一个实体，管理功能分配给不同的 Agents 以数据面资源并建立相应的策略来保证 Agents 对资源的使用。在每一个平面上的 Agents 和 Coordinator 都是为了达到同一个目的的。

在递归的最下层，数据面资源是一些物理实体（比如说，软交换机）。然而在更高层次的抽象中，数据面资源没必要是物理实体存在（比如说，虚拟网络单元）。SDN 架构操作数据面的抽象模型，只要这些模型能够正确地执行所告知的功能，SDN 体系结构就不管底层的差异。

管理功能会选择哪个网络单元中的哪部分资源将交给 SDN 控制器来控制。这些资源由一组虚拟网络单元（Virtual NEs）来代表，这些网络单元相互连接形成子网。

SDN 体系结构并没有在数据面作任何的技术限制。可以通过 SDN 控制器来在数据面上编程实现一些现有的技术，比如说 DWDM，OTN，Ethernet，IP 等。

2. 南向协议关键技术

SDN 架构把控制功能从网络设备中剥离出来，通过逻辑集中的控制器实现网络可编程，从而实现资源的优化利用，提升网络管控效率。但是就需要额外的机制在控制平面和数据平面之间传达的消息，这就是南向接口的需求。SDN 控制器必须能很好的进行网络资源调度和控制，这主要通过南向协议实现。

南向 API 或协议是工作在数据平面和控制器平面之间的一组 API 和协议。它主要用于通讯，允许控制器在硬件上安装控制平面决策从而控制数据平面。传统交换机设备的处理规则是通过分布式的路由交换协议或者学习机制，根据网络当前的状况在本地形成的，而 SDN 数据平面的交换机是从控制平面接收已经设计好的处理规则。由于底层交换机已经"去智能化"，一旦遇到了问题，也需要及时地向控制平面汇报。此外，传统网络过程中的一些功能，比如链路发现，拓扑管理，地址学习，生成树等功能也需要在控制平面的指导下完成。OpenFlow 协议有足够多的标准来控制网络，因而是最具发展前景的南向协议。

除了 OpenFlow 协议之外，目前还有多种形式的南向接口协议，包括 ForCES、XMPP、OpenFlow、OF-CONFIG、OpFlex、OVSDB Mgmt 等接口协议。

SDN 的南向网络控制技术需要对整个网络中的设备层进行管控与调度，包括链路发现、拓扑管理、策略制定、表项下发等。其中链路发现和拓扑管理主要利用南向接口的上行通道来监测统计底层交换设备的状态信息；而策略制定和表项下发则是利用南向接口的下行通道对网络设备进行统一控制和管理。下面我们将分别进行阐述。

（1）链路发现

网络设备的种类日益繁多且各自的配置错综复杂，链路发现可以使不同厂商的设备能够在网络中相互发现并交互各自的系统及配置信息。SDN 网络中的链路发现也是至关重要的，由控制器来完成。控制器需要通过南向协议获取全网络的信息，是实现网络地址学习、VLAN、路由转发等网络功能的基础。南向协议需要能够发现新加入的链路，并将底层的链路情况按照南向协议规定的语义打包成链路发现消息，上传给控制器，让控制器了解底层网络的资源和链路情况。

SDN 控制器主要使用了链路层发现协议（Link Layer Discovery Protocol，LLDP）作为链路发现协议。LLDP 提供了一种标准的链路层发现方式，可以将本端设备的主要能力、管理地址、设备标识、接口标识等信息组织成不同的类型/长度/值（Type/Length/Value，TLV），并封装在链路层发现协议数据单元（Link Layer Discovery Protocol Data Unit，LLDPDU）中发布给与自己直连的邻居，邻居收到这些信息后将其以标准管理信息库（Management Information Base，MIB）的形式保存起来，以供网络管理系统查询及判断链路的通信状况。

（2）拓扑管理

拓扑管理作用是为了随时监控和采集网络中 SDN 交换机的信息，及时反馈网络的设备工作状态和链路链接状态。为了这一目标，控制器需要定时发送 LLDP 数据包的 packet-out 消息给与其相连的 SDN 交换机，并根据反馈回来的 packet-in 消息获知交换机信息，完成网络拓扑视图的更新。在控制器未提供周期查询的方式下，需要数据层交换机在链路状态发生改变时，异步地向上发出警告消息，在监测交换机工作状态的同时完成网络拓扑视图的更新。同时，对各种逻辑组网信息进行记录，以反映真实的网络利用情况，实现优化的资源调度。拓扑管理还需要对各种逻辑组网信息进行记录管理，通过记录真实的网络利用情况，实现优化的资源调度。

（3）策略制定和表项下发

交换信息表是 SDN 数据平面交换机进行数据转发的最基本依据，它直接影响了数据转发的效率和整个网络性能。交换信息表是由集中化的控制器基于全网拓扑视图生成并统一下发给数据流传输路径上的所有交换机，南向协议应该保证这些信息无差错的下发给目标交换机。一旦与交换机的下行链路出现异常，能够及时地发现，并提供一定程度的冗余和急救措施。表的下发可以采用主动的方式，利用控制器对全网络的了解，预设定好转发的规则，下发给交换机；被动方式是依赖于控制器与交换机的交互，如果交换机发现无法处理的数据包，则上传给控制器，控制器处理之后，再形成流表项下发给交换机。

南向协议联系了底层设备与应用逻辑，南向接口的优劣对网络性能的影响至关重要。一个优秀的南向接口，应该充分的发挥数据平面和控制平面的能力，支持数据平面所提供的特殊功能，大大提升网络性能；应具有丰富的拓展性，适应不断变化的网络环境，轻易地实现用户业务的拓展；应具备良好的兼容性，不仅仅能够后向兼容，而且在 SDN 网络和传统网络的联合组网也可以无差别使用；应有易用性，不需要复杂的网络配置，能够做到自配置，即插即用。大多数南向协议都以这些目标不断的改进，本书的第 5 章会对一些南向协议具体介绍，并对其优劣进行分析。

和传统网络一样，SDN 控制器可以有效处理不同层次上的数据转发，可以至制定流表时，利用各个网络层次上的规则和算法，减少流表数量。不同的是，传统网络在各个设备本地进行相关算法的执行，通常只能根据设备自身所掌握的有限局部链接情况进行数据处理决策；而 SDN 具有集中化管控的优势，控制器拥有全局的网络资源视图，因此更容易获得优化的算法执行结果。不过，这样做也会产生一些问题，例如在 SDN 系统中，所有数据流的转发过程都需要经过控制器进行决策，从而为控制带来繁重压力。

控制器对 SDN 交换机设备的控制是通过流表下发机制进行的，SDN 控制器的下发有主动和被动 2 种模式。主动是指数据包在到达 OpenFlow 交换机之前就进行流表设置，因此，当第一个数据包到达交换机后，交换机就知道如何处理数据包了。这种方式有效消除了每秒钟能处理的数据量的限制，理想情况下，控制器需要尽可能的预扩散流表项。被动方式是指第一个数据包到达交换机时并没有发现与之匹配的流表项，只能将其送给控制器处理。一旦控制器确定了相应的方式，那么相关的信息就会返回并缓存在交换机上，同时控制器将确定这些缓存信息的保存时限。

不同的流表下发模式具有各自的特点。主动的流表下发利用预先设定好的规则,避免每次针对各个数据流的流表项设置工作,但考虑到数据流的多样性,为了保证每个流都被转发,流表项的管理工作变得复杂,例如需要合理设置通配符满足转发需求。被动的流表下发能更有效的利用交换机上的流表存储资源,但在处理过程中,会增加额外的流表设置时间,同时一旦控制器和交换机之间的连接断开,交换机将不能对后续到的数据流进行转发处理。

当前,最知名的南向接口莫过于 ONF 倡导的 OpenFlow 协议。作为一个开放的协议,OpenFlow 突破了传统网络设备厂商对设备能力接口的壁垒,经过多年的发展,在业界的共同努力下,当前已经日臻完善,能够全面解决 SDN 网络中面临的各种问题。

当前,OpenFlow 已经获得了业界的广泛支持,并成为了 SDN 领域的事实标准,例如 OVS 交换机就能够支持 OpenFlow 协议。OpenFlow 解决了如何由控制层把 SDN 交换机所需的用于和数据流做匹配的表项下发给转发层设备的问题,同时 ONF 还提出了 OF-CONFIG 协议,用于对 SDN 交换机进行远程配置和管理,其目标都是为了更好地对分散部署的 SDN 交换机实现集中化管控。

OpenFlow 在 SDN 领域中的重要地位不言而喻,甚至大家一度产生过 OpenFlow 就等同于 SDN 的误解。实际上,OpenFlow 只是基于开放协议的 SDN 实现中可使用的南向接口之一,后续可能还会有很多的南向接口(例如 ForCES、PCE-P 等)被陆续应用和推广。但必须承认的是,OpenFlow 就是为 SDN 而生的,因此它与 SDN 的契合度最高。相信在以 ONF 为领导的产业各方的大力推动下,它在未来的发展前景也将更加明朗。

更多的 OpenFlow 细节我们将在第 5 章详细阐述。

2.2.2 无线接入网络控制器及北向协议关键技术

中央控制器(SDN 控制器)是一个软件实体,能够覆盖整个网络全局(包括虚拟机和业务流量)。正如在图 2.6 中所阐释的,网络操作系统要想实现所有路径选择的逻辑运算,就须以 SDN 中央控制器为基础,因为控制器了解整个网络的部署,决定最优数据转发路径并对硬件中的条目实现指令操作。现在,大多数的 SDN 控制器使用户图形界面,这样可以将整个网络以可视化的效果展示给管理员。

控制器可以被视为通过运行应用程序进而控制网络的平台。这些应用程序无需考虑控制器所管理的复杂物理网络结构。对流量分析和事件触发进行网络应用编程,就是此种应用的典例。

网络中可以有多个控制器,这样就使得控制平面的可用性增强。当网络中有多个控制器时,就可以进行常规的同步化操作。

对物理网络拓扑和部署进行分离是 SDN 的主要优势之一。然而,SDN 最吸引人的地方却不在于此。管理员可以编写运行在 SDN 控制器最高层上的应用程序,而且控制器可以与布置数据流的 SDN 交换机进行对话,进而将实际的交换层从应用层分离出来。编写这些应用程序的 API 由控制器提供。

举例来说,管理员可以编写应用程序,使其所在公司的 CEO 无论何时召开网络会议都能被赋予最高的优先级。管理员可以编写一个含有简单触发条件的基本应用程序,并保存在控制器中,控制器与管理员编写的 API 进行对话,将程序译为控制平面流语言,当程序被触发时,就可以支持该应用程序的运行。控制器可以控制网络硬件设备为 CEO 的组播服务器提供最大的缓冲区,而其他的数据流缓冲区将减少。

在 SDN 的逻辑中层和高层存在一个 API 级别的通信,其特征是,用户可以定义应用程序,该应用程序可以通过北向 API 与控制器实现通信,然后控制器将其编译后发送至最底层(比如硬件交换层)。到目前为止,还没有太多关于北向 API 的使用,但是随着 SDN 的发展,越来越多的北向 API 将自然渐进的发展起来。就现在来说,Quantum API 是一个与许多 OpenFlow/SDN 控制器集成在一起的开放的北向 API。

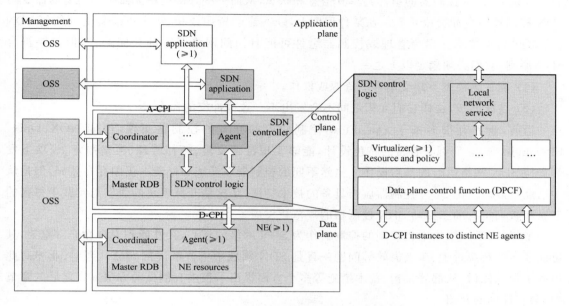

图 2.6 SDN 控制逻辑细节

SDN 控制器平面被建模为一个或多个 SDN 控制器的"家"。以下将会描述 SDN 控制器内的各功能性组件,整个 SDN 控制平面在逻辑上是集中的。

(1) 控制器通常有子网范围,跨越一个以上的物理网络单元;

(2) SDN 控制器没有与其他实体进行资源争用;对于分配给 SDN 控制器的虚拟资源,SDN 控制器会将自己视为这些资源的所有者;

(3) 功能和服务是控制器的外部可观察行为的一部分,这包括其控制下的信息模型实例的完整可视性。可能会根据情况需要一些附加的功能;

(4) 拓扑情况和路径计算(控制器可能需要为这些功能调用外部的服务);

(5) 在有限的资源下实施相应的策略,来进行 SDN 应用的进一步抽象资源模型的创建和维护,资源的虚拟化和控制是潜在上是递归的。

SDN 控制器来协调一些相互关联的资源,这些资源通常分布在若干从属的平台,并且有时作为保证事务完整性过程的一部分。通常这称为编排,一个编排器有时就被认为以是一个独立自主的 SDN 控制器,但是减少低层次的控制器范围不会减少对低层 SDN 控制器的需求,以实现自己的控制域内执行编排。

1. SDN 控制器

SDN 架构并没有指定 SDN 控制器的内部设计和具体实现。它可以是一个单一的整体进程;也可能是一些相同进程的集合,这些相同进程之间可以分担负载,互相保护;也可以是一组互相协作的不同功能组件;为了实现某些功能它可以订阅外部的服务,例如路径计算。以上的这些选择任意组合在一起都是可以的:我们可以把 SDN 控制器看作是一个黑盒子,具体由它的外部可观察到的行为来定义。控制器组件可以在任意的计算平台执行,包括计算本地资源到物理网元,控制器组件还可以在分布式及可能移动的资源上执行,比如说在数据中心的虚拟机(VM)中。

之前讲到 SDN 的三个特性时说到逻辑上的集中控制。SDN 控制器具有全局作用域,我们可以认为 SDN 控制器的组件共享其信息和状态,从而一些外部模块无需担心自身的命令与 SDN 控制器命令冲突或矛盾。在某种程度上,OSS 影响资源或状态,它可能会受到任何 SDN 控制器的协调要求。多个管理或控制器组件可能有访问网络资源的共同路径,但是要符合 SDN 原则,它们必须满足以下之一:

(1)配置为控制不相交集合的资源或操作;

(2)彼此同步,这样它们互相之间不会发出不一致或冲突的命令。

当前,业界有很多基于 OpenFlow 控制协议的开源的控制器实现,例如 NOX、Onix、Floodlight 等,它们都有各自的特色设计,能够实现链路发现、拓扑管理、策略制定、表项下发等支持 SDN 网络运行的基本操作。虽然不同的控制器在功能和性能上仍旧存在差异,但是从中已经可以总结出 SDN 控制器应当具备的技术特征,从这些开源系统的研发与实践中得到的经验和教训将有助于推动 SDN 控制器的规范化发展。

另外,用于网络集中化控制的控制器作为 SDN 网络的核心,其性能和安全性非常重要,其可能存在的负载过大、单点失效等问题一直是 SDN 领域中亟待解决的问题。当前,业界对此也有了很多探讨,从部署架构、技术措施等多个方面提出了很多有创见的方法。在之后的章节中,会有详细的介绍。

2. 北向协议关键技术

SDN 北向接口是通过控制器向上层业务应用开放的接口,其目标是使得业务应用能够便利地调用底层的网络资源和能力。SDN 北向接口可进行网络抽象和网络虚拟化。网络抽象可提供物理网络视图、虚拟网络叠加视图、指定域抽象视图、基本连接视图以及 QoS 相关连接视图等;网络虚拟化可提供隧道流量处理以及叠加网络启/停等。另外,北向接口还可以实现基础的网络功能,例如路径计算、环路检测、安全等。同时向编排系统(OpenStack[3] Quantum、Vmware vCloud Director 等)提供网络管理的功能。通过北向接口,网络业务的开发者能以软件编程的形式调用各种网络资源;同时上层的网络资源管理系统可以通过控制器的北向接口全局把控整个网络的资源状态,并对资源进行统一调度。因为北向接口是直接为业务应用服务的,因此其设计需要密切联系业务应用需求,具有多样化的特征。同时,北向接口的设计是否合理、便捷,以便能被业务应用广泛调用,会直接影响到 SDN 控制器厂商的市场前景。

数据网络中控制层北向接口的开放有利于互联网应用服务感知数据网络状态、优化业务应用设计、改善用户业务体验,因此得到了互联网服务提供商的支持。北向接口开放性研究发端于 5 年前的 P2P 研究热潮,为了实现 P2P 流量优化与数据网络流量调度之间的协调,IETF 启动了 ALTO、DECADE 等多个工作组,随着 P2P 热度的消退,这些工作的研究进展缓慢,但是 SDN 的升温为这个研究方向注入了新的活力。但是研究北向接口的开放性,主要是要抽象不同业务应用的共性特征,及其对数据网络的承载需求,但是业务应用的多样性使得这项工作目前进展并不顺利。

SDN 北向接口确保了 SDN 控制器及其以下部分作为网络驱动供上层 SDN 应用调用。

从网络业务的使用者角度来看,使用北向接口 API 基于 SDN 控制器以下所提供的网络抽象和网络虚拟化功能,可开发 4～7 层软件功能以及虚拟设备,如防火墙、负载均衡器、流量工程和安全功能等,也可以实现网络资源和业务的编排。从网络管理员的角度来看,基于北向接口可进行网络管理和控制,包括网络抽象、网络拓扑和网络状态监控等。

根据接口特性可以将北向接口分为强耦合接口(应用编程接口)、松耦合接口以及基于状态的功能接口三种。

(1) 强耦合 API 包括进程内 API 和进程间 API。进程内 API 主要由控制器提供用于在控制器内实现编程功能;进程间 API 主要由控制器外部部件用来同控制器通信以执行功能或者交换/读取状态。

(2) 松耦合接口由外部部件以松耦合的方式与控制器通信,通常并不需要立即响应,也不需要直接或即时同步出现。

(3) 基于状态的功能接口包括主要以处理状态为主的 API,其功能就是设置和读取状态以及通知状态改变。功能性 API 提供一套功能以供编程使用,如编程库或 SDK,包括系统和协议,它们并不通过过程调用,而是通过状态改变。

SDN 的北向接口实现案例:

(1) OpenDayLight。图 2.7 为 OpenDayLight 给出的 SDN 架构,其中,网络应用/编排/业务和控制平台之间的 OpenDayLight APIs 即为通常所说的北向接口,这里指定以 REST 方式进行定义,OpenDayLight 所给出的 SDN 应用包括对 L2/L3 转发以及负载均衡、集线器等。

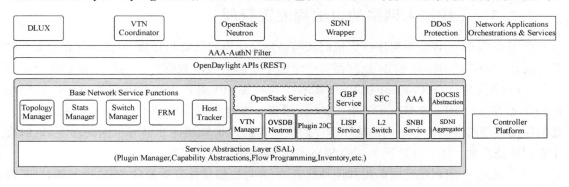

图 2.7　OpenDayLight 的 APIs

(2) BigSwitch。图 2.8 为 BigSwitch 的 SDN 平台架构,其北向接口包括右侧 REST APIs 以及平台(Core Platform)和应用之间的接口。BigSwitch 所给出的 SDN 应用包括对网络虚拟化应用,如 ARP,DHCP、虚拟路由、OpenStack Networking、集线器、交换机学习、静态流推送、负载均衡等的支持。

与 SDN 南向接口方面已有的 OpenFlow 等国际标准不同,北向接口方面因需要密切联系业务应用需求,同时具备多样化的特征,成为当前 SDN 领域竞争的焦点,业界不同的参与者分别从不同的角度提出北向接口,从而实现不同的 SDN 应用,导致当前北向接口标准很难达成共识。可以预测,后续的 SDN 北向接口将朝着标准化和开源两个方向发展。北向接口设计的是否合理以便能被业务应用广泛调用将直接影响到 SDN 控制器厂商的市场前景。

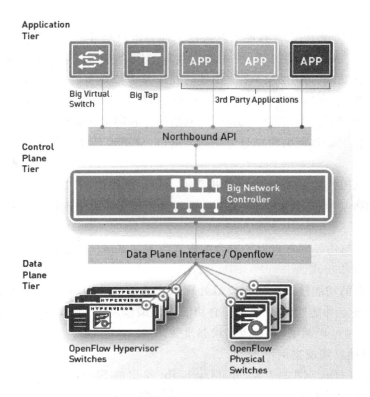

图 2.8　BigSwitch 的 SDN 平台架构

2.2.3　无线接入网络的可编程配置管理

原则上 SDN 允许应用程序指定他们从网络指定所需的资源和行为,但这必须在业务和政策协议允许的范围内。从 SDN 控制器到应用程序平面的接口被称为应用程序控制器平面接口 A-CPI(Application-Controller Plane Interface),A-CPI 通常也称为北向接口(Northband Interface,NBI)。图 2.9 显示了一个 SDN 应用程序本身可以支持 A-CPI Agent,Agent 允许递归应用程序层次结构。不同的应用程序层次结构的级别被描述为具有不同的纬度,这取决于它们的抽象度。图 2.9 把图 2.3 的 SDN 应用程序块进行了扩展。

一个 SDN 应用程序可以调用其他外部服务,并可以编排任意数量的 SDN 控制器,以实现其目标。OSS 的链接和协调(Coordinator)功能认识到,像 SDN 架构的其他主要模块一样,SDN 应用需要提前对其所处环境和扮演的角色有一个必要的了解。

(1)一个应用平面实体可以作为一种信息模型服务器,在这种情况下,实体就公开了一种信息模型实例,以供其他应用程序使用。从形式上看,其他应用程序扮演的角色是客户端,从图 2.10 我们可以看到其他应用程序与 SDN 应用程序服务器的 Agent 进行通信。

(2)一个应用平面实体可以作为一种信息模型客户端,在这种情况下,它就可以操作由服务器实体暴露的信息模型实例。服务器实体可以是 SDN 控制器或其从属应用程序。

(3)一个应用平面实体可以同时扮演以上两种角色。例如,路径计算引擎(Path Computation Engine,PCE)可能依赖于某个 SDN 控制器的虚拟网络拓扑信息(这些拓扑信息保存在一个流量工程数据库),同时还提供给 SDN 控制器一个路径计算服务。

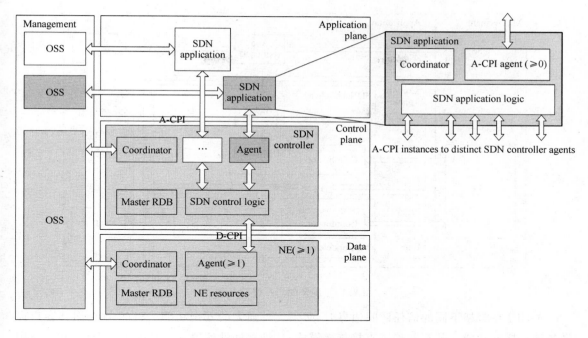

图 2.9　SDN 应用程序细节

　　跨过 A-CPI 的活动通常包括关于虚拟网络状态的查询或通知,以及一些改变其状态的命令,例如,在客户端网络层(数据平面)的切换点之间创建或修改网络连接或通信处理功能,用一些特定的频带和 QoS。A-CPI 可能也可用于一些附加的功能,例如,作为接入点(Access Point,AP)通过一层或多层服务来配置服务链,或作为输入来控制虚拟网络功能。

　　在网络行为方面,服务链仅仅是通过一套合适的组件来引导流量。A-CPI 的增加意味着可以指定一系列的组件的功能,SDN 控制器将选择这些功能的最佳实例并且应用相关的数据流量转发规则。该应用程序还可以支持组件属性的编程实现,或者甚至在拓扑优化点实例化新的虚拟化网络功能。

　　图 2.10 示出了用户终端系统不仅可以呈现数据平面,还可以呈现应用程序面的可能性。一个终端主机或网络设备可以适合这种模式。防火墙或 DDOS 探测器是网络设备的典型案例,而一个能够将其现有的或者期望的状态信号化的用户终端是终端主机的案例。例如,在微软的一个使用案例中,Lync 用户终端能够报告或请求服务的特性,这样一个集中协调功能才能在网络资源中实例化响应。

　　A-CPI 介绍

　　SDN 服务视图可能和底层资源视图有很大的不同。从另一个角度来看,视图和接口可能是完全不同的。这是因为 SDN 控制器提供给其客户的不仅仅是相同资源的更深程度的抽象。这些需要的信息可能是经过了配置的,也可以是从其他来源获得,或者可以是底层资源的涌现特性。

　　A-CPI 应该具有为需要它的应用程序提供完整事务的能力。在一般情况下,应用程序是在他们自己的信任区间内操作,与 SDN 控制器的信任区间相互隔离。A-CPI 强烈建议其他的CPI(控制平面接口)使用相同的 Agent-Pllicy(代理策略)接口。

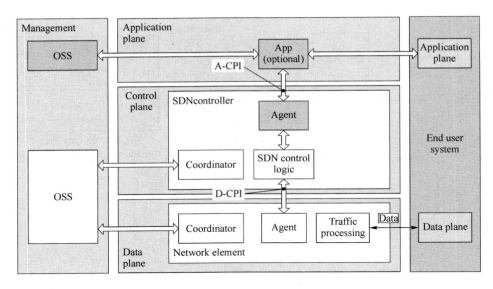

图 2.10　多平面用户终端案例

A-CPI 在跨越不同的信任区间边界时,必须支持强大的安全功能。SDN 旨在向其客户提供各种各样的功能。甚至忽略了直接传递模式,这种多样性使得它很难确定一个单一的,通用的 A-CPI。应用程序可以以不同的身份(客户端,服务器或者是对等体)面向其他应用程序或 SDN 控制器支持各种接口,并可能在不同时间扮演不同的身份角色。

网络的功能是有限的,应用程序希望以某种方式来利用这些功能。并不是每一个应用程序都需要所有这些功能,也不是每一个 SDN 控制器的实现都一定需要支持全部这些功能。功能包的可下载可以帮助保持 SDN 应用程序的开放性。

在 A-CPI 规范应允许以下功能。根据其特定的目的,A-CPI 的实例不一定支持以下所有的功能。

(1) 展示一个完整的资源视图,包括虚拟的网络拓扑结构。

(2) 要直接展示在低层次的信息模型。

(3) 要展示其资源的抽象视图。完成这个需要有一个规范,需要有一个相同的信息模型来展示所有的细节。

(4) 下面列出的许多功能阐述了客户的一些性能,如果由一个 SDN 控制器提供给它的应用程序,将需要支持这些功能。

(5) 允许应用程序在其控制的范围内设置和查询任何属性或状态。

(6) 要允许应用程序来控制流量转发:按照一套标准来选择流量,修改或必要时调整流量,将其转发给一组给定的出口。选择标准可以是简单的,比如说只要一个入口端口;也可以是复杂的,比如说用到一个向量,其中包括 1～7 层的匹配字段,潜在地跨越一个流的多个分组。

(7) 要允许应用程序提出一种流量转发结构,转发结构可以根据指定的品质因数调用现有资源或者是新的资源,并且可接收来自所属控制器的一个或多个提议(要求)。客户端可提出并接受单个请求,或者可以查看提议(要求)并接受其中的一个或选择不接受。

(8) 能够让应用程序调用和控制标准化的功能,例如 STP,MAC 学习,ICMP,BFD/802.1ag

协议,802.1X 等。

（9）允许应用程序订阅能够故障通知,属性值的变化,状态的变化以及越限报警(Threshold Crossing Alerts,TCAS)。

（10）要允许应用程序配置带阈值的性能监控(Performance Monitoring,PM)收集点,并获取当前和最近的结果。

（11）允许应用程序通过不透明数据块的交换来调用和控制流量处理功能。

2.2.4　无线资源虚拟化 WRV

资源虚拟化可以将物理资源等底层架构进行抽象,使得设备的差异和兼容性对上层应用透明,从而允许控制器对底层千差万别的资源进行统一管理。此外,虚拟化简化了应用编写的工作,使得开发人员可以仅关注于业务逻辑,而不需要考虑底层资源的供给与调度。资源虚拟化的目的是在提供物理资源的设备和要求物理资源的服务之间提供资源的抽象,从而提供更可靠和方便的服务。

网络虚拟化通过使多个独立的虚拟网络在共享的物理底层上共存,网络虚拟化将传统的 ISPs(网络服务提供者)分解为两种相互独立的实体:基础设施提供者 InPs(负责管理物理底层)以及服务提供者 SPs(负责从 InPs 租赁网络资源,并通过创建和操作虚拟网络来提供端到端服务)。

网络虚拟化和资源虚拟化被广泛应用于网络的各个方面,例如在数据中心和云计算中,通过网络虚拟化和资源虚拟化可以使网络获得更高的资源利用率,更低的代价,更灵活的管理以及更高的能源效率。

通过将资源虚拟化的方法应用到无线网络场景中,实现无线资源虚拟化。将无线网络的物理底层资源(基站、接入点、频谱资源等)进行抽象,形成虚拟无线资源,由控制器进行统一管理为上层应用提供透明的服务。在无线网络资源虚拟化的基础上,无线网络虚拟化通过使多个独立的虚拟网络同时运行在共享的无线物理底层上,引入两种实体:基础设施提供者 InPs(负责控制移动网络设备并管理物理无线网络)以及服务提供者 SPs(负责从 InPs 租赁无线网络资源,使用虚拟无线资源创建虚拟化无线网络以提供多种移动服务)。

2.3　现有无线接入网络架构

近几年无线网络应用和数据流量的爆炸式增长,由于无线网络和有线网络之间固有的差异,如何将 SDN 的思想应用到无线网络,使得 SDN 在无线通信领域受到越来越多的关注。一些专注于软件定义的无线网络的一些国际研究项目正在开展,目前一些软件定义的无线网络主要解决方案有:OpenRadio,OpenRoads,SWAN,SDWN,SWAN,CloudMAC 以及 OWN。

为了使未来的无线网络的架构更加灵活,扁平化和可编程,传统的无线网络架构在演变过程中逐渐结合 SDN 的概念。无线接入结点(基站,接入点,eNode B 等)的软基带和资源的虚拟化技术不断发展,近年来与 SDN 结合的无线接入网络研究领域吸引了越来越多的关注。在将 SDN 应用到无线网络的过程中,一些研究者只是通过使无线结点支持 OpenFlow 协议来简单地将

OpenFlow 引入无线网络,我们把这种方法为简单的 SDWN(Software Defined Wireless Network)。为了提高无线网络的性能,一些研究者在控制器中开发提供无线服务的网络应用,在无线结点有支持 OpenFlow 的 Agent(代理),我们称之为应用程序驱动的 SDWN。此外,一些研究人员不仅通过 OpenFlow 在第三层实现了 SDWN,还通过控制面的延伸在第二层和其他层实现 SDWN。这种方法将 SDN 的概念和无线网络进一步结合,我们称之为"集成的 SDN 无线网络"。这三种类型的体系结构示于如图 2.11 所示。

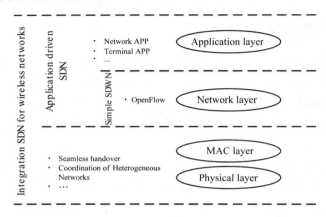

图 2.11　三种类型基于 SDN 的无线接入网络

在"简单 SDWN 架构"中,OpenFlow 是从有线网络直接移植到无线网络。通过在无线结点加入 OpenFlow Agent,无线网络是可编程的,并且对无线网络中结点的管理和控制会更加的灵活。目前,简单 SDWN 架构已被应用到不同类型的无线网络,诸如蜂窝网络,无线传感器网络,MESH 网络,运营商网络,数据中心网络等。

"应用程序驱动的 SDWN"架构,是从无线网络的应用程序方面来设计的,这种架构更加适合网络管理,服务创新和升级。研究这种结构的重点主要集中在服务管理驱动和网络管理驱动。

"集成的 SDN 无线网络"架构基于控制平面和数据平面的扩展性,这种架构会带来更佳的性能。具体而言,在此架构中无线网络的介质特定控制协议来实现无线网络中 MAC 层参数的管理(例如功率,频率,时隙,数据速率,SSID 等)。由 OpenFlow 管理的第三层的原始流量控制,延伸到在无线介质层对资源的全局控制。这意味着,网络控制器有一个全局的视图,不仅有第三层的数据流,而且还有第二层或其他层中的一些特定参数,在无线网络中的各个层的资源可以以更有效的方式工作。

接下来我们将分别介绍 OpenADN 架构,CloudMAC 架构,OpenRoads 架构以及 OpenRAN 架构。

2.3.1　OpenADN 架构

首先我们说一下 OpenADN 的提出背景,这有利于我们理解 OpenADN 的设计理念。

近年来随着移动应用的迅猛增长,在移动端的服务访问也就呈不断增长趋势,这些服务访问必须要基于用户行为来执行动态的应用部署策略。云计算可以让分布在全球各地的服务和企业(例如 FaceBook,YouTube 等)能够迅速部署、管理和动态地优化他们的计算基础设施。有了云计算,应用服务提供商(Application Service Providers,ASP)可以根据用户的访问模式、用户移动、基础设施负载、基础设施故障以及其他可能导致服务质量下降或中断的情形来动态改变其部署拓扑，从而可以提供给移动终端用户更好的服务。

开发应用传输网络（Open Application Delivery Networking，OpenADN）是一个开放的，标准的数据平面抽象，称为开放式应用交付网络（OpenADN），OpenADN 使得 ASP 能够在所需的粒度水平表达和执行应用流量管理策略和应用交付的约束。如图 2.12 所示，OpenADN 能够感知底层的数据平面实体，从而互联网服务供应商（Internet Service Provider，ISP）可以向小的 ASP 提供服务。任何新的 ASP 可以通过使用由 OpenADN 运营商提供的 ADN 服务快速地设置其服务。ASP 的控制平面可以对所提供的 ISP OpenADN 数据平面实体（如 OpenADN 交换机和 OpenADN middleboxes）进行编程，从而来管理部署分布在多个云基础设施站点的应用程序。

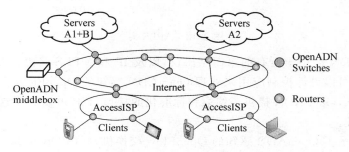

图 2.12　OpenADN 架构

OpenADN 主要是结合了六个创新：

（1）OpenFlow 协议；

（2）SDN（软件定义网络）；

（3）ID/Locator（定位器）分离；

（4）4～7 层 MiddleBoxes；

（5）跨层通信；

（6）MPLS-Like 应用程序流标签。

OpenADN 扩展了 OpenFlow 和 SDN 的概念，并将其与当前的几个网络范例相结合来提供应用交付。下面讲述 OpenADN 的一些创新性扩展。

1. 应用流量类（Application Flow Class）

ASP 需要管理他们的分布式的、动态的应用程序部署环境，这就是应用层面的策略，比如复制和分块（将流量从一个分块的应用空间导向到正确的应用实例）、负载均衡（在一组分布在不同地理位置的重复的应用程序实例间的负载均衡）、用户上下文（基于用户上下文来将流量导入到合适的应用）等。这些应用层面的策略要求将数据包以应用程序流量类来分类。例如，一个 ASP 要将声音和视频信息发送到服务器 1 组（该组中的任何一个服务器），而所有的计费信息被发送到服务器 2。从现有的情况来看，这些策略通过使用 MiddleBoxes（网络设备）在私有数据中心执行。一些供应商专注于研制提供负载均衡，入侵检测，防火墙等功能的 MiddleBoxes 设备。大多数 MiddleBoxes 工作在应用层，并需要将网络数据包重新组装成为应用程序消息。

由于 OpenFlow 的工作在数据包的层面上，虽然它可以通过传输层端口号和传输协议 ID 头字段表示应用程序层面的策略，但是范围非常有限。这对为管理应用程序流量而设计的控制应用程序来说是不够的。OpenADN 使用如下所述的跨层通信的技术解决了这个问题。

2. 跨层通信

OpenADN 使用跨层设计，它允许应用业务流信息以一个标签的形式放置在网络层（第三层）

和传输层(第四层)的包头中,参见图 2.13。换言之,一个"应用标签交换(Application Label Switching,APLS)"层在协议栈中形成了第 3.5 层。传统的路由器基于 3 层(目的前缀匹配)或 2.5 层(MPLS 标签)转发数据包。而 3.5 层只可由 OpenADN 感知设备操控,如客户机,服务器,OpenADN 交换机和 MiddleBoxes。在第三层报头中的协议类型字段中指示了 APLS 报头是否存在。在 APLS 头协议类型字段指出了第四层协议,例如 TCP,UDP,SCTP 等。

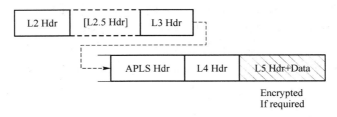

图 2.13　APLS 头

因此,OpenADN 适用于所有的第四层协议,以及 IP 和 MPLS 路由。APLS 头增大了数据流抽象层,从而可以设计控制应用来处理 OpenADN 感知的 OpenFlow 交换机中的应用程序流量。这样一来,OpenADN 提供了约束和标准化的接口,ISP 可以利用这些接口来实现应用程序流量的处理。

如图 2.15 所示了 OpenADN 感知的 OpenFlow 交换机,利用 OpenFlow 交换机可以在数据包层面实现应用程序控制流量。

3. SDN 控制应用程序

基于 SDN 的平台为应用程序流量处理所提供了流层次的抽象,OpenADN 允许 ASP 编写自己的控制应用程序。基于流层次的抽象,SDN 的网络基础设施可以由第三方控制应用程序轻松控制,且无需释放对网络基础设施的控制权。

如图 2.14 所示,SDN 的 3 个抽象层由虚拟化网络、网络操作系统和网络控制应用程序组成。ASP 可以实现基于 OpenADN 的控制应用程序,来指定应用程序层次的流量识别和策略执行规则。图中还示出 ASP 还可调用由 ISP(互联网服务供应商)提供的网络级服务。

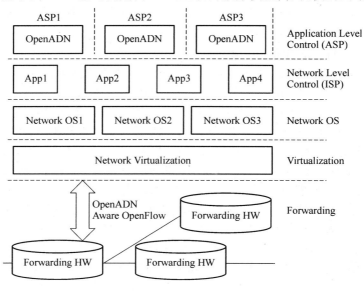

图 2.14　OpenADN 的控制应用程序

4. OpenADN 感知的 OpenFlow 交换机

图 2.15 展示了 OpenADN 感知的 OpenFlow 交换机。基于对流抽象层的扩充,OpenADN 的指定处理先于 OpenFlow 的指定处理。由 OpenADN 控制应用处理的应用业务流需要被映射到由 SDN 控制模块处理的网络流,这样才能访问到网络服务。因此,OpenADN 流抽象可以与 OpenFlow 在数据平面直接连接。

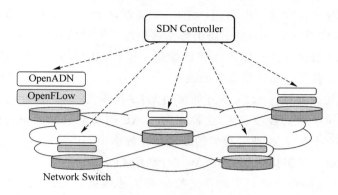

图 2.15   OpenADN 及 OpenFlow

5. 总结

OpenADN 是一个开放的网络平台。它采用 SDN 的流抽象层,并以应用程序标签交换(APLS)的形式在 3.5 层增加了 ID/locator 分离和跨层通信,使 OpenFlow 交换机在提供应用层面的服务能力增强,而不需要重新组装应用程序层面的消息。OpenADN 允许每个 ASP 执行一个单独的控制平面应用程序来管理数据平面实体,以适应应用的具体要求。OpenADN 通过使用应用程序标签交换层,引入了 3.5 层协议栈,从而延伸了 OpenFlow 和 SDN 的概念。在控制平面,它是通过在 NOX 中开发支持 OpenADN 的应用程序来实现。在数据平面,它是通过 OpenADN 感知的 OpenFlow 的交换机来实现。

OpenADN 的一个重要特点是,它可以逐步部署一些 OpenADN 感知的交换机,并与目前的互联网完全兼容。最重要的是,在 SDN 技术仍在不断发展的现在就可以做到。像亚马逊,谷歌,微软,Rackspace 等云服务提供商也可将这些功能加入产品。

然而 OpenADN 只是针对于流量管理方面提出了比较可行的方案,而且其需要增加一个 3.5 层的协议栈也只是在理论层面比较有说服力,具体的应用还是不能适用于大多数 WLAN 解决方案,而且引入 OpenADN 并没有显著降低网络设备的复杂性,这是 OpenADN 的一些主要缺点。

2.3.2   CloudMAC 架构

CloudMAC 是由来自卡尔斯塔德大学的 Peter Dely,Jonathan Vestin,Andreas Kassler 和来自柏林电信公司创新实验室的 Nico Bayer,Hans Einsiedler,Christoph Peylo 等人提出的一种基于 OpenFlow 的架构,实现 802.11 MAC 层在云端的处理。

同样的,我们先来了解一下 CloudMAC 提出的背景。

在一个大型企业及校园的无线局域网(Wireless Local Area Networks,WLAN)网络中往往包含成千上万个接入点(Access Points,AP),在如此大型的网络中,管理人员就没办法去管理单个的 AP，一般会用到一些企业级的 WLAN 管理系统。这些系统往往会隐藏异构网络管理的复杂性，系统供应商一般会用到 CAPWAP 和 LWAPP 等协议来实现独立配置 AP。然而网络虚拟化，漫游支持，服务质量（quality of service，QoS）以及节能等已经导致 AP 越来越复杂，对 AP 的配置也显得越来越复杂。

SDN 的一个核心思想就是：降低网络设备的复杂性，并通过标准化的接口和高层次的编程来对底层的数据流进行管理。作为 SDN 的一个实例，OpenFlow 获得了大量的关注。我们知道，谷歌已经将其内部数据中心骨干路由器全部换成了简单的支持 OpenFlow 功能的设备，这些设备由标准服务器运行的应用程序进行控制。显然，SDN 可以增加网络的灵活性，并且在同一时间可减少运营支出和网络设备的成本。

CloudMAC 的初衷就是将 SDN 的好处带到 WLAN 中。

CloudMAC 是一个新的管理架构，这种架构中 AP 的功能只是简单地转发 MAC 帧。所有的其他功能，诸如 MAC 数据或管理帧的处理是在数据中心中的标准服务器中部署的，并可以通过云计算基础设施来提供。CloudMAC 中，利用 OpenFlow 来管理 MAC 帧的流动和传递。OpenFlow 的引入能够充分利用硬件交换机的快速数据包处理能力，从而可以实现集中控制平面的控制功能。IEEE 802.11 即将推出的新标准中 PHY 速率将达到数 Gbit/s 级别，纯软件解决方案不能够处理在集中控制平面处理如此高速率的流量。CloudMAC 不需要客户端做出任何修改，从而可以实现从传统的 WLAN 到 CloudMAC WLAN 平稳过渡，因为 CloudMAC 设计的时候就支持所有标准的 WLAN 管理功能。

1. CloudMAC 架构

CloudMAC 是一个分布式架构，802.11 WLAN MAC 处理部分在虚拟机上的数据中心执行，虚拟机连接到一个 OpenFlow 控制网络。而在传统 WLAN 中，完整的 MAC 层位于本地接入点（Access Point，AP）上，如图 2.16 所示。

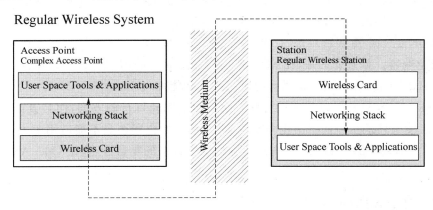

图 2.16　传统的无线网络

Cloud MAC 采用的方法简化了 WLAN 部署的管理，可以通过软件修改加入新功能并快速部署。一个基于 CloudMAC 的 WLAN 的部署包括虚拟接入点（VAPs），无线终端（WTPs），一个 OpenFlow 交换机，一个 OpenFlow 控制器以及实体间连接的隧道，如图 2.17 所示。802.11 WLAN MAC 处理部分都在虚拟接入点上执行，虚拟接入点通过虚拟机连接到 OpenFlow 网络。

　　虚拟接入点是一个运行在虚拟机上的操作系统实例,比如说 Xen 或 vSphere Center。每个虚拟接入点具有一个或多个虚拟的 WLAN 网卡。虚拟 WLAN 网卡对操作系统和用户空间的应用程序来说,跟一块普通的物理 WLAN 网卡没有区别。标准的 WLAN 管理工具可以用于设置虚拟 WLAN 网卡的参数。虚拟接入点运行 AP 的管理软件,例如,可以产生信标帧,对关联/认证的 MAC 帧作出响应。因为虚拟 WLAN 网卡跟物理网卡相当,可以使用诸如 hostapd 的一些标准软件进行管理,这样通过 CloudMAC 可以增加灵活性。一个虚拟接入点可以有许多虚拟 WLAN 网卡,它们连接到不同无线终端的物理网卡上。在某些特殊情况下,一个企业 WLAN 只含有一个虚拟接入点就够了。

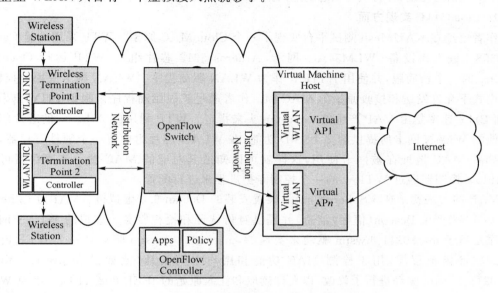

图 2.17　基于 CloudMAC 的 WLAN 架构

　　无线终端是一个简洁的 AP,它含有 WLAN 无线物理网卡,可以发送和接收的原始 MAC 帧。在下行链路上,虚拟接入点中的虚拟 WLAN 网卡生成 MAC 帧,加上控制头并加密帧(加密是选择性的)。WTP 使用控制头中指定的调制/编码方案和传输速率,来将这些帧发送到客户端。WTP 使用分布式协调功能来执行信道接入。此外,WTP 负责产生实时性约束的帧(例如 ACK 和重传帧),而所有其他帧,如信标帧,则是由 VAP 产生。在上行链路上,WTP 接收到 MAC 帧,收到帧后向客户端发出确认帧,然后将收到的帧转发到 VAP 来进行下一步处理。

　　虚拟接入点(即 VAP)和无线终端(即 WTP)之间由 2 层隧道和一个 OpenFlow 的交换机相连。OpenFlow 交换机包含一个交换表,它指定了帧转发到 WTP 还是 VAP。OpenFlow 控制器上运行配置交换表的应用,控制器和交换机之间的交互遵循 OpenFlow 协议。转发表表示 WTP 和 VAP(跟具体的说是虚拟 WLAN 网卡)之间的关系。通过重新配置交换表,一个 AP 可以很容易地从一个 WTP 移动到另一个 WTP,同时所有的流也是经过新的 WTP。由于在 WTP 上的每个物理卡可以绑定到多个虚拟 WLAN 网卡(流量可以根据 BSSID 和 MAC 地址来进行区分),CloudMAC 本身支持网络虚拟化。一些 OpenFlow 的实现方式中,能够在任意的位置重写帧头,诸如 OpenVSwitch。利用这种功能可以用来重新编写控制头信息,实行集中控制或者速率控制。

除了转发和修改 MAC 数据帧、控制帧和管理帧，CloudMAC 允许配置命令（Configuration Command,CFG）的细粒度基本控制。这些配置命令一般用于配置 WLAN 网卡并且通常通过由一个在虚拟 AP 上的用户空间应用程序来发出。例如，如果一个用户空间应用程序请求虚拟 WLAN 网卡改变其信道，则请求就会被虚拟 WLAN 网卡的驱动程序截获，然后驱动程序生成一个特殊的 CFG 包，并且将其发送到 OpenFlow 交换机。OpenFlow 交换机会将此 CFG 发送给 OpenFlow 控制器，控制器会根据用户配置策略来做判断，如果 CFG 命令被允许，OpenFlow 控制器会将此 CFG 命令转发到驻留在 WTP 上的一个控制应用程序。该控制应用程序将会最终执行此命令实现信道修改，并将执行状态到返回给 OpenFlow 控制器和 VAP。

2. CloudMAC 实现方面

作者已经在 KAUMesh 测试平台实现了一个 CloudMAC 原型。WTP 采用的是 Cambria GW2358-4 嵌入式设备（WLM54AG 网卡，Atheros 5212 芯片组）。WTP 运行 OpenWRT Backfire 的一个精简版，并使用 ATH5K 作为 WLAN 驱动程序。WLAN 网卡使用监控模式，这种模式下允许发送和接收原始的 MAC 帧。作者通过扩展驱动程序来根据 PHY 速率发送帧，而 PHY 速率是由 VAP 产生的 radio-tap 头来指定。WTP 利用由 Atheros 的芯片组和许多其他的 WLAN 网卡所提供的多 BSSID 功能：在 WLAN 芯片组中有一个硬件寄存器，用于控制哪些 MAC 地址在被网卡使用，这样就可以知道其对应的 MAC 帧。该寄存器可以由 OpenFlow 控制器通过 WTP 上的一个控制守护进程来进行配置。

VAP 的实现就是在 VSphere Center 装置安装的 Debian 6.0 虚拟机。VAP 使用 hostapd（0.6 版本）来产生 Beacon（信标）消息，并提供身份认证和授权服务。虚拟的 WLAN 网卡驱动程序是基于 mac80211_hwsim 驱动来实现的，mac80211_hwsim 驱动是一个 IEEE 802.11 设备的软件模拟程序，用于检测 MAC 功能和用户空间工具（比如说 hostpad）。作者对 mac80211_hwsim 驱动进行了修改，以允许读取和注入原始的 IEEE 802.11 帧。虚拟 WLAN 网卡根据 radio-tap 格式来添加控制报头。

在 VAP、交换机和 WTP 之间的数据包都使用来自 OpenFlow 的项目的 Capsulator 工具隧道传输。作者使用 OpenVSwitch1.3.0 代替硬件的 OpenFlow 交换机。OpenVSwitch 是在 Linux 内核中的兼容 OpenFlow 的软件交换机。OpenVSwitch 在同样的 Vsphere 装置上运行了一个虚拟机，交换机控制器是由 Python 实现从而可以实现自定义控制。为了将 WTP 和 VAPE 绑定起来，交换机控制器在家交换机上配置了一条规则，这样流量仅仅是在隧道之间转发。

3. 总结

CloudMAC 架构下的 AP，只需要负责简单地转发 MAC 帧，MAC 数据帧或管理帧的处理是在数据中心中的标准服务器中实现的，这大大简化了网络设备的复杂性，也是引入 SDN 的一个重要优点。CloudMAC 中 OpenFlow 的引入实现集中控制平面的控制功能。而且 CloudMAC 不需要对客户端做出任何修改，从而可以实现从传统的 WLAN 到 CloudMAC WLAN 平稳过渡。

可以说 CloudMAC 是一个比较可行的解决方案，但是其在应用层面的研究还不足，并没有一些直观的可以通过软件编程来实现的具体化案例。

2.3.3　OpenRoads 架构

OpenRoads 是一种利用 OpenFlow 交换机实现网络服务与底层的物理设备相分离的架

构,旨在形成一个移动网络的开放创新平台,使得不同的研究人员可以在这个平台上实验和研究各种移动解决方案、网络控制器、路由协议等。

OpenRoads 架构为研究人员提供两种控制方式:通过 OpenFlow 控制数据通路;通过 SNMP 控制设备配置。通过这两种控制方式,OpenRoads 架构进一步提供对网络管理函数和事件的抽象,通过这种抽象实现简单的异构网络设备的管理,即面向 WiFi 和 WiMAX 等不同无线接入技术的管理。在虚拟化网络的基础上,OpenRoads 架构提出了让不同的研究人员共享网络控制的尝试。

如图 2.18 所示,OpenRoads 架构主要由 OpenRoads 接口、数据通路控制、设备控制以及物理设备组成。

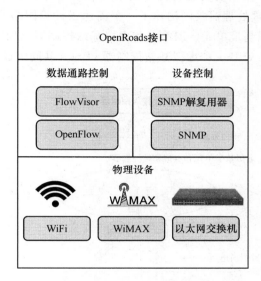

图 2.18　OpenRoads 架构示意图

OpenRoads 接口对基于 NOX 的网络事件控制进行抽象,提供 API 以实现通讯、流管理和无线设备管理,为不同的异构技术提供统一接口,也可以根据某一异构技术的需要提供特定的接口。OpenRoads 接口使得研究人员可以方便地对网络进行管理,例如文章中指出使用 OpenRoads 接口可以用十几行的代码量实现主机上流的重定向。

数据通路控制使用 OpenFlow 技术和 FlowVisor[ ][ ]技术实现,OpenFlow 将交换机的控制逻辑与物理设备分离,并将控制逻辑转移到一个外部的控制器。通过外部控制器可以控制交换机的流表,从而使得网络数据通路可以快速更新,为数据通路的创新提供可能。

设备控制使用 SNMP 技术和 SNMP 解复用器实现,与 OpenFlow 提供对数据通路的控制不同,SNMP 提供对设备配置的控制,使得研究人员可以在网络中配置交换机和无线接入点,从而使网络设备的配置可以根据所期待数据通路的表现进行相应调整。

为了实现网络控制在不同研究人员之间的共享,OpenRoads 架构进一步应用了 FlowVisor 和 SNMP 解复用器,通过对控制消息的代理、重写和配置来实现对控制进行切分,从而实现了不同研究人员可以共享对网络的控制。

2.3.4　OpenRAN 架构

基于云计算和 SDN,通过虚拟化实现的软件定义无线接入网络架构。

OpenRAN 是一种通过虚拟化实现的软件定义无线接入网络架构,基于软件定义网络的思想以及结合 C-RAN 架构中提出的用以处理无线基带数据的云计算池的概念,主要目的是解决现有无线接入网络的僵化问题,实现无线网络资源的虚拟化和网络可编程,从而实现无线接入网络的开放,灵活,可控和可发展。

如图 2-19 所示,OpenRAN 架构由三个主要部分组成:无线频谱资源池(WSRP)、云计算资源池(CCRP)以及软件定义网络控制器(SDN controller)。其中无线频谱资源池 WSRP 由分布在不同位置的多个物理远程无线单元(pRRUs)组成,覆盖多个异构网络和无线网络,利用 RF 虚拟化技术虚拟化频谱资源,从而使用不同无线协议的多个虚拟远程无线单元(vRRUs)共同存在于一个共享的物理远程无线单元 pRRU 中。云计算资源池 CCRP 由许多物理处理器组成,这些物理处理器共同构建了一个高速云计算网络,通过虚拟化技术,在共享的物理处理器中部署虚拟基带单元(vBBUs)和虚拟基站控制器(vBSCs)。由虚拟远程无线单元 vRRUs、虚拟基带单元 vBBus 和虚拟基站控制器 vBSCs 共同组成完整的无线接入网络。

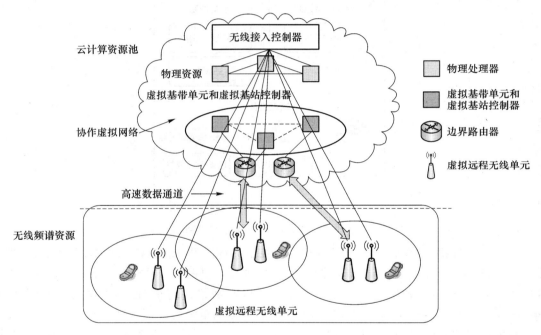

图 2.19　OpenRAN 架构示意图

SDN 控制器通过抽象和结合多种无线接入元素的控制函数而形成异构无线接入网络的控制平面。SDN 控制器决定每个虚拟基带单元 vBBu 和虚拟基站控制器 vBSc 的策略,每个虚拟接入元素中都包含了一个 SDN 代理以通过 SDN 协议实现和 SDN 控制器的通讯。

OpenRAN 架构的主要特点包括多层次的抽象、基于流的集中式控制方法以及可编程化的控制平面和数据平面。多层次的抽象包括应用层抽象、云层抽象、频谱层抽象、协作层抽象。应用层抽象:将虚拟空间对应到多个网络运营者或服务上,每个虚拟空间执行和管理自己的控制策略;云层抽象:SDN 控制器通过虚拟化物理处理器和分配适当的计算和存储资源,生成 vBBUs 和 vBSCs;频谱层抽象:通过 RF 虚拟化技术实现频谱资源的虚拟化,从而使多个使用不同无线协议的 vRRUs 得以在共享的 pRRU 中共存;协作层抽象:构建多个包括虚拟结点和虚拟连接的虚拟网络,实现多个 vBBUs 和 vBSCs 的通讯。

基于流的集中式控制方法即 SDN 控制器为每个控制流加上统一的 SDN 头部,每个虚拟接入元素中都有自己的 SDN 代理,SDN 代理通过识别控制流的头部与来决定是否执行相应动作。不同的接入元素对相同的控制流可能采取不同的相应动作。这种控制策略可使无线接入网更加开放和灵活。

另外,OpenRAN 架构在控制平面与数据平面上都是可编程的。在控制平面上,SDN 控制器可制定或改动每个虚拟接入元素的控制策略。在数据平面上,借鉴了 SoftRadio 的思想,OpenRAN 架构使用了模块化的无线协议,每个 vBBU 可以根据动态网络需求选择和组合相应的物理层和 MAC 层协议模块来实现所需的无线协议。这种可编程的架构是使无线接入网更加可控制和可发展。

2.4　本章小结

近年来随着无线网络应用和数据流量的爆炸式增长,SDN 在无线通信领域引起越来越多的关注。传统的无线网络架构在演变过程中逐渐结合 SDN 的概念。

本章主要介绍了 SDN 的发展、架构及其关键技术。SDN 的特性有:控制平面和数据转发平面的解耦;逻辑上的集中控制;网络资源和网络状态的抽象,这些都能够为大数据、云计算和更多的创新业务提供网络支持。基础设施层表示网络的底层转发设备及必要的数据转发和处理功能,并通过南向接口(Northband Interface,SBI)向控制层提供具体的硬件能力,控制层集中维护网络状态,控制层通过南向接口(控制和数据平面接口,如 OpenFlow)获取底层基础设施信息,同时为应用层提供可扩展的北向接口,应用层根据网络不同的应用需求,调用控制层的北向接口,实现不同功能的应用程序。通过这种软件模式,网络管理者能够通过动态的 SDN 应用程序来配置、管理和优化底层的网络资源,从而实现灵活可控的网络。

现阶段与 SDN 结合的无线接入网络架构处于百家争鸣状态,本章对其进行了分类,并着重对 OpenADN,CloudMAC,OpenRoads,OpenRAN 架构做了简单介绍。

参考文献

[1]　IEEE 802.11,wireless local area networks[DB/OL]. http://www.ieee802.org/11/, 2014.4.

[2]　Subharthi Paul,Raj Jain. OpenADN:Mobile Apps on Global Clouds Using OpenFlow and Software Defined Networking. Globecom Workshops (GC Wkshps),2012 IEEE: 719-723.

[3]　Peter Dely,Jonathan Vestin,Andreas Kassler. CloudMAC-An OpenFlow based Architecture for 802.11 MAC Layer Processing in the Cloud. Globecom Workshops (GC Wkshps),2012 IEEE: 186-191.

[4]　Tao Lei,Zhaoming Lu,Xiangming Wen. SWAN An SDN Based Campus WLAN Framework.

WirelessVITAE，2014 IEEE 4th，1-5.

[5] 雷葆华，王峰，王茜，王和宇，等.SDN 核心技术剖析和实战指南.北京：电子工业出版社.2013：15-75.

[6] Open Network Foundation. OpenFlow Switch Specification. Version 1. 4. 0. 2013，10：8-42.

[7] Open Network Foundation：SDN Architecture[DB/OL]. Issue 1，June，2014. http://www. opennetworking. org/.

[8] Kok-Kiong Yap，Masayoshi Kobayashi，David Underhill，Srinivasan Seetharaman，Peyman Kazemian，and Nick McKeown. The stanford OpenRoads deployment. In Proceedings of the 4th ACM international workshop on Experimental evaluation and characterization，WINTECH'09，page 5966，New York，NY，USA，2009. ACM.

[9] OpenDaylight：An Open Source Community and Meritocracy for Software-Defined Networking[DB/OL]. http://www. opendaylight. org/. 2013. 4.

[10] BigSwitch[DB/OL]. http://www. bigswitch. com/. 2014.

[11] ONF White Paper：Software-Defined Networking：The New Norm for Networks，2012. 4.

第3章　可编程数据面及其关键技术

随着科技的快速更新迭代,各种无线通信技术也得到了飞速的发展,各式各样的通信系统已经广泛应用于人们的日常生活之中,并且正在以飞快的速度更新换代。然而,不同的通信平台采用的不同无线通信体制,它们在很多方面不尽相同,比如工作频段、传输速率、调制解调方式以及多址接入方式等。传统的无线通信设备采用的是流水式信号处理结构和专用集成电路来实现接收发送,但是这种方式的使得设备和标准耦合太紧密,各种标准之间难以互操作,特定芯片升级换代困难,不能很好的适应新的通信服务。因此,当前需要研究一种新的智能型无线接收机,能够适应多波段、多速率、可升级、多模式以及具有开放性结构。在这种背景下,软件无线电技术应运而生。

简单而言,软件无线电是指采用通用的硬件平台,通过软件重构或升级来实现灵活多变的通信体制和通信功能的无线电系统。软件无线电硬件平台的特点是通用化、标准化、模块化,以及对信号波形的广泛适应性;软件无线电的核心是其驻留在 DSP 和/或 FPGA 和/或 ASIC 内部的功能软件,这些软件是可升级、可重构的,以适应不同的技术标准、接口协议和信号波形。近几年,软件无线电在微电子技术的带动下,取得了前所未有的快速发展。

3.1　软件无线电概论

20 世纪 70～80 年代,随着数字处理技术的发展,无线通信系统开始由模拟向数字式发展,从无编程向可编程发展,由少可编程向中等可编程发展,出现了性能可靠、功耗较低、体积较小的数字通信系统和可编程数字无线电系统(PDR)。由于无线电通信系统,特别是移动通信系统的领域的扩大和技术复杂度的不断提高,投入的成本越来越大,硬件系统也越来越庞大。为了克服技术复杂度带来的问题和满足应用多样性的需求,特别是军事通信对宽带技术的需求,提出在通用硬件基础上利用不同软件编程的方法,这个可以认为是软件无线电的萌芽阶段。

1991 年 1 月,以美国为首的多国部队发动的对伊拉克的海湾战争。在当时的通信体制下,为了进行各军种协同作战,美军的通信部门给海陆空三个军种分配了不同的通信频段,而且在不同的环境和场合同一个军种还会使用不同通信频段的电台,这样就直接导致了各军、各个兵种之间无法进行快速沟通和互传信息情报,使得联合作战的效果大打折扣,仅仅是名义上的联合作战,实际上还只是各军兵种的简单参战,并没形成真正意义上的"联合"作战。

在 1992 年 5 月在美国举办的电信系统会议(IEEE National Telesystem Conference)上,来自 MILTRE 公司的 Jeo Mitola 博士第一次提出了"软件无线电"(Software Radio,SR)的概念,这一概念的目的在于建立一种通用的硬件平台,它具有标准化、模块化以及开放式的特点。

在该平台上,能够通过软件编程的方式来实现在不同的频率、调制方式、数据传输速率、加密模式以及通信协议下的通信功能。软件无线电这一概念一经提出就引起了世界范围内无线电领域专家和学者的积极关注和研究。同年,美国国防部推出了易通话(SPEAK easy)计划,该计划研发了一种能适应三军联合作战的多频段、多模式、多功能的电台。1994 年,SPEAK easy Ⅰ计划通过验收。1995 年,IEEE Communication Magazine 在第五期正式推出了第一个软件无线电专刊,这可以认为是软件无线电发展中的里程碑。1996 年,模块化多功能信息传输系统(MMITS)论坛成立,致力于支持开发和使用先进的无线系统开放式结构。MMITS 的参与者由全球各大通信巨头如法国的阿尔卡特公司、美国的摩托罗拉公司、芬兰的诺基亚公司、瑞典的爱立信公司、韩国的三星公司及德国西门子公司和世界知名学府如东京大学、麻省理工等一百余个企业和单位组成。MMITS 后来改名为 SDR 论坛,这一国际性软件无线电技术研究和产业化组织的建立标志着软件无线电开放结构标准从侧重军用向侧重商用转变。

1998 SPEAKeasy Ⅱ 计划通过验收,并已于 2004 年装备到部队中。可以说 SPEAKeasy 的成功大力的推动了软件无线电技术的发展。各国都开始开展相关领域的研究,欧洲的先进通信技术和业务(Advanced Communications Technologies and Services)项目启动了三项应用软件无线电技术的研究计划:灵活的综合无线电系统和技术计划(FIRST)、未来无线宽带多址系统计划(FRAMES)和软件无线电技术计划(SORT)。日本也成立了由该国电气、信息和通信工程师协会组成的软件无线电研究小组。

我国也相当重视对软件无线电技术的研究,各大高校、军事院校和科研机构也均开展了对它的研究,在"九五"、"十五"和"863"计划中都将软件无线电作为重大科研项目,已取得了多个具有价值的科研成果。在"九五"期间立项的"多频段多功能电台技术"突破了软件无线电的部分关键技术,开发出了四信道多波形样机;在"十五"中,软件无线电技术任然被作为重点项目进行研究与开发;在"863"计划中,软件无线电被列为重点研究项目,后来又列入国家"863"计划通信主题的 B3G 研究项目中,成为了著名的"FuTURE 计划"项目的主要支撑技术之一。在我国的 3G 标准 TD-SCDMA 中,软件无线电技术正是其中所运用的核心技术之一。2014 年,在巴塞罗那举办的世界移动通信大会(MWC)上,中国移动和阿郎卡特朗讯展示的基于 LTE RAN 虚拟化的 C-RAN 架构中,软件无线电就是关键技术之一。基于通用处理平台的 C-RAN 无线架构,能够帮助运营商提升用户体验,实现一种全新的运营模式。国内的一些公司如华为和中兴也在该领域的研究中也取得了一定的成绩进展,比如它们研制出的 SDR 多模基站产品,该产品能够同时支持 GSM 和 3G 制式。大唐移动通信公司也在其开发 TD-SCDMA 设备时应用软件无线电技术。由此可以预见,软件无线电技术将是无线通信领域继数字技术、移动技术之后第 3 次重大的飞跃,必将在未来对通信技术的发展及设计思想的变革产生深远影响。

3.1.1 软件无线电概念

软件无线电这一概念从提出到现在,学术界还没有对"软件无线电"这一概念做一个统一的定义。软件无线电发明者 Joseph Mitola 博士对软件无线电的定义为:软件无线电是多频段无线电,它具有宽带的天线、射频前端、模数/数模转换,能够支持多个空中接口和协议,在理想状态下,所有方面(包括物理空中接口)都可以通过软件来定义。这种定义主要集中多频段、宽频带和可通过软件定义的多模式、多功能和协议的适应能力等几个方面。

由模块化多功能信息传输系统论坛(MMITS)发展而来的软件无线电论坛对软件无线电

的定义为:软件无线电是一种新型的无线电体系结构,它通过硬件和软件的结合使无线网络和用户终端具有可重配置能力。软件无线电提供了一种建立多模式、多频段、多功能无线设备的有效而且相当经济的解决方案,可以通过软件升级实现功能提高。软件无线电可以使整个系统(包括用户终端和网络)采用动态的软件编程对设备特性进行重配置,即相同的硬件可以通过软件定义来完成不同的同能。这种定义比软件无线电概念刚提出时的定义更为全面,强调了软件无线电是一种新的体系结构,一种解决方案,同时也强调了通过动态的软件编程实现对硬件的重构,使之完成不同的功能等思想。

随着通信理论和技术的发展,近几年,学术界对软件无线电的理解和定义又有所变化。人们认为:软件无线电是一种新的无线电体系结构,是现代无线电工程的一种设计方法、设计理念,它的基本思想是以开放性、可扩展性、结构精简的硬件为通用平台,把尽可能多的无线电功能用可重构、可升级的构件化软件来实现。这种定义在原有的基础之上又有了升华,它强调软件无线电的潜力并非仅局限于通信领域,它也可应用在无线电工程的其他相关领域,如:雷达、电子战、导航、广播电视、识别系统、测控等方向。

由此可以看出,随着时代的进步和科技的发展,人们对软件无线电的认识和定义也在不断进步。目前,对软件无线电较为一致的认识为:

(1) 软件无线电是一种设计方法、一种设计理念,而不是一部无线电台或无线电系统;

(2) 软件无线电的硬件和软件是解耦的,硬件平台为通用的平台,无线电功能主要由软件实现;

(3) 软件无线电的软件要采用构件化的方式,而且可重构、可升级,不能使固化的、不可修改的;

(4) 软件无线电不仅是应用于通信领域,而可以用于无线电工程的其他相关领域。

3.1.2　软件无线电体系结构

数字通信系统(Digital Communication System,DCS)是利用数字信号来传递信息的通信系统。图 3.1 介绍的是典型的数字通信系统模型包括的主要模块。

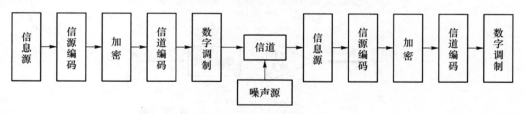

图 3.1　数字通信系统模型

信源编码主要作用有两点:

(1) 实现模拟信号的数字化传输,即完成 A/D 转换;

(2) 提高信号传输的有效性,即在保证一定的传输质量的前提下,用竟可能少的数字脉冲来表示信源产生的信息。所以信源编码也称作频带压缩编码或数据压缩编码。常见的信源编码算法包括 JPEG 压缩,zip(LZ77 和哈夫曼编码算法的结合),MP3 和 MPEG-2 等。信源译码是信源编码的逆过程。

信道编码的目的是解决数字通讯的可靠性问题。信道编码对传输的信息码元按一定的规则加入一些冗余码(监督码),形成新的码字,在接收端按照约定好的规律进行检错甚至纠错。

信道编码的作用是减少信道传输中噪声和衰减带来的影响,解码后获得更好的原始传输信号。所以信道编码又称为差错控制编码、抗干扰编码、纠错编码。

加密与解密主要是为了保证所传信息的安全,人为地将被传输的数字序列扰乱,加上密码,这种处理过程称加密。在接收端利用与发送端相同的密码复制对收到的数字序列进行解密从而恢复原理信息。

调制的严格定义是将一个电磁波信号的一个或多个属性(幅度、频率或相位)进行改变的过程,主要分为模拟调制和数字调制两大类。使用调制的方式可以将原来的低频信号在相对的高频中进行传输。从而提高信号在信道上的传输效率,达到信号远距离传输的目的。数字调制指的是将数字基带信号的频谱搬移到高频处,形成适合在信道中传输的频带信号。常用的数字调制方式包括:振幅键控 ASK 调制、频移键控 FSK 调制、相移键控 PSK 调制。

图 3.1 是数字通信系统的一般模型,实际的数字通信系统不一定包含图中的所有模块,而且每个模块只在具体实现时又会有很大的差别。无线通信发展到今天,已经涌现了大量的无线通信系统,但是不同通信系统的工作频段、调制方式、波形结构、通信协议和原理不同,收发信机的软件结构差别也很大。以蜂窝通信系统为例,蜂窝通信中根据蜂窝覆盖范围的不同可以将蜂窝分为:宏蜂窝、微蜂窝和微微蜂窝,同一通信协议中,不同蜂窝对应的发信机的结构也大相径庭。传统的收发信机如图 3.2 所示,这些发送机在发送链路端时需要经过二次变频。

如图 3.2 所示的基带信号经过 DAC 后,通过滤波、放大,再调制到一个中频频率,然后二次上变频到射频频率。电路上主要器件有 DAC、低通滤波器、中频本振、中频混频器、声表面滤波器、中频放大器、射频本振、射频混频器、射频放大器。由此可见,发信机电路中有大量的模拟器件,使得电路结构非常复杂,占用面积大,不能满足产品的高度集成化和小型化等需求。

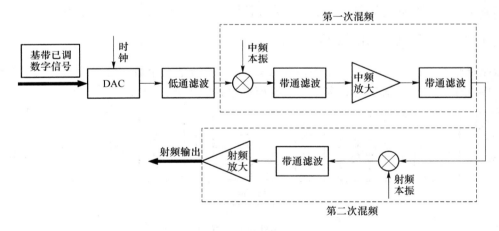

图 3.2　传统的数字通信系统发信机

软件无线电的诞生为上述问题提供了解决途径。软件无线电的基本思想,就是构造一个标准化、通用化、模块化的基础硬件平台,在该平台上的各种无线电系统功能不依赖于硬件,而由软件充当实现环节的主体。即尽可能地简化射频模拟前端,使 A/D 转换器尽可能地靠近天线去完成模拟信号的数字化,而数字化后主要通过软件实现整个无线电信号的调制解调、中频、基带信号及各种控制协议。另外,软件无线电的硬件平台应具有开放性,通用性,软件可升级、可替换能够发挥最大重构性和灵活性。

软件无线电主要由三大部分组成,即用于射频信号变换,位于模数/数模转换之前的模拟射频前段(包括宽带天线)、高速宽带模/数(A/D),数/模(D/A)转换器以及位于 ADC 之后,DAC 之前的数字信号处理单元(DSP)三大部分。

图 3.3 是软件无线电中的信号接收过程和发送过程的示意图,图中的 ADC 和 DAC 紧靠着射频前端,从而尽可能的将模拟信号数字化后的数字信号交给可编程高速数字信号处理芯片(DSP)或者现场可编程门阵列(FPGA)处理。用户可以通过下载或安装软件的方式就可以实现一个无线电通信系统,因此具有强大的功能和灵活性,能够完成对未来通信系统的快速升级。

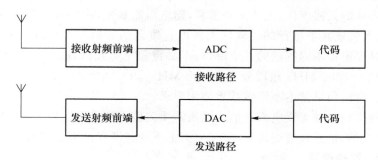

图 3.3　软件无线电信号处理流程

3.1.3　软件无线电关键技术

Joseph Mitola 博士最开始提出的软件无线电(Software Radio,SR)的概念是比较理想化的。他在文章中指出,通过在天线和用户端的两组 A/D 和 D/A 变换器的模数和数模变换,中间的无线电发射、接收、信号产生、调制/解调、加解密、控制、编解码等功能都有软件实现。

然而,图 3.3 所示的软件无线电示意图只是一种理想化的软件无线电结构,其实现是相当有难度的。首先,根据奈奎斯特采样定理,软件无线电 AD 采样率至少是该软件无线电的工作带宽有多宽的两倍,比如:对于工作在 2～2000 MHz 的 JTRS 电台,其采样频率至少是 4 GHz,考虑到滤波器矩形系数,采样频率需要超过 5 GHz,如此高的采样速率在高分辨率情况下至少在目前的技术水平下是难以实现的;其次,高的采样速率对 ADC 后续的信号处理(FPGA/DSP)也提出了非常苛刻的要求,大大提高了信号处理部分的实现难度;最后,随着电磁环境的复杂化,过宽的瞬时处理带宽将导致对动态范围的过高要求,无论是高增益的 LNA 还是高速 ADC 其动态范围都将无法满足实际需求。

为了避免这种理想化的软件无线电引起过多的争议,人们又提出了"软件定义无线电"(Software Defined Radio,SDR)的概念。SDR 是这样一种无线电:其接收端的数字化是在天线后面的某一级,如在宽带滤波、低噪放大器和用来把射频信号下边频到中频的混频器及中频放大器/滤波器等级联部件的后端进行的,发射机的数字化正好相反。无线电的各种功能特性是由灵活可重构的数字信号处理器中的软件实现的。

相比于 SDR,SR 被认为是一种理想的软件无线电,它要求的数字化接口尽可能靠近天线在现有的技术下是很难实现的。因此,目前人们谈论额外软件无线电实际上都是软件定义无线电,即 SDR(本书中接下来所讨论的也都是软件定义无线电)。

软件无线电技术的基本思想是从模块化、标准化和通用化的角度,追求无线通信系统的全频端、多模式和可重构的操作方式。它与数字和模拟信号之间的转换、计算速度、运算量、存储量、数据处理方式等问题息息相关,这些技术决定着软件无线电技术的发展程度和进展速度。

因此,宽带/多频段天线、A/D 和 D/A 转换器、数字信号处理器(DSP)及实时操作系统是软件无线电的关键技术。

1. 宽带/多频段天线

理想的软件无线电系统的天线部分应该能够覆盖全部无线通信频段,通常来说,由于内部阻抗不匹配,不同频段电台的天线是不能混用的。而软件无线电要在很宽的工作频率范围内实现无障碍通信,就必须有一种无论电台在哪一个波段都能与之匹配的天线,所以,实现软件无线电通信,必须有一副可通过各种频率信号而且线性性能好的宽带天线。

然而,从国内外的天线设计、生产水平来看,制造出能够覆盖全频段,且在整个频段上都有相似收发特性的天线还是不可行的。软件无线电台覆盖的频段为 2～2000 MHz。一般情况下,大多数系统只要覆盖不同频段的几个窗口,不必覆盖全部频段,故可采用组合式多频段天线的方案。即把 2～2000 MHz 频段分为 2～30 MHz、30～500 MHz、500～2000 MHz 三段。这不仅在技术上可行,而且基本不影响技术使用要求。

此外,面向理想的软件无线电系统的天线所需要突破的技术还比较多,如宽带线性功率放大器和低噪声放大器、信号纯度处理器、宽带射频上下变频器和可调谐预选器等。

2. 数/模、模/数转换器

在软件无线电通信系统中,要达到尽可能多的以数字形式处理无线信号,必须把 A/D 转换尽可能地向天线端推移,这样就对 A/D 转换器的性能提出了更高的要求。为保证抽样后的信号保持原信号的信息,A/D 转换要满足 Nyquist 抽样准则,而在实际应用中,为保证系统更好的性能,通常抽样率为带宽的 2.5 倍。因为软件无线电系统需要宽带、高频、高精度、高抽样频率、高动态范围的 A/D,目前的芯片受技术所限,还不能直接实现射频信号的数字化。需要在射频和中频之间设置一个前端处理单元,把模拟信号的数字化放在中频之后。因此,中软件无线电中与 A/D、D/A 相关的前端技术包括:数字下变频(DDC)、数字上变频(DUC)、滤波和相关控制等也都是软件无线电中的关键技术。

3. 数字信号处理器

基带处理是软件无线电系统要完成的主要任务之一,它包括电台内部的调制/解调、扩频/解频、编码/解码和加密/解密等工作。由于电台内部数据流量大。进行滤波、变频等处理运算次数多,必须采用高速、实时、并行的数字信号处理器模块或专用集成电路才能达到要求。要完成这么艰巨的任务,必须要求硬件处理速度不断增加,芯片容量扩大。同时要求算法进行针对处理器的优化和改进。这两个方面的不断提高将是数字信号处理技术发展的不懈动力。只有这样,才能实现电台内部软件的高速运行和多种功能的灵活切换和控制。

在芯片速度条件限制下,对数字信号处理器的速度要求是非常高的,利用更高速度的 DSP 芯片组进行并行处理。各个芯片厂商正在努力提高芯片的处理速度,利用多种并行处理、流水线、专用硬件结构来提高芯片的数据处理能力。

对于一些固定功能的模块如滤波器、下变频器等,可以用具有可编程能力的专用芯片来实现,而且这种芯片的速度要高于通用 DSP 芯片。例如用 FPGA 就可以同时满足速度和灵活性两方面的要求,支持软件无线电中的动态系统设置的功能。通常来说系统的分配方式是:计算密集型的部分在 DSP 内部完成。功能相对固定的部分,就由 FPGA 来完成。

4. 实时操作系统

软件无线电实现的重要基础是处理器速度的提高,然而在一定的处理速度限制下,需要有效的实时应用处理软件和实时操作系统支持,才能充分发挥处理器的性能。与通用操作系统相比,实时操作系统对处理任务的时间调度控制更加明确,可以更有效地面向高速数字信号处理分配有限的处理资源。针对不同的通信体制的共同点,采用、开发高效而灵活的实时操作系统和实时应用软件。完成多种通信模式的软件实现,并且随着移动通信的继续发展,增加具有新的功能的系统模块,提供更先进的服务。

3.1.4　软件无线电技术优势

使用 SDR 概念来设计和实现下一代的无线通信系统和设备,与传统的产品和设备相比较,逐步降低了产品的开发成本,缩短了产品的更新周期,而且具有系统复用性高、开放性好、生存周期长的技术优势。具体如下:

1. 体系结构开放,易于应用新技术

对技术和产品的研究开发而言,传统的无线通信系统只对单一的标准进行产品开发,从标准相对稳定到设计和开发专用芯片,再到产品设计和实现是一个漫长的过程,不仅开发周期长、开发成本高,从而导致在标准制定进程中,大多数新技术不能被应用,限制了新技术的发展和应用,导致商用产品和当时技术水平的巨大差异。

SDR 将提供一个新概念和通用无线通信平台,在此平台上,可能基于软件来实现新业务和使用新技术,大大降低了开发成本和周期,使产品能跟上技术发展的水平。未来的新业务将由用户来开发,只有使用 SDR 的概念,才可能让用户像使用 PC 一样,用 SDR 设备去开发所需的新业务。

2. 为设备制造商降低投资风险,提高经济效益

SDR 系统功能模块化,设置灵活,升级方便。在其结构开放的前提下,模块复用的优势突出,使得系统本身的升级很容易实现。

无线通信领域的技术进步迅速,传统无线通信产品的生命周期越来越短,基于 SDR 产品的生产将比传统产品原材料成本低,且产品寿命长,这就意味着投资风险低。而且,由于它的简单化及标准化硬件使得产品容易生产。同时,由于 SDR 系统采用软件定义其无线通信功能,由软件生存期决定无线通信系统的生存期。基于通用的硬件平台,利用软件编程实现新的业务和使用新技术,可以减低开发成本和缩短开发周期,使研发的产品能跟上技术发展的水平,产生远大于生产传统产品的效益。

3. 功能部件通用化,设备可互操作

对运营商来说,移动通信网建设需要巨大投资,同时具有很大风险性。在维护现有网络的正常运行的基础上,为了及时满足用户不断增长的需求,需要不断增加或改造设备,将无线通信扩容。面对无线通信网络的更新换代和不同标准所规范的系统的互操作,还需要投入大量的人力、物力去应对,运营商的处境极为不利。

软件无线电为不同系统间的互操作性提供了可能性,帮助运营商走出上述的困局。对于不同的技术标准,它可以通过不同协议栈提供支持,对于新的技术标准,可以通过软件下载动态更新。同时,它可以为用户提供通用的终端设备平台,不仅能支持多种常用的技术标准,而且能通过空中加载新的软件实现设备升级的目的。

4. 功能部件通用化,设备可互操作

为最终用户提供了一个通用的终端设备平台。从最终用户的角度看,基于 SDR 技术用户的设备,是为用户提供了一个通用的终端设备平台。它应当能支持多达 5~8 种国际上通用的标准,而且可以通过空间加载软件技术达到用户设备升级的目的。只有这样,用户才不需要关心他所在的地区和运营商的问题,从而实现真正意义的全世界漫游。用户也有可能获得他所希望得到的新业务。

3.1.5 软件无线电技术的应用

软件无线电技术广泛应用于无线电通信领域。具体如下:

1. 蜂窝移动通信系统

在蜂窝移动通信系统中,基站和移动终端采用软件无线电结构,硬件简单,功能由软件定义,射频频段、信道访问模式及信道调制都可通过编程实现。在此系统中,软件无线电的发射与其他系统不同,它先划分可用的传输信道,探测传播路径,进行适合信道的调制,电子控制发射波束指向正确的方向,选择合适的功率,然后再发射。接收也同样如此,它能划分当前信道和相邻信道的能量分布,识别输入传输信号的模式,自适应抵消干扰,估计所需信号多径的动态特征,对多径的所需信号进行相干合并和自适应均衡,对信道调制进行栅格译码,然后通过FEC译码纠正剩余错误,尽可能降低误比特率。此外,软件无线电能通过许多软件工具增加增值业务。这些软件工具能帮助分析无线电环境,定义所需的增加内容,在无线环境下,测试由软件开发增值业务的样板,最后再通过软件或硬件开放该增值业务。

2. 智能天线

智能天线最初用于雷达、声纳及军事通信领域,但由于价格等因素,一直未能普及到其他通信领域。近年来,数字信号处理技术迅速发展,数字信号处理芯片的处理能力不断提高,芯片价格已可接受。同时,利用数字技术可在基带形成天线波束,取代了模拟电路,提高了天线系统的可靠性和灵活程度。在我国的 TD-CDMA 方案中,基站采用智能天线技术,利用数字信号处理技术识别用户信号到达方向,形成天线主波束。

引入空分多址(SDMA)方式后,根据用户信号不同的空间传播方向,提供不同的空间信道。采用数字方法对阵元接收信号加权处理,形成无线波束,使主波束对准用户信号方向,干扰信号方向形成天线方向零缺陷或较低的功率增益,达到抑制干扰目的。

使用智能无线的优势在于:①无线波束赋形的结果等效于提高天线的增益;②天线波束赋形后,可大大减少多径干扰;③信号到达方向(DOA)提供了用户终端的方位信息,用于实现用户定位;④用多个小功率放大器代替大功率放大器,降低了基站成本,提高了设备可靠性。

3. 多频多模手机

在欧洲的 ACTS FIRST 项目中,将软件无线电技术应用于设计多频/多模(可兼容 GSM、DCS1800 、WCDMA 及现有的大多数模拟体制)可编程手机。它可自动检测接收信号,接入不同的网络,而且能满足不同接续时间的要求。软件无线电技术可用不同软件实现不同无线电设备的各种功能,可任意改变信道接入方式或调制方式,利用不同软件即可适应不同标准,构成多模手机和多功能基站,具有高度的灵活性。

4. 卫星通信

在当今的通信领域中,卫星通信是最重要的通信方式之一。但是,由于目前卫星通信系统设备种类繁多,设备管理和维护工作复杂,使得卫星通信系统更新换代周期长,不能很好地适应现代高科技的发展步伐。而软件无线电以其软件定义功能和开放式模块化结构的技术思想能很好地解决卫星通信系统存在的问题,因此,研究具有软件无线电特征的卫星通信系统是很有意义的。在卫星通信系统中,系统功能主要指多址方式、网络结构、组网协议和通信业务等;而设备功能指接口标准、调制解调方式、信道编码方式、信源编码方式、信息速率、复用方式等。

软件无线电技术思想就是采用先进的技术手段,使得上述功能可以用软件来定义。通过友好的人机界面,人们可以在不改变硬件设备的情况下实时地改变通信系统的功能,从而使该系统能适应各种应用环境,因而具有很强的适用性和灵活性。考虑到卫星通信频带宽,信息速率高且变化范围大的特点,在目前的计算机技术水平上,如果设备功能全由软件来实现,由于软件的逐条运行指令的特点,即使采用多处理器来协同运算,也无法实现高信息速率下的实时处理,使其在卫星通信中的使用范围受到了限制。

综合上面的分析,可采用下面的设计思想是在卫星通信系统中应用软件无线电思想的一种切实可行的方案:a、设备进行模块化设计,各模块分别提供具有控制功能的软件接口;b、在各模块的设计上采用软硬件结合方式,合理配置软硬件负载,尽量多设计智能化的硬件子模块(如数字上/下变频器、可编程数字滤波器等)和采用商品化的可编程专用芯片(如 Viterbi 译码器、DDS 等),以减少软件负担。

3.2　通用的软件无线电平台

随着软件无线电技术的兴起,越来越多的人们开始使用软件无线电这一技术搭建新型无线通信系统,实现各种创新的想法。于是,很多开源社区、科研机构和公司都纷纷推出自己的通用软件无线电平台。本节将会介绍几个典型的软件定义无线电平台,例如 GNU Radio、USRP、SORA 系统等。

3.2.1　GNU Radio

1. 简介

GNU Radio 是一个开源的软件定义无线电平台,发起于 2001 年,现在是 GNU 的正式项目之一。它是一个学习、构建和应用软件无线电技术的工具包,同时也是一个连接射频信号发送/接收的硬件外设(USRP)和进行高速信号处理的通用计算机的桥梁。因其开源特点成为众多的研究者,包括学生、教师、无线工程师等的科研工具,并且从 2010 年起,已经连续举办了三届 GNU 开发者峰会,为越来越多的来自世界范围内的开发者进行技术交流提供了平台。

GNU Radio 起源于美国麻省理工学院计算机教研室的 Spectrum Ware 项目组,被改写后拥有了更强大的功能。GNU Radio 是一个用来搭建无线电通信系统的软件,它的开源性和对硬件(主要是 USRP)较少依赖的特点,实现了对无线电波传输方式的软件定义法,换句话说,如今那些高性能无线电设备中的数字调制问题都可以软件化,通过编程来实现:GNU Radio 提供信号运行和处理的模块,包括各种调制方式(GMSK、PSK、QAM、OFDM 等)、纠错码(R-S 码、维特比码、Turbo 码)、信号处理模块(最优滤波器、FFT、均衡器、定时恢复)和调度。用它可以在低成本的外部射频(RF)硬件和通用微处理器上实现软件定义无线电或无硬件的模拟环境。GNU Radio 的应用主要是用 Python 编程语言来编写的。但是其核心信号处理模块是 C++语言在带浮点运算的微处理器上构建的。所以开发者能够简单快速的构建一个实时、高容量的无线通信系统。GNU Radio 可以运行在多个操作系统上,最常用的是 Linux 系统,在没有射频 RF 硬件的境况下还可用作对预先存储或(信号发生器)生成的数据进行信号处理的算法研究的平台。

2. GNU Radio 架构与工作原理

GNU Radio 由 Python 语言、C++语言、汇编语言共同编写,结构清晰、性能灵活、功能强大。Python 语言是一种面向对象的高级编程语言,基于其脚本语言的属性,它可以省略编译直接执行,并且结构简单清晰。在 GNU Radio 软件架构中它处于上层,用来编写模块调用和交互界面。GNU Radio 中另一种关键高效的模块即是用 C++语言编写的信号处理模块,用来进行数字信号快速傅里叶变换(Fast Fourier Transformation,FFT)、滤波等的高速处理,还可以编写调制解调器和信道模块等等。此外,GNU Radio 中还有一种重要的编程语言——汇编语言,用来编写底层的驱动程序模块,内容涉及数模/模数转换的配置信息和现场可编程门阵列(FPGA)等。而除了其完善的语言编程架构外,GNU Radio 中的 100 个以上的信号处理

模块的库才是它的真正强大之处,而最能体现这一开源软件灵活性和扩展性的是,它提供了一种面向用户的模块自定义机制,用户可以根据自身需求建立新的处理模块并自定义其中的功能实现。最后还值得一提的是它的"流图机制",通过 Python 语言将各个信号处理模块连接起来形成一个系统,而用来创建流图的工具就是 swig 胶合剂。GNU Radio 的整体框架结构如图 3.4 所示。

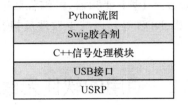

图 3.4 GNU Radio 架构

- Python 流图:Python 流图(flow graph)由 C++信号处理模块和模块之间的数据流两部分组成,它们分别充当流图中的结点(endpoint)和边(edge),当程序开始运行后,信号流在各个模块中按照一定的顺序流动,经过各个处理单元。Python 主要起了连接作用,将 flow graph 和 block 串联起来,恰当的设置参数后,它们成为一个完整的应用程序。流图中共有三种模块:只有输出端口的信号源模块(Source block)、只有输入端口的信号终端模块(Sink block)以及同时具有输入/输出这两种端口的一般信号处理模块(Processing block)。表 3.1 中介绍了 GNU Radio 中的关于 flow graph 的部分控制函数。

表 3. 1 流图中的控制函数

run( )	运行流图,有可能会自行停止
start( )	运行流图,不会自行停止
stop( )	停止正在运行的流图
wait( )	等待流图完成工作
lock( )	锁定流图来重新设定
unlock( )	解锁正在重新设定的流图

- C++信号处理模块(Block):GNU Radio 中最重要的部件当属各种各样的进行高速信号处理的模块(block),它们由 C++语言编写。滤波、调制解调、编码译码等这些对计算速度要求比较高的操作需要这些模块来完成,这也比较符合 C++语言在执行效率方面的高效性。刚刚提到 GNU Radio 中有一个功能强大完善的 block 库,其中包含超过 100 个常用模块,它们能实现滤波、FM 调制,卷积码编码译码等功能。理论上讲,数据流从输入端口流向信号 处理模块的输出端口。一个模块(block)的属性有输入端口数、输出端口数、流过它们的数据的类型。经常使用的数据流的类型有短整型(short)、浮点型(float)和复数(complex)类型。GNU Radio 有明确的 block 的命名规

则,block 的命名需要遵循这个规则。以 gc-receive-ff 这个 block 为例:gc 代表着这个模块属于哪个 package,package 类型多样主要在 Python 中使用;receive 是用户可自定义的模块名字,一般选择能表示 block 功能的名字;后缀 ff 代表了 block 的输入/输出数据类型。将多个 block 连接起来成为一个 flow graph 脚本文件才能使数据流在 block 之间高速流动,从而实现无线通信系统的功能。

- Swig 胶合剂:Swig 是一个用来实现 C++和 Python 之间接口转换的工具,它使用户用 Python 语言将 block 连接起来成为可能。
- USB/以太网卡口:GNU Radio 是安装在 PC 上的软件,可以通过 USB 或以太网口与硬件外设连接。
- USRP:GNU Radio 的通用硬件外设。

模块间的连接关系对于一个具体的应用是固定的,所以说流图模块串联机制能最大限度的体现 GNU Radio 的可扩展能力,体现了其强大功能和灵活性。根据 GNU Radio 的软件架构,运行支持环境在由模块和流图构造的应用程序层的下一层,主要功能涉及缓存管理、线程调度以及硬件驱动等。为了确保数据能够在模块之间高效的流动,GNU Radio 巧妙地设计了一套零拷贝循环缓存机制。此外,为了对信号处理流程进行控制以及对各种图形进行显示,GNU Radio 具有一套多线程调度机制。USRP、AD 卡、声卡等组成了 GNU Radio 的硬件组件,用户也可根据需求进行扩充。

3. GNU Radio 安装测试

GNU Radio 安装主要有三种方式:利用预编译的二进制文件;手动安装;使用 GNU Radio 编译脚本安装。下面分别对三种方式进行介绍,然后着重介绍本文选择的安装方式。

(1) 利用预编译的二进制文件

具体操作为运行命令:$ apt-get install gnuradio。这种方法看似非常简单,但是存在很多问题,首先 apt-get 安装方式是从预先设置的软件源中安装的。然而在这个软件源中的 GNU Radio 源程序可能已经很久没有更新了,版本会比较老;再者,这种方式安装非常缓慢,因为在安装的过程中需要下载很多的工具软件。

(2) 手动安装

这种方法具体操作是手动的从 git-hub 上下载 UHD 及 GNU Radio 的源码,然后一步一步的去编译这些代码。使用这种方法需要掌握 Linux 中的 Make 及 Cmake 等编译方法,而且在安装 GNU Radio 和 UHD 之前还需要先安装 Python、gcc 等工具,如果这些工具安装不完整的话将会出现无法编译的错误。

(3) 使用 GNU Radio 编译脚本安装

这种方法就是利用事先写好 bash 脚本文件来进行安装,其最大的优势是能够自动的下载并安装所有依赖性工具及文件库,能够同时下载安装 GNU Radio 及 UHD(USRP 的驱动程序),同时这种安装能够自动更新到最新的版本,而不需要卸载旧的版本。本书推荐使用这种安装方法,下面介绍详细步骤。

具体来说利用脚本安装有两种方式:fetching 模式和 no-fetching 模式。前者指如果是 fetching 模式,则只需要这个脚本既可以了,执行脚本文件会自动下载 GNU Radio 和 UHD 及相关的软件、工具和库文件,使用这种方法速度较慢。后者指事先下载好所需的软件包,然后执行编译就可以了,但是这种方式需要修改脚本的代码,使其在执行过程中不自动下载程序代码。这两种模式的区别如表 3.2 所示。

表 3.2　fetching 和 no-fetching 模式对比

特点\模式	fetching	no-fetching
是否需要单独下载程序源代码	不需要，执行脚本自动下载	需要事先下载所需的文件，如：GNU Radio 和 UHD
安装时间	很长，大约两三个小时	较短
软件版本	可以更新至最新版	与下载的软件包有关
灵活性	不高，自动安装脚本中的所有软件、工具	灵活性高，可以去除不需要的功能
是否需要修改脚本	不需要	需要修改脚本

本文将主要讲解使用 build-gnuradio 脚本，以 fetching 模式的安装过程。

第一步：在 GNU Radio wiki 上下载最新版的脚本文件，命名为 build_gnuradio；

第二步：改变该脚本的执行权限，命令为：$ sudo chmod a＋x build_gnuradio；

第三步：执行 build_gnuradio 脚本，命令为：$．/build_gnuradio。安装中会出现如图 3.5 所示的情况，再输入两次"yes"之后继续；

图 3.5　build_gnuradio 执行

第四步：安装完成后，将 Python 路径添加至./bashrc 中，命令为：$ sudo gedit~/.bashrc。将 PYTHONPATH＝/usr/local/lib/python2.7/dist-packages 添加到打开的文件文本的末尾，保存退出。

第五步：测试软件运行。在终端中输入命令：$ gnuradio-companion，就可以看到如图3.6 所示的 GRC 软件界面了，表示 GNU Radio 安装成功。

安装好后可以尝试运行/安装目录/gnuradioexamples/python/audio 下面的例子,例如 dial_tone.py,命令为：$./dial_tone.py。它将产生两个正弦波形并且把它们输出到 PC 的声卡,一个输出到声卡的左声道,一个输出到右声道。如果 GNU Radio 安装正常的话,会听到声卡发出声音,按下任意键程序就可以退出。这个实验可以证明 GNU Radio 的安装没有问题。

3.2.2　USRP

1. USRP 简介

通用软件无线电外设(Universal Software Radio Peripheral,USRP)是软件无线电平台的硬件组成部分,以计算机作为主机处理主体,在通信系统中充当数字基带和中频部分。USRP 是由 Matt Ettus 团队设计研发的,旨在制造一个相对廉价的软件无线电硬件平台,USRP 被各个研究实验室、大学机构和业余无线电爱好者广泛使用。USRP 通过高速 USB 或者千兆以太网线连接到主机电脑,电脑利用软件来控制 USRP 硬件实现数据的发送、接收。USRP 最新的一些系列还集成了嵌入式处理器,使得 USRP 不需要借助于主机电脑而独立的运行。虽然 USRP 本身不是免费的,但是用户可以从 Ettus 公司的网站上下载所有的电路、设计文件和 FPGA 的代码,这一点吸引了众多优秀的开发者贡献了大量的代码,丰富了软硬件平台的应用。USRP 通常与 GNU Radio 组合来创建软件无线电通信系统,被称为 GNU Radio 中的最重要的硬件合作伙伴。

2. USRP 的构成及工作原理

USRP 主要由母板和子板两个部分组成。母板主要包含以下子系统:时钟产生和同步、FPGA、模数转换器(A/D)、数模转换器(D/A)、主机处理接口和电源控制,这些都是基带信号处理所必须的基本组成部分。子板是 USRP 的射频前端,用于对模拟信号部分进行处理,比如上下变频、滤波,以及其他信号的调节。这种模块化的设计方式允许 USRP 覆盖从直流到 6 GHz 的整个频率范围,允许在这频率内的应用程序运行,包括了从调幅广播到超过 WiFi 的所有频率。USRP 的组成结构和硬件工作原理分别如图 3.6 和图 3.7 所示。

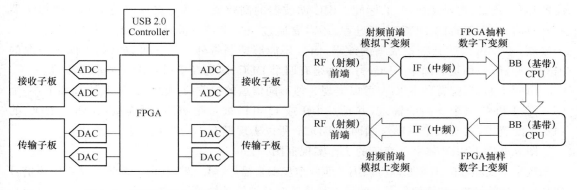

图 3.6　USRP 组成结构　　　　　图 3.7　USRP 硬件工作原理

当有信号传输到软件无线电平台之后,射频前端完成射频信号的模拟下变频到模拟中频,这个时候就需要用到 USRP 中的 ADC,将模拟信号转换为数字信号,转换出来的数字信号经过 FPGA 的作用之后变为基带信号,完成了从中频到基带的过程,最后基带信号通过网络连接线或者 USB 传输给计算机,在计算机中进行后续的数据操作。用户对信号的处理可以通过编程方式来实现,从而将通信系统的构建过程简单化、快捷化。

FPGA 作为 USRP 母板的中心部分,四周分别连接了四个高速 ADC 和四个高速 DAC,最后通过 USB 连接到计算机上。在了解了 USRP 的硬件组成部分之后,接下来需要去掌握和明白在 USRP 内部工作的时候,进行了哪些方面的操作,图 3.8 为 USRP 的模块结构图。FPGA 在结构上起着支撑和连接作用,在功能上则是完成了对信号信息的数学运算,对信号处理之后,可以使数据传输速率得以降低。

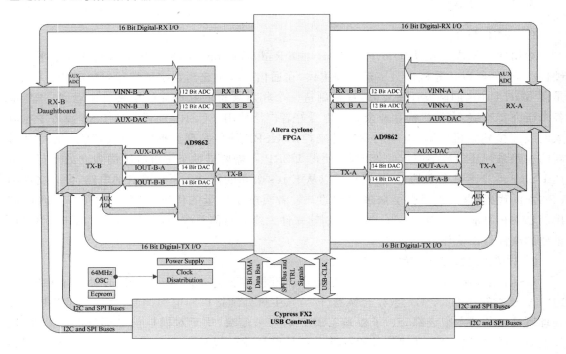

图 3.8 USRP 的模块结构图

USRP 中,需要对信号进行下变频操作(DDC 数字下变频器)通过四个 CIC(积分梳状滤波器)来实现,这也是 FPGA 的标配。CIC 滤波器的高效能是因为它只使用了其中的加法器和延时器,一个正常的 DDC 状态过程,还需要通过一个半带滤波器(31 抽头的)与 CIC 做一个级联,不仅可以达到频谱成型的效果,而且还能够抑制带外信号。可以有如下两种情况的 FPGA 配置,一种是有两个 DDC,另一种是有四个 DDC,区别在于后者没有半带滤波器。

由四个 DDC 配置的 FPGA 可以实现 3 种不同信道的接收(1 或 2 或 4),其原理如下:一个 DDC 有 I 和 Q 两个支路的输入,并且一个 I 或 Q 可以被每个 ADC 所连接,在四个 DDC 的 FPGA 配置中,共有四个 ADCs 和四个 DDCs,所以实现拥有不同接收信道。

图 3.9 为 USRP 数字下变频的工作实现框图。

数字下变频器的工作原理可以用下面两个步骤来描述:第一步,利用下变频器完成中频信号到基带信号的转换,在软件平台中的操作都是针对基带信号的;第二步,进行信号采样,一方面是由于 USB 传输速率的限制,另一方面是考虑计算机的处理速度。选取 N 作为采样因子,这个过程是先利用低通滤波器完成滤波功能,之后用下采样器去掉一段频谱,从而到达减小数字信号带宽的效果。可以让 USB 在带宽上保持着 32 Mbit/s 的传输速度。它所传输的数据符号都是由有符号整数正交组成,其中的有符号整数是 16 位 bit 大小。例如有两个 16 位大小的复信号数据 I 和 Q,我们对他们的复采样是每 4 个字节进行的。根据奈奎斯特准则(无码间串扰条件),利用这种复采样极值,使得最后在 USB 上传输的符号速率变为 8M symbol/s,也即为用户提供最大值约为 8 MHz 的总频道宽度。当然,频带宽度的大小也可以根据复采样的采样率变化而产生改变。举例来说,我们要设计一个调频带宽约为 200 kHz 的调频接收器,为了保证接收的数据频谱的完整性,我们设置 250 的抽选因子,并将复采样值的范围设在 [8,256] 之间,从而让数据在 USB 上的传输频率为 64 MHz/250～256 kHz,满足设定的 200 kHz 的频道带宽。最后,复信号经过调频接收器的采样之后传入 PC 上,并进入系统软件后续处理流程。

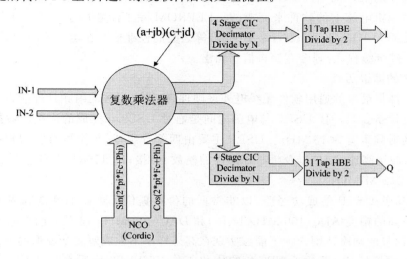

图 3.9　USRP 数字下变频的工作实现框图

发射信号的过程与接收信号的过程是正好相反的,首先利用 DUC(数字上变频器)对信号做内插操作,实现上变频到中频,然后借助于 DAC 完成数模转换的过程,最后将信号发送出去。图 3.10 为 USRP 数字上变频器的工作过程。

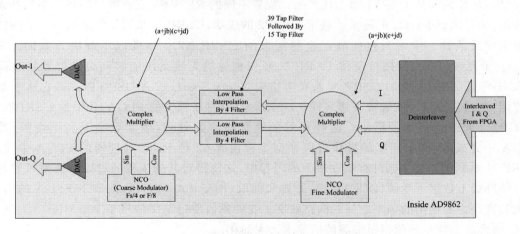

图 3.10　USRP 数字上变频器的工作过程

下面介绍子板的配置情况。USRP 母板提供了四个插槽,方便基本接收子板以及基本发送子板或者 RFX 子板接入母板,其中接收和发送各两个插槽,RF 接收接口、射频发射机以及调谐器等都是装载子板上的。母板上的插槽分别标注为 TXA、TXB、RXA 和 RXB,前两个用于连接发送子板,而后两个则是用来连接接收子板。每个子板插槽上都会提供 4 个高速 AD/DA 转换器,发送的信号主要来源于两个 DAC 输出,而接收的信号则是 ADC 的输入源。这种方式可以让每个子板都能拥有两个独立的射频部分,同时还带有两根天线,其中整个软基站系统一共有四个。在采样过程中使用复正交采样的方式则可以使每个子板都能够支持单一的射频部分。通常情况下,在每个子板上还会提供两个 SMA 连接器,这两个部分主要用来连接输入和输出信号。为了在子板频率规划的时候能够获得最大的灵活性,USRP 模板并不会提供抗混叠或者是重建滤波器。每个子板都需要有与其配套的系统才能够正常的工作,这个识别是由子板上的 I2C 的 EEPROM(带电可擦写可编程只读存储器)来标识的,子板对应系统的选择是由主机电脑上的软件来完成的。EEPROM 除了能够用于子板的识别外,还可以保存直流偏置或者 IQ unbalance(IQ 不平衡)等之类的校准值。在运行 USRP 软件之前需要对 EEPROM 进行编程,否则会有警告信息输出。

3. USRP 的演进历程

USRP 套件是最早的通用软件无线电外设硬件,提供入门级的射频处理能力,是比较廉价的软件无线电设备。第一代 USRP 与电脑之间是通过 USB2.0 完成的连接和数据的传输,双向发送的最高射频带宽为 16 MHz。USRP 主要由四部分组成,一个可重复编程的 FPGA、四个高速 ADC、四个高速 DAC 以及一些辅助性的模数 IO 接口。USRP 本身包含了两个收发子板,可以实现 2x2 MIMO。

USRP2 基于 USRP 的成功经验,以非常低的价格提供了更高的性能和更大的灵活性。更高速度和更高的精度 ADC(100 MHz 14 位)和 DAC(400 MHz 16 位)允许使用更宽波段的信号,增加了信号的动态范围。为了能够实现在高采样率下完成对复杂波形的处理,针对于高速数字信号处理器应用,进行了 FPGA 的优化工作。USRP2 用千兆以太网络接口替代了 USRP 第一代的 USB2.0,增加了链路的容量,发送或接收的射频带宽可以达到 50 MHz。USRP2 新增了一个 SD 卡,里面储存着 USRP2 的配置和固件,利用 SD 卡可以比较方便地实现编程。

USRP N 系列是 USRP1 第二代产品。配置不同的 RF 子板,它就可以满足不同软件无线电应用:从直流到 6 GHz 的需求。基于 USRP2 的成功,USRP N 系列提供了更高质量的性能和更大的灵活性。该系列包括满足定制需求的 USRP N210 和低成本解决方案的 USRP N200。千兆级的以太网接口使得 USRP N 系列构建的无线系统能够同时发射和接收高达 50 MHz带宽的 RF 信号。USRP N 系列构建于 Xilinx Spartan 3A-DSP FPGAs,它适于 DSP 的应用,使得复合信号能够被高速采样。USRP N210 基于强大的 FPGA,几乎是 USRP N200 的 150%,来迎合特殊的需求。两种型号的高采样率的处理,诸如数字上和下变频,是在 FPGA 中完成的,低采样率的操作可以在宿主或内含 32 位 RISC 处理器的 FPGA 中完成。USRP N 系列的配置和固件存储在板上的闪存中,这使得对其编程通过以太网便可容易完成。两路板上数字下变频(DDC)混频、滤波和抽取(始于 100 Mbit/s)汇聚于 FPGA 的信号。在把其变换为要输出的频率之前的两路数字上变频插值使得基带信号于 100 Mbit/s,DDC 和 DUC 结合高采样率还使得模拟滤波的要求大大简化。

USRP E 系列是 USRP 是用来构建独立的软件无线电系统的产品。USRP E100 系列结合了一个灵活的射频前端,FPGA 和一个嵌入式应用处理器,这允许嵌入式应用程序的独立操作,或者不需要完全处理能力的 CPU。产品内部包括一个 Xilinx 的 Spartan3A-DSP1800 FPGA,64 MSPS 的双通道 ADC,128 MSPS 的双通道 DAC 以及通过千兆以太网将数据传输到主处理器,I/O 包括立体声输入/输出接口、USB 主机、USB OTG,以太网和串行控制台,构建一个定制的 Linux 提供易于开发所需的驱动程序。USRP E100 可与内置的 GPDSO 模块或者外部引用同步,Overo 模块是用于带有直接存储器接口的 FPGA,使高级别信息带宽贯穿整个系统,这个接口支持 USRP 硬件驱动(UHD),它允许程序无痕运行的设计在主机上,USRP E100 系列的处理器可传输 8 MHz 的带宽。USRP 产口系列对比情况如表 3.3 所示。

表 3.3　USRP 产品系列对比情况

	总线系列	网络型接口系列(千兆以太网)	嵌入式系列(GPMC)
产品	USRP1 USRP B100	USRP N200 USRP N210	USRP E100 USRP E110
ADC/DAC	64 MSPS 12-bit/ 128 MSPS 14-bit	100 MSPS 14-bit/ 400 MSPS 16-bit	64 MSPS 12-bit/ 128MSPS 14-bit
宽带	8～16 MHz	25～50 MHz (Full Duplex)	4～8 MHz
推荐用于 MIMO		√	
内置处理器(独立)			√

4. USRP 测试

为了对 USRP 进行测试,需要保证 USRP 能够成功地连接至 PC,主要确保以下几点:

① PC 端已成功的安装所需的软件(包括 GNU Radio 和 UHD 或其他能够控制 USRP 的软件)。

② 保证射频子板已经正确安装至 USRP 母板。

③ 使用 USRP 时,要确保 USRP 和 PC 之间的物理连接已经正确建立。

- 使用 USRP 1 时,应保证 USRP 1 已经通电且 USB 线已经正确连接,USRP 模板上 LED 灯 D403 在每次上电之后快速闪烁;
- 在使用 USRP 2 或者 USRP N 系列时,应保证 PC 端所使用的以太网卡能够支持千兆的传输速率。当 USRP 2 或者 USRP N 系列设备端网口绿灯点亮时,说明 USRP 设备和 PC 端的网络连接已经成功建立。

④ 保证 USRP 的 FPGA 已经被正确配置。一般说来,用户拿到的 USRP 设备在每次上电之后其 FPGA 已经被正确配置,其 FPGA 程序更改方法请参看配置 USRP 部分。

- 对于 USRP 1 来说,其 FPGA 程序存储在 PC 上,每次上电之后在 PC 端运行 USRP 程序时通过 USB 线下载至 USRP。在配置过程中 USRP 1 母板上 LED 灯 D402 点亮,D403 熄灭。在配置完成后,D402 熄灭,D403 正常闪烁;
- 对于 USRP 2 来说,其 FPGA 程序存储在 SD 卡上,每次上电之后 USRP 读取 SD 卡中的文件完成 FPGA 的配置。USRP 2 前面板上 LED 灯 D 和 F 点亮 1,表示 USRP2 的 FPGA 已经被配置;
- 对于 USRP N 系列来说,其 FPGA 程序存储在母板一片 Flash 芯片内,每次上电之后 USRP 读取其中的内容完成 FPGA 的配置。USRP N 系列前面板上 LED 灯 D 和 F 点亮,表示 USRP N 系列已经被配置。

UHD 提供了对所有 USRP 产品的一个统一的驱动和 API,目前可运行于 Windows,Linux 和 Mac OS,在不同的操作系统下有不同的安装方法,大体类似。在安装 GNU Radio 时,如果采用的是 Fetching 模式,则默认会安装 UHD。从源码安装的命令如下(如果 UHD 的源代码在～/uhd/目录下):

- cd～/uhd/host
- mkdir build
- cd build
- cmake../
- make
- sudo make install
- sudo ldconfig-v

UHD 中提供了若干程序用以测试 USRP 和 PC 之间的连接。在运行程序时需要以管理员权限执行。使用 UHD 时,由于 UHD 使用了基于 UDP 的以太网通信协议,需要更改 PC 端 IP 地址。UHD 下 USRP 默认的 IP 地址为 192.168.10.2。因此 PC 对应网口的 IP 地址应配置如下:

- IP:192.168.10.1
- Mask:255.255.255.0
- Gate:192.168.10.2

下面介绍基于 UHD 的测试范例:

(1) uhd_find_devices:能够打印输出连接至 PC 的 USRP 设备基本信息。

在终端进入该程序所在的目录,输入:

sudo./uhd_usrp_probe--help

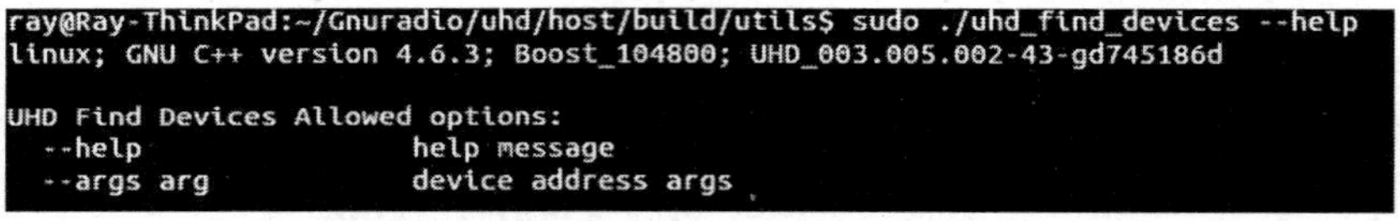

```
ray@Ray-ThinkPad:~/Gnuradio/uhd/host/build/utils$ sudo ./uhd_find_devices --help
linux; GNU C++ version 4.6.3; Boost_104800; UHD_003.005.002-43-gd745186d

UHD Find Devices Allowed options:
  --help               help message
  --args arg           device address args
```

图 3.11　运行 uhd_find_devices--help 效果图

如图 3.11 所示,可以看到帮助信息下其参数有两个:

--help 用于打印输出帮助信息;

--args 用于区别多台 USRP 设备中的某台设备。

在 UHD 中,可以使用设备的序列号,IP 地址,设备名称和设备类型四种标识来区分。这四种标识对应的名称和内容如表 3.4 所示。

表 3.4　UHD 标识符对应的名称和内容

标识号	名称	内容
序列号	serial	序列号值
IP 地址	addr	192.168.10.2
设备名称	name	默认为空
设备类型	type	usrp1,usrp2,etc..

因此,在 uhd_find_devices 后输入--args＝addr＝192.168.10.3,表示仅查找连接至 PC,IP 地址为 192.168.10.3 的 USRP 设备;输入--args＝type＝usrp1,表示仅查找连接至 PC 的 USRP1。如图 3.12 所示,直接输入 sudo./uhd_find_devices 可以查看当前与 PC 连接的 USRP 的基本信息。

```
ray@Ray-ThinkPad:~/Gnuradio/uhd/host/build/utils$ ./uhd_find_devices
linux; GNU C++ version 4.6.3; Boost_104800; UHD_003.005.002-43-gd745186d

---------------------------------------------
-- UHD Device 0
---------------------------------------------
Device Address:
    type: usrp2
    addr: 192.168.10.2
    name:
    serial: 4095
```

图 3.12　运行 uhd_find_devices 效果图

（2）uhd_usrp_probe：能够打印输出连接至 PC 的 USRP 设备详细信息。

在终端进入该程序所在的目录，输入：

sudo. /uhd_usrp_probe--help

如图 3.13 所示，可以看到帮助信息下其参数有五个：--help 用于打印输出帮助信息；--version 打印出 UHD 的版本信息；--args 用于区别多台 USRP 设备中的某台设备；--tree 用于指定打印完整的属性树；--string 用于打印属性树中某个指定的值。

```
ray@Ray-ThinkPad:~/Gnuradio/uhd/host/build/utils$ sudo ./uhd_usrp_probe --help
linux; GNU C++ version 4.6.3; Boost_104800; UHD_003.005.002-43-gd745186d

UHD USRP Probe Allowed options:
  --help                 help message
  --version              print the version string and exit
  --args arg             device address args
  --tree                 specify to print a complete property tree
  --string arg           query a string value from the properties tree
```

图 3.13　运行 uhd_usrp_probe--help 效果图

如图 3.14 所示，直接运行 sudo. /uhd_usrp_probe 可以查看当前连接的 USRP 的详细信息。

```
ray@Ray-ThinkPad:~/Gnuradio/uhd/host/build/utils$ ./uhd_usrp_probe
linux; GNU C++ version 4.6.3; Boost_104800; UHD_003.005.002-43-gd745186d

-- Opening a USRP2/N-Series device...
-- Current recv frame size: 1472 bytes
-- Current send frame size: 1472 bytes
  _____
 /
|       Device: USRP2 / N-Series Device
|     _____
|    /
|   |       Mboard: N???
|   |     mac-addr: ff:ff:ff:ff:ff:ff
|   |     ip-addr: 255.255.255.255
|   |     subnet: 255.255.255.255
|   |     gateway: 255.255.255.255
|   |     gpsdo: none
|   |     serial: 4095
|   |     FW Version: 12.3
|   |     FPGA Version: 10.0
|   |
|   |     Time sources: none, external, _external_, mimo
|   |     Clock sources: internal, external, mimo
|   |     Sensors: mimo_locked, ref_locked
|   |     _____
|   |    /
|   |   |       RX DSP: 0
|   |   |     Freq range: -50.000 to 50.000 Mhz
|   |   |     _____
|   |   |    /
|   |   |   |       RX DSP: 1
|   |   |   |     Freq range: -50.000 to 50.000 Mhz
|   |   |   |     _____
|   |   |   |    /
|   |   |   |   |       RX Dboard: A
|   |   |   |   |     ID: WBX, WBX + Simple GDB (0x0053)
```

图 3.14　运行 uhd_usrp_probe 效果图

（3）benchmark_rate：能够测量 USRP 发送和接收的基准速率。

在终端进入该程序所在目录，输入：

sudo. /benchmark_rate-help

如图 3.15 所示，--help 和--args 的功能不再赘述；--duration 用于指定测试的时间；--rx_otw 和--tx_otw 分别用于为接收和发送过程指定在线采样模式；--rx_cpu 和—tx_cpu 分别用于为接收和发送过程指定主机 CPU 采样模式；--mode 用于指定多信道同步模式；--rx_rate 和--tx_rate 用于指定接收和发送的速率，如果仅指定了--rx_rate 或--tx_rate 中的一个则分别代表仅进行接收测试和仅进行发送测试；--rx_rate 和--tx_rate 都指定可以进行全双工测试。

图 3.15　运行 benchmark_rate--help 效果图

运行 sudo. /benchmark_rate--duration 20--tx_rate 1e6--rx_rate 2e6 的效果图如图 3.16 所示。可以看到发送的采样点数为 20220189，接收的采样点数 39960129，接收的采样点数近似为发送点数的两倍，符合设置的发送速率和接收速率的关系。

图 3.16　运行 benchmark_rate 效果图

（4）txrx_loopback_to_file：能够发送通过程序产生的数据并接收到本地的文件中，用来测试 USRP 的回环通路。

在终端进入该程序所在目录,输入:

sudo. /txrx_loopback_to_file-help

如图 3.17 所示,--tx-args 和--rx-args 分别用于指定发送设备和接收设备,不指定则默认为本机;--file 和--type 分别用于指定接收的文件名和存储在文件的数据类型;--nsamps 为接收的总的采样点数;--settling 指定接收前的等待时间;--spb 指定每个缓冲区(buffer)的采样点数;--tx-rate 和--rx-rate 分别用于指定发送和接收速率;--tx-freq 和--rx-freq 分别用于指定射频发送和接收频率;--ampl 用于指定波形的幅度;--tx-gain 和--rx-gain 分别设置发送增益和接收增益;--tx-ant 和--rx-ant 分别用于指定子板的发送天线和接收天线;--tx-subdev 和--rx-subdev 分别用于指定子板的发送和接收子设备;--tx-bw 和--rx-bw 分别用于指定子板发送和接收中频滤波器的带宽;--wave-type 用于指定波形的种类,--wave-freq 用于指定波形的频率;--ref 用于指定参考时钟源;--otw 用于指定在线采样模式。

图 3.17　运行 txrx_loopback_to_file--help 效果图

例如运行 sudo. /txrx_loopback_to_file--rx-rate 5e6--tx-rate 5e6--rx-freq 0.95e9--tx-freq 0.95e9~/test. file--nsamps 4096--spb 256--wave-type SINE-wave-freq 0.5e6--type float--tx-bw 16e6--rx-bw 16e6--setting 0.2 的作用是程序产生一个频率为 0.5 MHz 的正弦波,并在 950 MHz 的频率,带宽为 16 MHz 的频段上以 5 Mbit/s 的速率发送,接收端在相同的频段和带宽上以相同的速率将接收的数据以浮点型的类型保存于 text. file 文件中,同时还设置了 0.2 s 的接收等待时间。

(5) uhd_fft:一个基于 GNU Radio 的 Python 程序,能够将 USRP 2 接收到的信号做 FFT 运算后以图形界面显示。

在终端进入该程序所在目录,输入:

sudo. /uhd_fft--help

显示的帮助信息如图 3.18 所示。

直接运行 sudo. /uhd_fft 会弹出如图 3.19 所示的界面,可以直接在相应的框图中输入相应的参数来实现所需的效果。

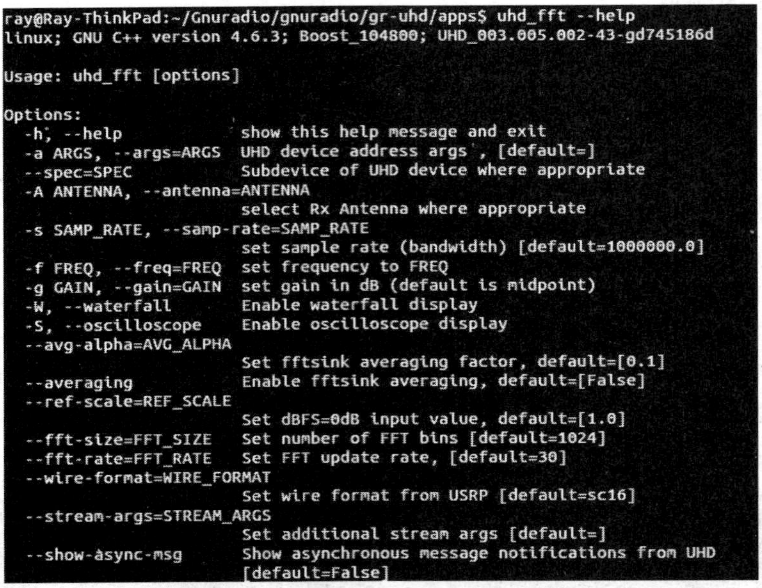

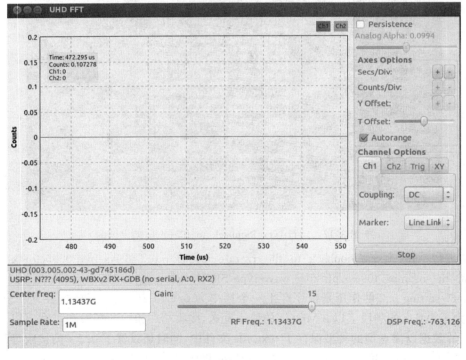

图 3.18　运行 uhd_fft--help 效果图

图 3.19　运行 uhd_fft 效果图

GNU Radio 作为一个开源的软件无线电项目,在提供了对 USRP 的硬件驱动和控制使用方法的同时,也提供了大量的开源软件无线电应用代码。前面已经介绍过 GNU Radio 的安装,这里不再赘述,下面介绍使用 GNU Radio 的测试。

(1) gnuradio-companion:是 GNU Radio 的 GUI 工具,可以通过选择各种信号处理模块来构建信号处理流图,可以显示和分析信号,并可以仿真频谱分析仪和示波器。

如图 3.20 所示,右边窗口中有各种 block 供选择,双击一个 block,就会放到左边的图中。上图建立了一个简单的流图,一个正弦波的信号源,连接到一个示波器。单击工具栏的"运行"按钮,流图就会运行。gnuradio-companion 有一些非常简单的模块,可以实现的功能很弱,用户可以根据需要开发自己的模块。

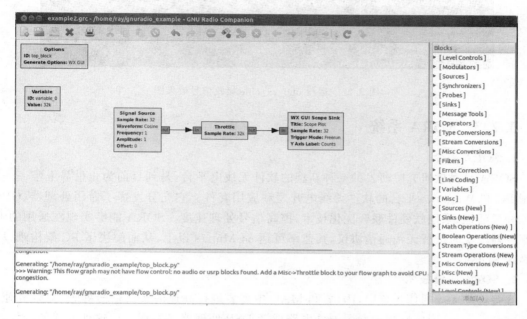

图 3.20　运行 gnuradio-companion 效果图

(2) uhd_rx_cfile:接收数据并保存到指定的文件中。

在终端进入该程序所在目录,输入:

sudo. /uhd_rx_cfile--help

显示帮助信息如图 3.21 所示,运行 sudo. /uhd_rx_cfile-f 2.0G-g 40-s-v-N 100～/test. file,意为在 2.0G 频点上接收 100 个采样点到 test. file 文件中,并设置增益为 40 dB,效果如图 3.22 所示。

```
ray@Ray-ThinkPad:~/Gnuradio/gnuradio/gr-uhd/apps$ uhd_rx_cfile --help
linux; GNU C++ version 4.6.3; Boost_104800; UHD_003.005.002-43-gd745186d

Usage: uhd_rx_cfile: [options] output_filename

Options:
  -h, --help               show this help message and exit
  -a ARGS, --args=ARGS     UHD device address args , [default=]
  --spec=SPEC              Subdevice of UHD device where appropriate
  -A ANTENNA, --antenna=ANTENNA
                           select Rx Antenna where appropriate
  --samp-rate=SAMP_RATE    set sample rate (bandwidth) [default=1000000.0]
  -f FREQ, --freq=FREQ     set frequency to FREQ
  -g GAIN, --gain=GAIN     set gain in dB (default is midpoint)
  -s, --output-shorts      output interleaved shorts instead of complex floats
  -N NSAMPLES, --nsamples=NSAMPLES
                           number of samples to collect [default=+inf]
  -v, --verbose            verbose output
  --lo-offset=LO_OFFSET
                           set daughterboard LO offset to OFFSET [default=hw
                           default]
  --wire-format=WIRE_FORMAT
                           set wire format from USRP [default=sc16
  --stream-args=STREAM_ARGS
                           set stream arguments [default=]
  --show-async-msg         Show asynchronous message notifications from UHD
                           [default=False]
```

图 3.21　运行 uhd_rx_cfile--help 效果图

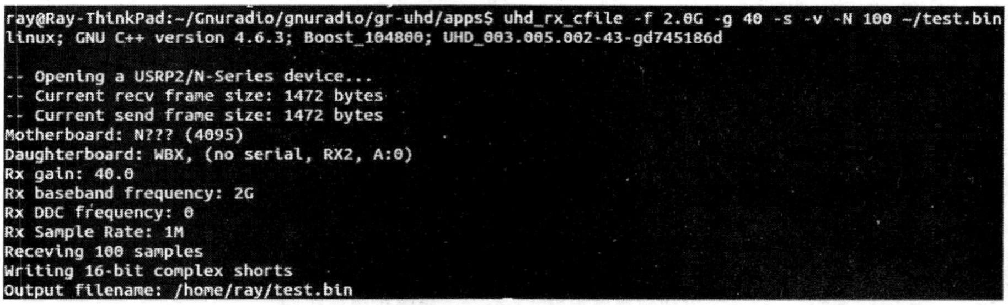

图 3.22　运行 uhd_rx_cfile 接收信号效果图

3.2.3　SORA 系统

1. SORA 简介

SORA 是微软研究院研发的一种新型的软件无线电平台,是到目前为止世界上唯一一款基于 PC 和 Windows 平台的软件无线电开发和应用套件。它充分发挥了通用处理器(GPP)性能和灵活性,采用软硬件联合优化技术,提高信号处理速度。SORA 能够实现在通用的 PC 或服务器上实时运行无线通信协议,其速率可达 54 Mbit/s 以上,从而解决了 PC 架构难以实现高速 SDR 这一难题。

2. SORA 关键技术

在传统的无线通信系统中,PHY 和 MAC 中需要进行高速的实时信号处理,对计算速度有非常高的要求,因此通常由专用硬件电路或者 DSP 处理器来实现。而这种方式的设计、更改和升级都比较困难,需要有较高的硬件设计水平,非常不适于作为科学研究或者算法工程师的研究平台。但是基于通用处理器(GPP)PC 和运行于其上的软件都不是针对无线通信的信号处理而设计的,因此很难达到高性能的实时通信。例如,前面介绍的 USRP 的一些系列只能实现在 8 MHz 带宽上 100 kbit/s 的实时通信,而高速宽带的无线通信系统,例如 802.11a 需要在 20 MHz 宽带上达到 54 Mbit/s 的数据率,这完全是两个不同的数量级。

基于 PC 架构的特殊性,在 PC 上开发软件无线电,需要解决以下三个技术难点:

(1) 运算能力:无线通信的算法需要大量的计算,而且为了保证实时性,很多计算又是突发性的。按照通常的算法,仅实现 802.11a 所需要的计算量已经超过了单核 CPU 的能力,而且 CPU 还要承担计算机运行的众多其他的管理任务。因此必须充分发挥 GPP 的性能才能保证上述的计算任务。目前主流的 GPP 都是采用多核架构,所以如何将多核的计算能力汇聚起来,通过软件实现通信协议是一大挑战。

(2) 实时性:无线通信系统是一个实时系统,有很多响应门限,为了保证正常通信,这些门限都必须满足。因此,低延迟的控制方法也很重要。例如。802.11 系列的 MAC 层协议要在几个微秒内就可以得到响应,而 PC 操作系统的实时性仅为毫秒级,很难实现上述要求。

(3) 总线速度:高速宽带的无线信号需要很高的采样率,因此需要高速的输入/输出带宽。PC 常用的高速串行接口可以支持 400 Mbit/s 的速度。而为了实现 WiFi,SORA 平台则至少需要 1.4 Gbit/s 的速度;如果要支持 802.11n,则需要 5～10 Gbit/s 的速率。

SORA 系统同时采用硬件和软件技术来解决这些挑战。

第一,利用实时操作系统,SORA 将多核 PC 中的几个核从操作系统中单独分隔出来,专门用于软件无线电的计算,普通任务无法再对这些核进行调度。因此软件无线电的实时性得到了保障。

第二,SORA 利用 PC 的硬件优势,采用了与传统嵌入式系统完全不同的实现方式。例如,在 CPU 架构上,大量的利用查找表的方式来加速运算。

例如,通信中常用到的 soft demapper。一般的做法需要计算一个似然比,需要很多个欧氏距离,同时还有很多除法和对数运算。而如果用查找表,我们可以把所有可能的接收信号(一个量化的复数)都算出它的软信息值,存成一个表,然后计算的时候只需要查表就可以了。再比如,802.11a/g 中 64QAM 解映射的查找表,大小为 1.5KB。所以 802.11 中半数以上的物理层算法都可以用 LUT 来实现,加速比大约是 1.5x~50x。802.11a/g 的全部的查找表总共大约 200KB,而 802.11b 大约是 310KB,这些都能够轻易的存储在 CPU 的 L2 cache 中。而这在嵌入式系统中是不可想象的。因为在传统嵌入式无线系统中,存储器一直是一个稀有资源。

第三,SORA 充分利用的现代 CPU 的多项特性,例如高速缓存和 SIMD 指令同时可以利用多个 CPU 核并行加速算法的执行。这些软件优化技术大大提高了信号处理算法在 CPU 上的执行速度,从而可以满足实时通信的要求。

最后,SORA 重新开发了一块新的 PC 输入/输出板卡,称为无线控制板。无线控制板采用了最新的 PCIe 总线接口标准,可以实现 10 Gbit/s 以上的传输速率。因此,可以满足大部分无线技术的传输需要。无线控制板连接无线收发天线和 PC,并在它们之间高速地传输数据。

为了更好的适应不同需求,SORA 采用了接口转换母板加多种射频子板的形式,将应用范围扩展到多个频段,涵盖实验应用的多个范围。

3. SORA 的系统结构

如图 3.24 所示,SORA 的硬件部分包括 RCB 板(图 3.23)和射频前端两部分。RC 板的功能主要是"接口",可以成为接口板。它负责把输入的基带数据流,通过 PCIe 接口送入内存;它的另外一个功能是用各种 buffer 把严格同步的基带数据跟异步的 CPU 连接在一起,使得 CPU 可以处理一些需要快速响应的操作。因此,RCB 板是一个与 SORA 软件紧密关联的部分。而射频前端则不同,射频前端与 SORA 实际上的相互独立的。射频前端完成射频信号收发和 AD/DA 转换。SORA 可以连接不同厂家的射频板卡,比如 WARP 和 USRP 的射频板卡都可以。这样做的目的是,让 SORA 仅仅只是一个平台,可以用在各种不同的系统中。

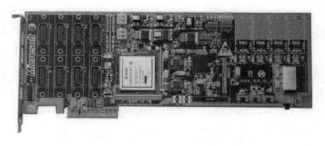

图 3.23 RCB 板卡

RCB 板的 PCIe 接口,理论上可以支持高达 64 Gbit/s(PCIe x32)的吞吐量,目前的产品一般可以支持几个 G 左右的吞吐量,这样的吞吐量应该可以满足目前的大部分无线通信系统。

图 3.25 为 SORA 软件部分的总体架构。SORA 目前的 SDK 应该包括其中的 RCB 管理器和 SORA 支持库部分。

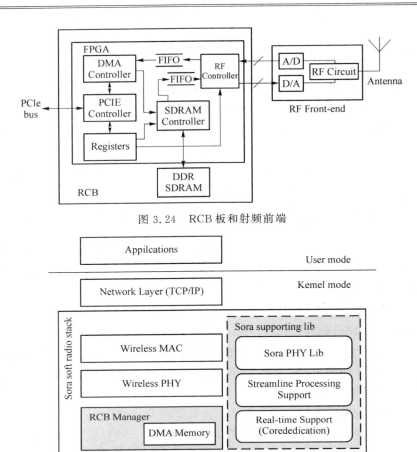

图 3.24　RCB 板和射频前端

图 3.25　SORA 软件架构

3.2.4　其他的 SDR 平台简介

- Vanu：首个采用计算机架构来制造移动通信基站的公司。它是从 MIT 的一个研究项目 分离出来的公司。Vanu 生产了第一个 通过 FCC 认证的 SDR 的 GSM/CDMA 双模基站。并且在一个叫 Mid-Tex 的小型运营商那里首次得到了商用。我想这也体现了计算机架构的基站 的处理能力是很有限的,还不能在用户数量很大的地方使用。
- 华为/中兴：华为和中兴也有称之为 SDR 的多模基站产品。不过他们的产品主要特点其实是 RRU-BBU 架构。RRU(Remote Radio Unit)同时支持 GSM 和 3G 两种制式,有一个宽带的功放,比如 20 MHz,可以同时支持几个 3G 的载波再加几个 GSM 的载波,现在已经升级到了 LTE,支持一个 20 MHz 载波。而 BBU(Base Band Unit)的部分是可以在不同制式间更换的,目前是通过更换 ASIC 板的方式,将来可以变为例如 FPGA/DSP 甚至计算 机架构,直接用软件升级。因为目前基站中最昂贵的部分是射频单元,所以如果射频单元可以保持不更换,就可以节省运营商的投资。因此这种方案适合运营商逐步的升级网络,逐步减少 GSM 载波,更换为 3G 载波,最后换为 LTE 载波。华为和中兴在宽带 RRU 的研发上作出了很大的贡献,使得一个宽带的 RRU 可以保证各种不同制式对于射频指标的要求。

- Picochip：Picochip 公司的产品都是基于他们的 PicoArray 来做的。PicoArray 是一种 DSP cluster，或者称为多核 DSP。通过多个 DSP 并行处理，提供高速的运算能力。Picochip 主要的产品是家庭基站。这也是由 PicoArray 的特点决定的，它的体积和功耗较大，不适合做终端，计算能力又不是非常强，所以不适合大规模的宏站。

- Intel＋Aricent：Intel 公司非常适合做 SDR 的，因为它了解 CPU 该如何优化才更适合进行信号处理。而 Aricent 公司则非常擅长做通信协议栈。所以 Intel 和 Aricent 联手提出了所谓 LTE eNode B solution。但这个解决方案公开的资料非常有限，但可以知道的是 Intel 的多核处理器加上 Aricent 的软件，就可以实现一个 LTE eNode B。

- Icera：Icera 是一个 2002 年创立的英国基带和射频芯片制造公司，它做的是终端侧的 SDR 产品。他们称自己的产品是世界上第一款为终端设计的高性能软件无线电参考设计。其产品的核心是一块高性能的 DSP 芯片，通过在上面装载各种制式的软件，从而支持从 GSM 到 LTE 等一系列模式，适用于智能手机和数据卡。Icera 公司已于 2011 年 5 月被 NVIDIA 公司收购。

- Cognovo：Cognovo 公司比 Icera 更年轻，是 2009 年从 ARM 分离出来的。他们的理想是做出另一个类似 ARM 的产品，让终端制造商可以他们的平台通过软件开发的方式，快速的生产符合新标准的产品，而无需等待上游芯片厂家开发专用的新标准的芯片。2010 年，Cognovo 推出了软件定义调制解调（SDM）平台，该平台旨在大幅降低蜂窝手机及其他支持无线的消费电子产品开发商的成本、规模和设计复杂性。该公司于 2012 年 6 月被 U-blox 收购。

- Beagle：Beagle board 是一个开放的硬件项目，它是一个基于 TI OMAP3530 处理器（ARM Cortex A-8 core）的单板计算机，一个非常廉价的平台。所以很多喜欢廉价的 USRP 的人，用它与 USRP 连接，建立一些小型系统，因此在 GNU Radio 社区中备受关注。

- WARP：WARP 是莱斯大学针对科研工作开发的一个 SDR 平台，采用 OFDM 技术，使用 Xilinx 芯片，可工作在多频段，主要用于算法验证。WARP 是一个包括定制的硬件、支持包、设计工具和应用程序库的完整系统。它的硬件平台采用 Xilinx Virtex-II Pro FPGA 来优化数字信号处理。因此它的性能无论是 AD/DA 转换速率还是 FPGA 容量等，包括射频器件的品质都要比 USRP 高一些。作为但相应的，WARP 的价格也较贵，因此它的用户主要是一些大的高校实验室和大公司，比 USRP 的用户群小一些。

- IBM：IBM 和索尼、东芝共同开发的 cell 处理器是一种含有多个 SPU（Synergistic Processing Element）的处理器，具有很强的并行处理能力。它主要是为 PlayStation3 设计的，用于处理游戏中大量的图像数据。cell 处理器也适用于医疗图像处理，雷达和声纳信号处理，IBM 还用它来制造超级计算机。因为 cell 处理器的这种并行处理能力，所以它非常适合于 SDR 开发，IBM 的研究团队在 2007～2008 年，在 PlayStation3 上开发了 WiMAX 的物理层（不包含射频模块）。GNU Radio 社区中也有很多人用 PlayStation3 来开发他们的 SDR 应用，因为 PlayStation3 也可以安装 Linux，而且也有 USB 接口。2009 年，IBM 宣布要停止 cell 处理器的研发，不过他们仍然会将 cell 处理器的技术应用到其他的产品中，结合 GPU（Graphic Processing Univ），把一种混合的架构作为将来的研发方向。

综上，首先，现在已经有越来越多的非传统电信厂商通过 SDR 技术进入电信领域；其次，原先对于 SDR 技术在终端侧应用大家都有所顾虑，而现在已经有公司专门为终端设计出低功耗小体积的 SDR 平台，也许离真正的 SDR 手机出现已经不太遥远了。最后，随着 SDR 技术的不断成熟和影响力的逐渐加深,越来越多得 SDR 初创公司涌现了出来,而通信行业的传统巨头公司为了保持在行业内的领先性,不断的发起针对这些小公司的收购,从一定程度上促进了 SDR 的技术发展,因此 SDR 技术势必掀起无线通信领域新的浪潮。

3.3 软件无线电实现的各种制式接入网络

3.3.1 OpenBTS

1. 简介

OpenBTS 是一个基于 Unix 的开源软件。它使用软件无线电(SDR)平台充当 GSM(基站,BTS)的空中接口(UM Interface)来连接标准的 GSM 手持设备,并使用 SIP 软交换协议或 PBX 进行呼叫连接。因此可以认为 OpenBTS 是一个使用 2G 手持设备的简化版的 IP 多媒体系统(IMS)。基于全球标准的 GSM 空中接口同低廉的 VoIP 信令信息隧道(backhaul)相互结合来构建一个全新的蜂窝移动网络,相比现存的技术它可以以极其低廉的成本进行构建和运营乡村蜂窝网络或者偏远地区的私人网络。

OpenBTS 有下面两种发布形式:

P 版(公共发行版-The public release):公共发行版 P 版的版权归属自由软件基金会(FSF-Free Software Foundation),使用 AGPLv3 许可证。公共发行版 P 版商业版的一个分支,其目的用于试验、教育、及对项目的评估及建模(proof-f-concept)。

C 版(商业发行版-The commercial release):商业发行版 C 版是使用 GPL 及 non-GPL 混合许可证的安装在 Range Networks 产品内。Range Networks 也为商业客户提供客户门户,通过它便可以得到安装在 OpenBTS 的归属 GPL 的部分的源码。"C"版针对安全、规模特性及多站网络(multi-BTS Network)操作等提供一些额外的功能。"C"版适用客户是:意图为工业、政府及商业应用提供蜂窝移动服务者,其知识产权策略或其商业模式同 GPLv3 相左或有商业支持、网络侦测或其他职业服务需求者。

图 3.26 为 OpenBTS 的系统框图,其中黑线为网络连接(SIP),红线为文件系统连接(sqlite3 查找)。蓝线为 ODBC(网络/本地数据库查找)。

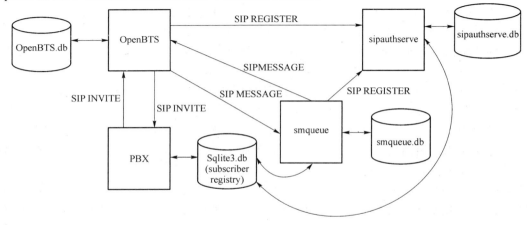

图 3.26 系统框图

2. 安装测试

一个完整的 OpenBTS 主要包含以下组件：

（1）OpenBTS 本身：OpenBTS 实现 GSM 中 TDMA 部分的从 L2 到 L3 以及 L3 与 L4 的边界接口，其中 SIP 的端口号是 5062。

（2）Transceiver：为软件无线电解调器，实现 L1 的底层部分。

（3）SIP PBX/softswitch（Asterisk，FeeeSWITCH 等）：这个组件用于连接语音通话。它在 SIP 接口中的端口号 5060，OpenBTS 本身不包含这部分的代码。

（4）Sipauthserver：SIP 注册授权服务器，用于处理 OpenBTS 中的位置更新请求，并在用户登记数据库中执行相应的更新。它在 SIP 接口中的端口号为 5064。

（5）Smqueue：存储转发文本消息的收发服务器。它需要被独立的启动。在 SIP 接口中的端口号为 5063。

（6）Rrlpserver：是 RRLP 辅助服务器，它作为 Web 服务器中的 CGI 脚本运行。如果 RRLP 没有被使用的话，Rrlpserver 就不需要。

OpenBTS 支持三种类型的硬件：Range Equipment（如：RAD1）；Fairwaves UmTRX（使用自带的 UHD 版本）；Ettus 的 USRP 设备（包括：B100，B200，B210，E100，E110，USRP1，USRP2，N200，N210）。原则上，OpenBTS 应该安装在 Unix 或者类 Unix 的操作系统中，但是由于 OpenBTS 大部分的开发者使用 Ubuntu10 或者 12.04 LTS 系统，因此 OpenBTS 也很好的兼容 Ubuntu 系统，下面主要针对 Ubuntu 系统介绍 OpenBTS 的安装过程。

安装过程：

（1）源码获取

使用 svn 从源码库获取源码，命令为：

svn co http://wush.net/svn/range/software/public

（2）依赖库的安装

编译 OpenBTS 需要先安装的库有：autoconf、libtool、libosip2、libortp、libusb-1.0、g++、sqlite3、libsqlite3. dev（仅针对 sipauthserve）、libreadline6-dev、libncurses5-dev。

安装的命令为（针对 Debian 和 Ubuntu）：

```
sudo apt-get install autoconf libtool libosip2-dev libortp-dev libusb-1.0-0-dev g + + sqlite3
libsqlite3.dev erlang libreadline6-dev libncurses5-dev
```

因为 libata53 的源码在包含在 OpenBTS 中，因此需要单独安装，命令为：

```
cd a53/trunk
sudo make install
```

（3）对于 Range Equipment 设备，由于没有扩展的依赖，因此安装命令较为简单：

```
cd openbts/trunk
autoreconf-i
./configure
make
```

安装完成后，还需要安装和建立适合于你所使用的硬件收发器的链接。对于 Range 网络基站单元，这些链接为：

```
(from OpenBTS root)
cd apps
make
```

```
ln-s../TransceiverRAD1/transceiver.

ln-s../TransceiverRAD1/ezusb.ihx.

ln-s../TransceiverRAD1/fpga.rbf.
```

对于 UmTRX 设备,首先需要安装对应的 UHD,UHD 的安装在前面已经有了说明。使用 uhd_usrp_probe 可以查看所使用的 UHD 的版本。

对于通用的 UHD 设备,安装命令如下:

```
cd openbts/trunk

autoreconf-i

./configure--with-uhd

make
```

然后需要创建符号链接来使能 Transceiver52M 的执行:

```
♯(from OpenBTS root)

cdapps

ln-s../Transceiver52M/transceiver
```

对于 USRP 设备,如果使用的是 USRP1,则需要先安装 GNU Radio。对于两个子板的配置(Tx 在 A 端,Rx 在 B 端),安装命令为:

```
cd openbts/trunk

autoreconf-i

./configure--with-usrp1

make
```

安装好之后,还需要安装和建立适合于你所使用的硬件收发器的链接。对于 USRP1,命令为:

```
♯(from OpenBTS root)

cd apps

ln-s../Transceiver52M/transceiver.


♯and for the USRP1,install std_inband.rbf

sudo mkdir-p /usr/local/share/usrp/rev4/

sudo cp../Transceiver52M/std_inband.rbf /usr/local/share/usrp/rev4/
```

(4) OpenBTS 配置

为了使 OpenBTS 能够正确的运行,需要对其进行适当的配置。OpenBTS.db 是包含 OpenBTS 中所有配置文件的数据库,需要将它安装在/etc/OpenBTS 目录:

```
(from the OpenBTS directory)

sudo mkdir /etc/OpenBTS

sudo sqlite3-init./apps/OpenBTS.example.sql /etc/OpenBTS/OpenBTS.db ".quit"
```

然后运行:

```
sqlite3 /etc/OpenBTS/OpenBTS.db.dump
```

对数据库进行测试。

(5) OpenBTS 运行

对安装好的 OpenBTS 做基本的测试:

```
(from OpenBTS root)

cd apps
```

```
sudo./OpenBTS
```

如果 OpenBTS 安装正常,应该有如下的输出:

```
system ready
use the OpenBTSCLI utility to access CLI
```

OpenBTS 正常运行后,可以用手机搜索到一个 00101 的网络。如果用户尝试连接这个网络,它会拒绝该用户的连接请求。这是因为 OpenBTS 默认只接受注册过的用户的连接请求。因为目前为止还没有运行注册服务器(sipauthserver),因此没有手机能够连接到网络。

(6) Subscribe 注册表的建立和 Sipauthserver 的安装

OpenBTS 依赖 Sipauthserver 来进行 SIP 的登记授权,处理注册流量。如果没有该软件,则系统不可用。为了建立 Subscriber 注册表数据库,需要首先建立数据库文件所在的目录,默认为/var/lib/asterisk/sqlite3dir。

```
sudo mkdir-p /var/lib/asterisk/sqlite3dir
```

Sipauthserver 是一个名副其实的 SIP 认证服务的守护进程。在 OpenBTS 中的 SIP. Proxy. Registration 配置变量应该只想它的用户名和端口。其安装命令为:

```
(from svn root)
cd subscriberRegistry/trunk
make
```

安装好后,需要对 Sipauthserver 进行配置:

```
(from subscriberRegistry root)
sudo sqlite3-init subscriberRegistry.example.sql /etc/OpenBTS/sipauthserve.db ".quit"
```

运行 Sipauthserver 将为你的 OpenBTS 提供一个注册服务:

```
(from subscriberRegistry root)
sudo./sipauthserver
```

正常的话将有以下的输出:

```
ALERT 139639310980928 sipauthserver.cpp:214:main:../sipauthserver(re)starting
```

(7) 安装 Smqueue

Smqueue 是 OpenBTS 中的存储转发数据包的服务,安装和运行与 OpenBTS 的安装和运行类似,安装需要在 Smqueue/trunk 目录运行:

```
autoreconf-i
./configure
make
```

类似于 OpenBTS,Smqueue 也依赖于配置文件,它位于/etc/OpenBTS/smqueue. db 中。初始化这个配置文件的命令为:

```
(from the smqueue directory)
sudo sqlite3-init smqueue/smqueue.example.sql /etc/OpenBTS/smqueue.db ".quit"
```

运行完成后会初始化/etc/OpenBTS/smqueue. db,其中的参数都被设置为默认值且不能被更改。

运行 Smqueue 的命令为:

```
(from the smqueue directory)
cd smqueue
sudo./smqueue
```

如果正常的话,终端将会产生如下的输出:

```
ALERT 140545832068928 smqueue.cpp:2421:main:smqueue(re)starting
smqueue logs to syslogd facility LOCAL7,so there's not much to see here
```

（8）选择并安装 PBX

有三款开源的 PBX/软件化软件可以使用。分别是 Asterisk、FreeSwitch 和 yate。它们各有优缺点，在 OpenBTS 的开源社区都大量的相关资料，因此本书在此处不做详细介绍。

（9）安装 CGIs

CGIs 的安装比较简单，OpenBTS 社区有 CGIs 的安装脚本，直接运行这些脚本就可以完成 CGIs 的安装。同时，也可以在独立的终端中分别运行下面的命令来完成安装：

```
smqueue/trunk/smqueue/smqueue
subscriberRegistry/trunk/sipauthserver
openbts/trunk/apps/OpenBTS
openbts/trunk/apps/OpenBTSCLI
```

运行完成后，打开一个插有 SIM 卡的 GSM 手机，打开移动网路选择，将会看到在这个区域有一个名为 00101 的网络。选择连接这个网络，你的 BTS 将会做出回复，允许手机的连接。如果失败，需要确认 Control. LUR. OpenRegistration 变量存在于 OpenBTS. db 中。

测试语音连接，可以用手机拨打 600 来请求"回复"服务器的回复；测试短信业务，可以编辑一条包含 7 到 10 个左右的数字并发送至 101，这个数字串将被设置为你的手机号。如果有两个手机接入到 BTS 网络的话，就可以进行手机之间的语音和短信测试。

3.3.2 OpenLTE

1. 简介

OpenLTE 是 sourceforge 论坛的一个开源项目，能够部分的实现 3GPP LTE 协议。它研究的重点是 LTE 下行链路的发送和接收。最开始的版本只有 Linux 环境下的 octave 代码，目前已经非常的完善，可以用来测试和仿真下行链路的发送和接收。经过不断的更新，作者已经用 C++语言开发出了基于 GNU Radio 的模块，能够使用 GNU Radio 来测试和模拟下行链路的发射和接收。最新版本的 OpenLTE 已经能够支持软件无线电硬件 Elonics E4000 来扫描空中开放的 LTE 信号，实现 LTE 下行链路广播信号的接收。

OpenLTE 的目录结构及每个部分相应的作用如表 3.5 所示。

表 3.5　OpenLTE 的目录结构表

目录	作用
Octave	Octave 仿真代码
cmn_hdr	通用的头文件
Liblte	实现 LTE 功能的 C++库
Cmake	cmake 需要的文件，产生 Makefile
Build	安装后产生的文件目录
LTE_fdd_dl_file_scan	GNU Radio FDD 下行链路文件浏览应用
LTE_fdd_dl_file_gen	GNU Radio FDD 下行链路文件产生应用
LTE_fdd_dl_scan	支持 rtl-sdr 硬件的 GNU Radio FDD 下行链路接收应用

2. OpenLTE 安装

OpenLTE 的编译及安装过程,比较简单,过程如下。

- 在 sourceforge 论坛下载相应版本的 openLTE,推荐使用 openlte_v00-08-00 版本;
- 将下载的安装包,解压,由与 openLTE 是运行在 Linux 平台下的,所以解压的命令为 tar-zxvf openlte_v00-08-00;
- 进入解压后的 openLTE 文件夹,再进入 build 文件,cd build;
- 运行命令 cmake../,产生 Makefile;
- 运行 make,进行代码的编译;
- 编译没有出错的话,运行 sudo make install 进行安装。

安装过程简单,但需要较长的时间。使用 OpenLTE 来仿真和 LTE 下行链路广播信道信号的接收的操作将在第 5 章进行介绍。

3. 基于 OpenLTE 的仿真

基于 OpenLTE 可以进行 LTE 下行链路的发送和接收仿真。其具体仿真步骤如下。

(1) 改变 python 的环境变量 PYTHONPATH,运行 $ gedit~/.bashrc,在打开的文本文件末尾添加一行:export PYTHONPATH = < python _ install _ dir >/dist-packages/gnuradio/。这里<python_install_dir>是你的 python 的安装路径,例如 python 安装在/usr/local/lib/目录下,则应该添加的是 export PYTHONPATH=/usr/local/lib/python2.7/dist-packages/gnuradio/;

(2) 运行 LTE_fdd_dl_file_gen.py,并指明生成文件名例如 lte_file.bin(如图 5.1 所示);

(3) 设置仿真参数,在这里设置参数的格式是<param>= <value>,图 3.27 中设置了两个参数 bandwidth=20,是将带宽设置为 20 MHz;freq_band=25,是使用 LTE 的第 25 个频段;

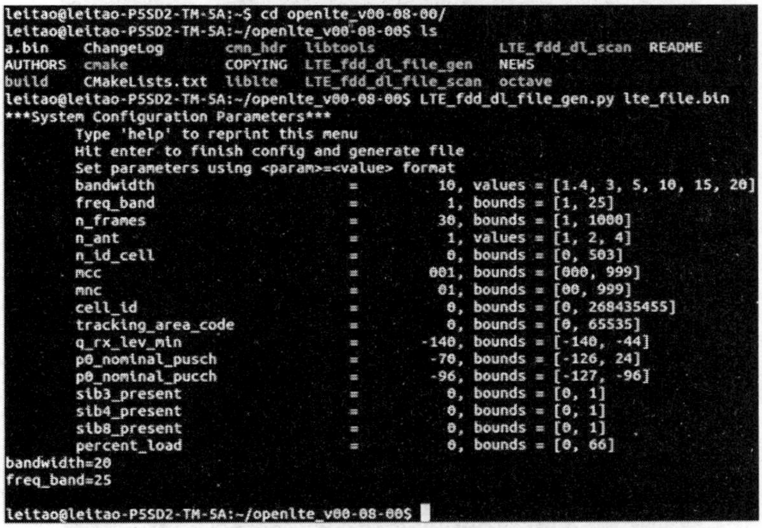

图 3.27　运行 $ LTE_fdd_dl_file_gen.py lte_file.bin

(4) 按两次回车键退出设置参数界面,则生成了 lte_file.bin 文件,OpenLTE 将根据所设置的参数进行 LTE 下行链路的信号生成;

(5) 将 /usr/local/lib 目录复制到 /etc/ld.so.conf 中;

(6) 运行 LTE_fdd_dl_file_scan.py lte_file.bin 命令,出现图 3.28 和图 3.29 的效果;

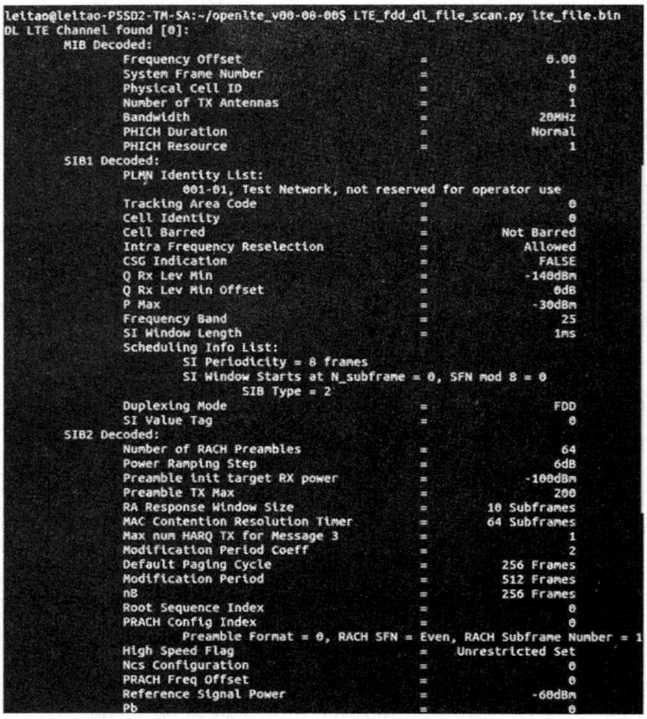

图 3.28　LTE_fdd_dl_file_scan. py lte_file. bin 效果一

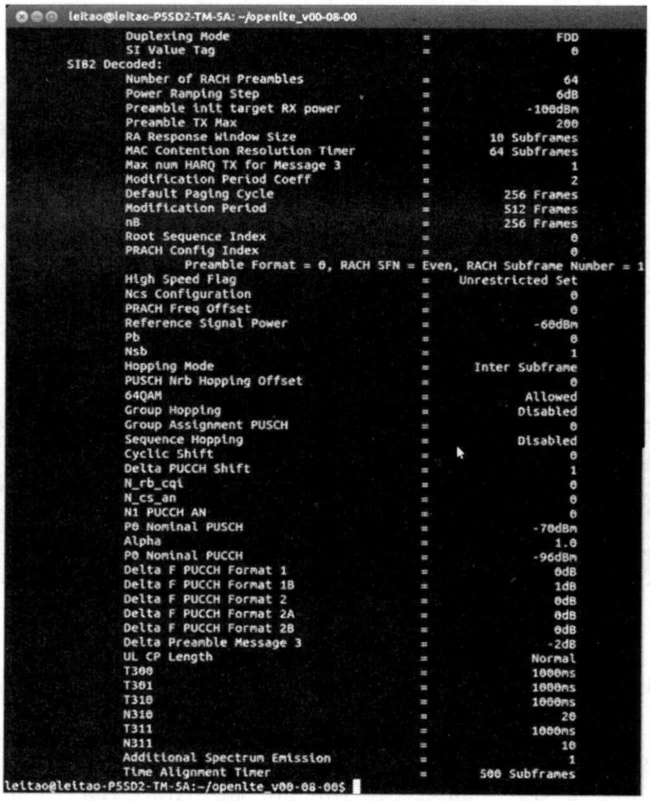

图 3.29　LTE_fdd_dl_file_scan. py lte_file. bin 效果二

OpenLTE 模拟下行链路发送的方法是使用 LTE_fdd_dl_file_gen.py 程序打印可设置的参数,接收参数的设置并保存。可以设置的参数有:bandwidth、freq_band、n_frames、n_ants、mcc、mnc、cell_id、track_area_code、q_rx_lev_min、p0_nominal_pusch、p0_nominal_pucch、sib3_present、sib4_present、sib8_present、precent_load。

其中 values 表示能够设置的值已经在后面列出来了,例如带宽(bandwidth)的值只能是 1.4、3、5、10、20 这五种,这里默认是 10 MHz。bounds 表示参数值的范围,帧数(n_frames)的参数就是 1 到 1000,这里默认设置的是 30 帧。对于 sib3_present、sib4_present、sib8_present 这三个,它虽然使用 bounds,但是值的范围是[0,1],也即只有 0 和 1 两种。值是 0 的话表示该系统信息块(SIB)没有使用,值是 1 表示该系统信息块被使用了。这里的 SIB3、SIB4、SIB8 都是默认不使用的。当然 SIB1、SIB2 和 MIB 是必须存在的,其他的系统信息块,OpenLTE 目前还不支持。

参数设置完毕后,OpenLTE 将根据所设置的参数进行信道编码生成二进制的文件。OpenLTE 模拟下行链路接收的做法是使用 LTE_fdd_dl_file_scan.py 程序来模拟接收由上一步 LTE_fdd_dl_file_gen.py 产生的二进制文件。并进行信道解码,读取出系统信息。由于上面生成的 lte_file.bin 没有使用 SIB3、SIB4、SIB8,所以 LTE_fdd_dl_file_scan.py lte_file.bin 解码出来的只有 MIB、SIB1、SIB2。从图 5.2 可以看出,MIB 中有频偏、系统帧编号、天线数、带宽等信息,SIB1 和 SIB2 有其相应的信息。

4. 使用 OpenLTE ＋ RTL2832U 接收空中 LTE 下行链路信号

RTL2832U 是瑞昱公司开发的一款便宜的具有软件无线电功能的芯片,它能够输出原始的 I/Q 采样信号并将其传送到主机,从而进行 DAB/DAB＋/FM 等接收到的无线信号的解调。以 RTL2832U 为核心,添加上相应的外围电路模块,并制成电路板后就能够作为软件无线电硬件来使用。RTL2832U 理论上的最高采样率是 3.2MS/s,但是实际最高不失真采样率是 2.4MS/s。实际工作的采样率取决于晶体振荡器的频率。

以 RTL2832U 为核心,人们开发了各种型号的软件无线电硬件。它们的性能各不相同,表 3.6 就是不同硬件支持的频带范围。

表 3.6　不同 RTL2832U 硬件支持的频带范围

硬件型号	支持的频率范围
Elonics E4000	52～2200 MHz(中间的 1100 MHz 到 1250 MHz 不支持)
Rafael Micro R820T	24～1766 MHz
Fitipower FC0013	22～1100 MHz
Fitipower FC0012	22～948.6 MHz
FCI FC2580	146～308 MHz and 438～924 MHz(中间频带的不支持)

由上表可知,Elonics E4000 支持的频率范围是最宽的,达到了 52～2200 MHz,但是中间的 1100～1250 MHz 是不支持的。本课题也以 Elonics E4000 作为硬件平台,来实现 LTE 下行链路广播信道的信号接收。图 3.30 就是 Elonics E4000 的实物图,由图可见该电路板和 U 盘一样大小,非常便携,它通过 USB 接口与 PC 进行连接,左端的接口是连接天线的。

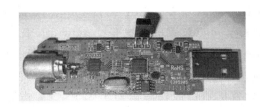

图 3.30　Elonics E4000 的实物图

Elonics E4000 作为 FM 接收器时，接收频率的范围是 87.5～108 MHz。在 Windows 下有很多的软件能够支持 E4000，将传送到电脑的 I/Q 信号解调为音频信号输出。其中有三款软件效果较好：SDR♯、WRPLUS、HDSDR。

Elonics E4000 还可以用来接收 DVBT 视频信号（MPEG-2 编码），结合 PC 端相应的软件能够将接收到的视频信号以各种不同的格式（AVI-MPEG4，ASF-MPEG4，MP4-MPEG4 等）保存。但是 Elonics E4000 作为视频接收器接收 DVBT 视频时，能够输出的频率范围只有 48.25～863.25 MHz，因而能够接收到的频道不多。

使用 OpenLTE ＋ RTL2832U 这一软件无线电平台，可以实时的接收空中的 LTE 信号。其操作步骤如下。

（1）将 Elonics E4000 一端与 PC 连接，另一端连接天线；

（2）打开一个终端并运行，进入 OpenLTE 的安装目录，如图 3.31 所示，运行 LTE_fdd_dl_scan 命令；

```
ray@Ray-ThinkPad:~/openlte/openlte_v00-08-01$ LTE_fdd_dl_scan
linux; GNU C++ version 4.6.3; Boost_104800; UHD_003.005.002-43-gd745186d

*** LTE FDD DL SCAN ***
Please connect to control port 20000
```

图 3.31　运行 LTE_fdd_dl_scan

（3）打开另一个终端，登录到 20000 号控制端口（确保 linux 已经打开 telnet 服务），命令为 telnet localhost 20000，如图 3.32 所示；

```
ray@Ray-ThinkPad:~$ telnet
telnet> open
(to) localhost 20000
Trying 127.0.0.1...
Connected to localhost.
Escape character is '^]'.
*** LTE FDD DL SCAN ***
Type help to see a list of commands
help
***System Configuration Parameters***
        Read parameters using read <param> format
        Set parameters using write <param> <value> format
        Commands:
                start    - Starts scanning the dl_earfcn_list
                stop     - Stops the scan
                shutdown - Stops the scan and exits
                help     - Prints this screen
        Parameters:
                band =.1
```

图 3.32　登录到 20000 号控制端口

（4）运行 help 有帮助，Start 是开始扫描，read ＜param＞读参数设置，write＜param＞＜value＞format 设置参数，Stop 停止扫描，shutdown 停止扫描并退出，图 3.33 是运行 help 的界面，图 3.34 是运行 start 开始扫描的界面；

```
Type help to see a list of commands
help
***System Configuration Parameters***
        Read parameters using read <param> format
        Set parameters using write <param> <value> format
        Commands:
                start    - Starts scanning the dl_earfcn_list
                stop     - Stops the scan
                shutdown - Stops the scan and exits
                help     - Prints this screen
        Parameters:
                band = 1
                dl_earfcn_list = 25,26,27,28,29,30,31,32,33,34,35,36,37,38,39,40
,41,42,43,44,45,46,47,48,49,50,51,52,53,54,55,56,57,58,59,60,61,62,63,64,65,66,6
7,68,69,70,71,72,73,74,75,76,77,78,79,80,81,82,83,84,85,86,87,88,89,90,91,92,93,
94,95,96,97,98,99,100,101,102,103,104,105,106,107,108,109,110,111,112,113,114,11
5,116,117,118,119,120,121,122,123,124,125,126,127,128,129,130,131,132,133,134,13
5,136,137,138,139,140,141,142,143,144,145,146,147,148,149,150,151,152,153,154,15
5,156,157,158,159,160,161,162,163,164,165,166,167,168,169,170,171,172,173,174,17
5,176,177,178,179,180,181,182,183,184,185,186,187,188,189,190,191,192,193,194,19
5,196,197,198,199,200,201,202,203,204,205,206,207,208,209,210,211,212,213,214,21
5,216,217,218,219,220,221,222,223,224,225,226,227,228,229,230,231,232,233,234,23
5,236,237,238,239,240,241,242,243,244,245,246,247,248,249,250,251,252,253,254,25
5,256,257,258,259,260,261,262,263,264,265,266,267,268,269,270,271,272,273,274,27
```

图 3.33　运行 help 命令

```
5,536,537,538,539,540,541,542,543,544,545,546,547,548,549,550,551,552,553,554,55
5,556,557,558,559,560,561,562,563,564,565,566,567,568,569,570,571,572,573,574,57
5
                repeat = on
start
ok
info channel_not_found freq=2112500000 dl_earfcn=25
info channel_not_found freq=2112600000 dl_earfcn=26
info channel_not_found freq=2112700000 dl_earfcn=27
info channel_not_found freq=2112800000 dl_earfcn=28
info channel_not_found freq=2112900000 dl_earfcn=29
info channel_not_found freq=2113000000 dl_earfcn=30
info channel_not_found freq=2113100000 dl_earfcn=31
info channel_not_found freq=2113200000 dl_earfcn=32
info channel_not_found freq=2113300000 dl_earfcn=33
info channel_not_found freq=2113400000 dl_earfcn=34
```

图 3.34　运行 start 开始扫描

（5）扫描过程中 Elonics E4000 从频率 2.1125 GHz 开始，以 100 kHz 为步长进行扫描，如果该频率上没有 LTE 下行链路的广播信号，则打印出 channel_not_found 的信息。图 3.35 为找到了一个频率为 2.1177 GHz 的 LTE 信号，图 3.36 为找到了一个频率为 2.1284 GHz 的 LTE 信号；

```
info channel_not_found freq=2117300000 dl_earfcn=73
info channel_not_found freq=2117400000 dl_earfcn=74
info channel_not_found freq=2117500000 dl_earfcn=75
info channel_not_found freq=2117600000 dl_earfcn=76
info channel_found freq=2117700000 dl_earfcn=77 freq_offset=-14988.498 sfn=76 n_
ant=2 phich_dur=Normal phich_res=1/6 bandwidth= phys_cell_id=29
info channel_not_found freq=2117800000 dl_earfcn=78
info channel_not_found freq=2117900000 dl_earfcn=79
info channel_not_found freq=2118000000 dl_earfcn=80
info channel_not_found freq=2118100000 dl_earfcn=81
```

图 3.35　找到了一个 2.1177 GHz 的 LTE 信号

```
info channel_not_found freq=2127900000 dl_earfcn=179
info channel_not_found freq=2128000000 dl_earfcn=180
info channel_not_found freq=2128100000 dl_earfcn=181
info channel_not_found freq=2128200000 dl_earfcn=182
info channel_not_found freq=2128300000 dl_earfcn=183
info channel_found freq=2128400000 dl_earfcn=184 freq_offset=15495.4424 sfn=622
n_ant=1 phich_dur=Extended phich_res=1/2 bandwidth= phys_cell_id=45
info channel_not_found freq=2128500000 dl_earfcn=185
info channel_not_found freq=2128600000 dl_earfcn=186
info channel_not_found freq=2128700000 dl_earfcn=187
info channel_not_found freq=2128800000 dl_earfcn=188
```

图 3.36　找到了一个 2.1284 GHz 的 LTE 信号

（6）扫描过程可以通过 stop 命令停止，通过 shutdown 命令停止并退出如图 3.37 所示。

```
info channel_not_found freq=2146200000 dl_earfcn=362
info channel_not_found freq=2146300000 dl_earfcn=363
info channel_not_found freq=2146400000 dl_earfcn=364
info channel_not_found freq=2146500000 dl_earfcn=365
info channel_not_found freq=2146600000 dl_earfcn=366
read
fail Invalid read
stop
sok
shutdown
ok
Connection closed by foreign host.
ray@Ray-ThinkPad:~$
```

图 3.37　停止扫描并退出

本次试验的地点是北京邮电大学。从图 3.35 和图 3.36 中可以看出广播信道内传输的信息有：频点号（dl_earfcn）、频偏（freq_offset）、系统帧号（sfn）、天线数（n_ant）、phich_dur、phich_res、带宽（bandwith）、phys_cell_id。

3.4　软件定义的无线接入网中的 SDR 技术

1. 技术现状

随着无线通信技术的发展和制式的演进，人们可以选择的无线网络接入方式也越来越多样化。为了满足人们对无线接入网络日益苛刻的需求，未来无线通信系统不仅要满足高数据率、多业务的要求，同时还需要兼容多种通信体制且高效运营。为此，可编程数据面技术应运而生，可编程数据面实现了功能与硬件的解耦合，便于网络升级，降低了无线接入网络的投资成本（CAPEX）和运营成本（OPEX）。其中可重构混合软基站技术及多模基带池技术是搭建可编程数据面的核心技术基础。下面将主要对这两个技术点进行介绍和分析。

目前，在多模软基站的研究方面，我国已有了相当多的研究成果。中兴、华为等多家企业已推出较为成熟的基于软件无线电的多模基站产品。IBM 中国研究中心将 TDD WiMAX SDR 基站接入商用服务器并与一个 RRH 连接进行了试验。诺西推出并部署的 Flexi 多模无线基站采用内建的 IP/以太网连接，同时支持 GSM/EDGE/WCDMA/HSPA 与 LTE 技术，并可通过借用通用的 NetAct 网络管理系统实现网络优化。清华大学设计了一种基于 FPGA 和 DSP 的可重构基带处理器，并基于该基带处理器，结合多频段智能可控天线、多频段可控射频模块、可控中频模块，采用特定的 SDR 软件框架搭建基于 SDR 的硬件统一平台，能够实现系统的软硬件可重构。在基带池技术研究方面，中国移动的 C-RAN（Centralized，Cooperative，Cloud RAN）是典型的解决方案之一。在该架构下，运营商可以迅速部署或者升级网络，实现网络覆盖的扩展或网络容量的增加。此外，基带资源集中共用可以方便地实现动态资源调度，解决潮汐效应，提高网络容量、频谱效率和资源利用率，同时减少 CAPEX 和 OPEX，降低配套设施能源消耗。另外，中兴通讯也提出了 TD-SCDMA 基带池资源分配方案，以实现同一话务资源在话务周期流动的两个区域之间的共享。

从现有的文献和报道来看，当前的软基站设计虽然在功能上具备了多制式的处理能力，但是对未来通信系统演进的可扩展性考虑较少，且在多制式间资源统一优化及智能化配置和协同调度方面缺乏统筹考虑和综合研究，另外多模融合技术试验平台没有考虑通信资源与计算资源的统一调度。基于以上原因，下一代软基站应该采用多模基带池技术，面向多模混合接入场景,构造支持不同标准的基站动态资源池,实现通信资源与计算资源的统一联合配置,从而显著提升资源利用率。

2. 关键技术

在基于 SDN 的无线接入网络架构中,可编程数据面通过将网络设备软件化,实现网络功能和硬件功能的解耦合及网络的灵活部署。从技术上来说,可编程数据面的研究主要包括虚拟化可重构软基站和多模基带池两个关键部分。此外,通过研究通信资源和计算资源的联合调度,可以提高可编程数据面的数据处理能力和资源管理能力。

(1)虚拟化可重构软基站

基于虚拟化技术,将不同制式功能细化、重组,设计可重构软基站的体系结构、重构机理、硬件配置、软件加载和工作模式切换方法,提高软基站的可扩展性,并搭建可重构软基站平台,实现未来无线接入网络可编程数据面。针对软基站多制式处理方式及业务多样化等需求,通过对海量用户数据及软件更新状态进行监控,智能地进行软件在线自发现、自下载、自配置,以及根据需求智能地增加或删除某个或某些接入制式,并根据网络环境变化进行网络配置参数优化,通过对业务特性进行分析,选择匹配的最优制式和资源进行传输,提高网络整体性能。

(2)动态多模基带池管理

建立多模资源联合处理模型,如图 3.38 所示,考虑多模业务并行处理,利用软件配置的方法,优化多模资源共享机制,实现多模资源的协同调度;将软基站中的计算资源(如 CPU 能力、存储能力等)与通信资源(如时隙、频率、功率、天线等)建模为多维矢量空间,研究各维度资源的划分尺度与系统性能参数之间的映射关系,进行全局优化与联合管理,保证系统资源公平、高效与合理的分配,实现资源配置的优化并降低能耗,最大化网络性能。

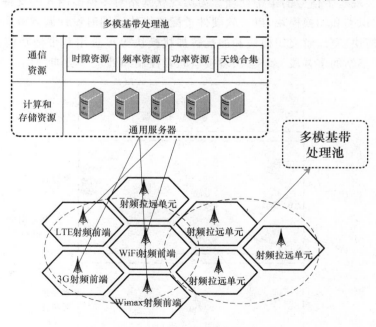

图 3.38　动态多模基带池

3. 设计思路

为了实现高效的可编程数据面,需要设计并实现可重构的软基站平台,并利用 SON 技术实现软基站的自配置和自优化,在此基础上通过动态多模基带池资源管理技术多维度提高可编程数据面性能。具体设计思路如下:

（1）虚拟化可重构软基站设计与实现

可重构软基站功能结构图如图 3.39 所示，应用虚拟化技术，进一步将基站的功能抽象划分，将不同制式功能细化、重组，设计可重构软基站的体系结构、重构机理、硬件配置、软件加载和工作模式切换方法，同时为未来多种网络融合设计可重构的软接口，使软基站具有良好的通用性和伸缩性。各个功能单元能够动态地分配到具有空闲处理能力的处理单元上，实现对高速数据处理和高效资源配置的支撑。

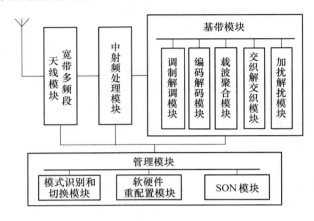

图 3.39　可重构软基站功能结构图

多模软基站基本架构如图 3.40 所示，通过软件实现基带信号处理，将射频单元与基带处理单元分离，并实现基带信号的集中处理。为实现软基站对多模多制式的支持，本项目将在基带池中引入模式识别和切换模块，以及软硬件重配置模块。同时设计调制解调模块、编码解码模块、载波聚合模块、交织解交织模块和加扰解加扰模块等可重用基带池功能模块，通过模块化的设计实现软基站的多频段、多模式、多接口联合控制和处理等功能。

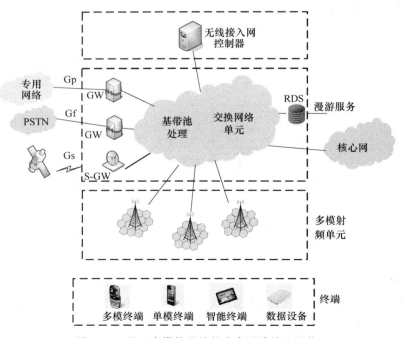

图 3.40　基于多模软基站的未来无线接入网络

另外,如图 3.41 所示,还可以采用新型 SON 技术实现基站管理的智能化,通过检测网络中各类数据,不断进行网络参数的优化。同时,通过软基站互连模式自动在线检测现有软件的漏洞,发现存在的新版本软件,自动下载与升级新的基站软件,并通过对网络参数的分析,自动配置系统参数。根据实际需求增加或删除某些接入制式,实现软基站的自配置、自组织和自优化。

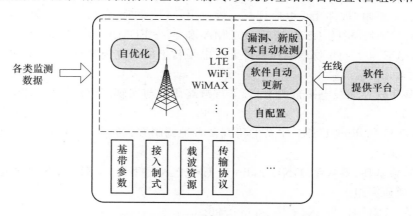

图 3.41   基于 SON 的智能化软基站管理

(2)动态多模基带池资源管理

通过在统一的基带池中实现多模软基站的基带处理功能,网络管理者可以对多种制式基带资源进行联合处理。具体方案的设计需要考虑不同制式业务的特点,保证多制式间互不干扰,建立多模资源联合处理模型,设计合理的基带池资源协同调度算法,通过动态资源调度方法实现资源的共享。同时,为最大化系统的资源利用率,克服资源分配算法中常见的"木桶效应",还需要引入通信资源与计算资源联合调度与优化算法(具体算法请见本书第 7 章 7.3 小节)。

3.5   本章小结

本章主要介绍了软件定义的无线接入网络架构中的可编程数据面及其关键技术。首先介绍了软件无线电的概念和关键技术,分析了这种以软件形式实现无线通信系统基带功能所带来的优势及其应用前景;3.2 小节介绍了目前使用比较广泛的几种通用的软件无线电平台,包括:GNU Radio、USRP、SORA 等系统,分析了它们各自的原理和特性;在此基础上,3.3 小节详细地介绍了两种基于软件无线电技术实现的不同制式的接入网络的项目,包括:实现 GSM 基站的 OpenBTS 项目和实现 LTE 下行链路发送和接收的 OpenLTE 项目;3.4 小节介绍了软件定义的无线接入网络架构中的 SDN 技术,从可重构混合软基站技术及多模基带池技术两个方面进行了介绍和分析,并提供了基于 SDN 的无线接入网络架构中可编程数据面的设计思路和实现方案。

参考文献

[1]   楼才义,徐建良,杨小牛.软件无线电原理与应用.北京:电子工业出版社,2014.

[2] 阎毅,贺鹏. 软件无线点与认知无线电概念 Introduction to software radio & cognitive radio. 北京:电子工业出版社,2013.

[3] 粟欣,许希斌. 软件无线电原理与技术 Software radio principle and technology. 北京:人民邮电出版社,2010.

[4] 姜宇柏,游思晴. 软件无线电原理与工程应用[M]. 北京:机械工业出版社,2007.

[5] 郎为民. UMTS 中的 LTE:基于 OFDMA 和 SC—FDMA 的无线接入[J]. 2009.

[6] 王刚. IEEE 802.11b 物理层在软件无线电平台上的研究与实现[学位论文]. 北京:北京邮电大学,2013.

[7] 仝怡. 基于软件无线电平台的 LTE 下行链路研究与实现[学位论文]. 北京:北京邮电大学,2013.

[8] 任熠. GNU Radio＋USRP 平台的研究及多种调制方式的实现[学位论文]. 北京:北京交通大学,2011.

[9] 张文杰,余基伟,贺永宇. GNU radio 和 USRP 入门手册. 上海:同济大学电子科学与技术系信道研究组.

[10] 黄琳等. GNU Radio 入门 Version 0. 99.

[11] 与非网术语辞典,SDR [Online]. Available:http://www. eefocus. com/dict/SDR/.

[12] 微嵌 GNU Radio [Online]. Available:http://gnuradio. microembedded. com/chinese.

[13] OpenBTS. Available:http://gnuradio. org/redmine/projects/gnuradio/wiki/OpenBTSsupport.

[14] OpenLTE software. Available:http://sourceforge. net/projects/openlte/.

[15] Tucker D C,Tagliarini G A. Prototyping with GNU radio and the USRP-where to begin[C]//Southeastcon,2009. SOUTHEASTCON'09. IEEE. IEEE,2009:50-54.

[16] Blossom E. GNU radio:tools for exploring the radio frequency spectrum[J]. Linux journal,2004,2004(122):4.

[17] Marwanto A,Sarijari M A,Fisal N,et al. Experimental study of OFDM implementation utilizing GNU radio and USRP-SDR [C]//Communications (MICC), 2009 IEEE 9th Malaysia International Conference on. IEEE,2009:132-135.

[18] Buracchini E. The software radio concept[J]. Communications Magazine,IEEE,2000, 38(9):138-143.

[19] Software defined radio:enabling technologies[M]. John Wiley & Sons,2003.

[20] Dillinger M,Madani K,Alonistioti N. Software defined radio:Architectures,systems and functions[M]. John Wiley & Sons,2005.

[21] Cognitive radio,software defined radio,and adaptive wireless systems[M]. Berlin: Springer,2007.

[22] Wu J,Zhang Z,Hong Y,et al. Cloud radio access network (C-RAN):a primer[J]. Network,IEEE,2015,29(1):35-41.

第4章 无线接入网络控制器及其关键技术

随着无线网络的不断发展,业务的多样化和接入场景的多元化,网络模式越来越复杂,从以语音业务为主的 2G、3G 网络,到全 IP 的 LTE 网络,再到提供局域网和城域网的 WLAN 和 WiMax 网络,无线通信网络多样化的发展格局日益显现,目前有超过 10 种以上制式的接入网共同部署,人类正在为实现通信的最高目标——个人通信(Personal Communications)而努力,无线通信技术的发展必将为实现任何人(Whoever)在任何时间(Whenever)、任何地点(Wherever)与任何人(Whoever)进行任何种类(Whatever)的交换信息提供强有力的保障。

无线网络要实现快速高效的用户接入以及灵活的资源管理,必须具有一定的控制功能,无线接入网络控制器就是具备这样的功能的网元设备。无线接入网络控制器是无线接入网络中具有用户接入控制和无线资源调度功能的网元,它是无线接入网的大脑,主要负责无线资源的管理,包括呼叫控制、信道分配、移动性管理、基站/接入点的配置等。

4.1 网络控制器的功能与演进

无线接入网(RAN)是移动运营商赖以生存的重要资产,可以向用户提供 7×24 小时不间断、高质量的数据服务。传统的无线接入网具有以下特点:第一,每个基站连接若干固定数量的扇区天线,并覆盖小片区域,每个基站只能处理本小区收发信号;第二,系统的容量是干扰受限,各个基站独立工作已经很难增加频谱效率;第三,基站通常都是基于专有平台开发的“垂直解决方案”。这些特点带来了以下挑战:数量巨大的基站意味着高额的建设投资、站址配套、站址租赁以及维护费用,建设更多的基站意味着更多的资本开支和运营开支。此外,现有基站的实际利用率仍然很低,网络的平均负载一般来说远远低于忙时负载,而不同的基站之间不能共享处理能力,也很难提高频谱效率。最后,专有的平台意味着移动运营商需要维护多个不兼容的平台,在扩容或者升级的时候也需要更高的成本。为了满足这些不断增长的移动数据业务需求,移动运营商需要不断升级网络,同时运营多标准的网络,包括:GSM,TD-SCDMA 或 WCDMA,以及 LTE 等,而专有平台使得运营商难以在网络升级上具有最大的灵活性。

在无线接入网络演进、发展的过程中,无线网络控制器作为无线接入网络核心网元,其结构、功能、部署位置等也在不断的变化,本节我们将先来介绍一下各种无线接入网络控制器的功能与演进过程。

4.1.1 无线局域网络(WLAN)中的控制器

WLAN 中的无线控制器(Access Controller,AC)是一种网络设备,它是一个无线网络的核心,负责管理无线网络中的接入点(Access Point,AP),对 AP 管理包括:下发配置、修改相关配置参数、射频智能管理等。如图 4.1 所示为华为 ASG2050 型号的 WLAN 控制器。

图 4.1 华为 ASG2050 型号的 WLAN 控制器

传统的无线覆盖模式是用一个家庭式的无线路由器(简称胖 AP),覆盖部分区域,此种模式覆盖分散,只能满足部分区域覆盖,且不能集中管理,不支持无缝漫游。

如今的 WiFi 网络覆盖,多采用 AC＋AP 的覆盖方式,无线网络中一个 AC(无线控制器),多个 AP(收发信号),此模式应用于大中型企业中,有利于无线网络的集中管理,多个无线发射器能统一发射一个信号(SSID),并且支持无缝漫游①和 AP 射频的智能管理。相比于传统的覆盖模式,有本质的提升。AC＋AP 的覆盖模式,顺应了无线通信智能终端的发展趋势,随着 Iphone、Ipad 等移动智能终端设备的普及,无线 WiFi 的需求不可或缺。

根据业务组的不同结合方式,WLAN 有两种主要的拓扑结构,分别是对等网络和基础结构网络。对等网络是 WLAN 一种对等模型网络,即 Ad Hoc 网络,主要是由无线终端设备组成,不存在担任集中控制的 AC,是为满足临时需求而建立的,进行点对点或点对多点的通信。

基础结构网络是利用高速的有线或无线骨干传输网络为无线网络终端用户提供接入服务。这种结构中 AP 通过交换机、路由器与 AC 及骨干网连接,无线终端通过 AP 的协调经无线通道接入网络,目前绝大部分商用 WLAN 都采用这种结构。但是由于 IEEE 802.11 并没有就 DS 的实现细节进行描述,因而 IEEE 802.11 指定的功能在实际设备上也因各厂商不同而不同。同时,为解决 WLAN 中普遍存在的配置、管理、RF 控制以及安全问题,不同的厂商也有不同的解决方案。因此,基础网络又分为自组织、集中式和分布式三种网络架构[1]。

1. 自组织网络架构

这种架构是一种传统的无线网络架构[1],如图 4.2 所示。在这种架构中,每个 AP 是一个独立实现 802.11 服务的物理实体。包括分布式服务、整合服务和 portal 功能等。每一个 AP 在功能上是自主的,并且除了 AP 没有其他设备需要支持具体的 802.11 功能,因而这种 AP 架构称为自组织 WLAN 架构。AP 在这种架构中具有独特的配置并单独管理,可以通过简单网络管理协议 SNMP 进行管理和监控,这种架构中的 AP 即人们所说的"胖"AP。

这种传统 WLAN 采用的基于各种接入点的架构,通常被称为"胖"接入点解决方案。AP 具有控制、管理、加密、用户认证等大部分功能。

2. 集中式网络架构[2]

集中式网络架构是一种层次化的架构,如图 4.3 所示。这是一种"瘦"接入点解决方案。该方案将参数配置等一些功能从 AP 上转移到与以太网连接的无线交换机上。这种 WLAN 架构是一种使用一个或多个集中控制器来管理大量 AP 设备的分级网络架构。集中控制器通常称之为 AC,主要功能是管理,控制和配置网络中众多的 AP 设备实体。由于在无线网络中

---

① 支持无缝漫游:通俗定义为用户处于无线网络中,从 A 点到 B 点经过了一定距离,传统覆盖模式因为信号不好必定会断开,而无缝漫游技术,可以将多个 AP 统一管理,从 A 点到 B 点中,尽管用户经过了多个 AP 的信号,但信号间无缝的切换,让用户感觉不到信号的转移,勘测数据中丢包率小于 1％,从而很好的对一个大区域的不中断的无线覆盖。

它处于集中位置,所以在除了完成控制管理方面功能外,它也成为数据转发的集中化实体。AC 通常与二层桥设备、交换机或者三层路由器共存,相应的被称为访问桥或者访问路由器,因此,AC 可以是二层或者三层设备。为实现一定的目标,例如负载平衡和冗余,同一网络中可能有多个 AC。这种架构与其他架构相比有很多突出的优点。首先,分级架构和集中化的AC 能为大型网络提供更好的管理性能。第二,由于 IEEE 802.11 功能和一些扩展功能由 AC和 AP 共同提供,AP 设备本身不再需要实现标准中定义的完全的 802.11 功能,802.11 的全部功能是通过这两种物理网络设备 AP 和 AC 共同实现的,这就减轻了 AP 的负担,平衡了网络设备的功能。由于此 AP 设备只实现了"胖"AP 的部分功能,在这种架构中 AP 经常被称为"瘦"AP 或者轻量 AP。[3]

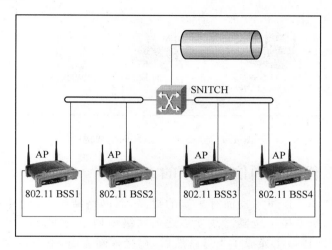

图 4.2　自组织 WLAN 网络架构

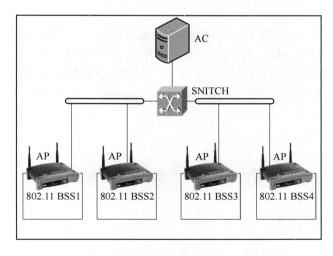

图 4.3　集中式 WLAN 网络架构

　　"瘦"AP 的方案使接入点可以相对简单,只需要通过集中控制器 AC 就能够对全网范围内的 AP 实施管理配置和监控,从而大大减少了网络运营和管理成本。

3. 分布式网络架构

　　如图 4.4 所示,在这种架构中所有的接入点通过有线或者无线介质能够形成一个分布式的网络。无线 Mesh 网络是分布式网络的一个例子,结点形成一个网状网络,并通过 802.11 无线连接与网格结点连接[4]。其中一些结点与有线网络连接,作为网关与外网连接,其他网格结点可以通过这样的结点对外网进行访问。

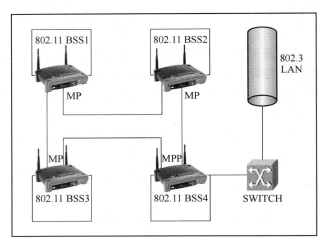

图 4.4　分布式 WLAN 网络架构

4.1.2　第三代移动通信系统中的 RNC

通信技术发展到 3G,在速率发面有了质的提高,而网络结构上,同样发生巨大变化。首先,伴随技术的发展,空中接口也随之改变。之前网络结构中的 Um 空中接口换成了 Uu 接口,而接入网与核心网接口也换成了 Iu 口;然后,在接入网方面,不再包含 BTS 和 BSC,取而代之的是基站 Node B 与无线网络控制器 RNC(Radio Network Controller),功能方面与之前保持一致。

陆地无线接入网(UMTS Terrestrial Radio Access Network,UTRAN)分为基站(Node B)和无线网络控制器(RNC)两部分,如图 4.5 所示。RNC 在 UTRAN 中,连接着 CN(核心网)和 Node B(基站),用于为核心网电路域和分组域与用户终端之间提供 Iu 接口要求的数据传输能力。它在整个通信系统中的作用举足轻重,主要完成连接控制、移动性管理、无线资源管理控制等功能。

RNC 的功能可以概括如下:

* 业务数据传输;
* UE 与核心网间非接入层消息的路由功能;
* 无线网络接入控制;
* 无线信道加密、解密;
* 移动性管理;
* 无线资源管理与控制;
* 无线接口协议处理;
* 无线信道编码控制;
* 同步功能,包括 RNC 与 Node B 间结点同步、传输信道同步和 Iu 接口时间对齐。

UTRAN 无线接入网络包括一个或多个无线网络子系统(RNS),一个 RNS 由一个 RNC 和一个或多个 Node B 构成。RNC 和 Node B 之间通过 Iub 口相连,为了宏分集的需要,RNC 之间也可通过 Iur 接口相连。每个 RNS 负责管理所辖的小区等无线资源。RNC 在网络中的位置以及与周围网元之间的关系如图 4.5 所示,除了 Iu-CS 和 Iu-PS 外,每个 RNC 在 Iu 口上还可以和一个或多个广播短消息中心 CBC 相连,这个接口也称作 Iu-BC 接口,在图中省略没有画出。

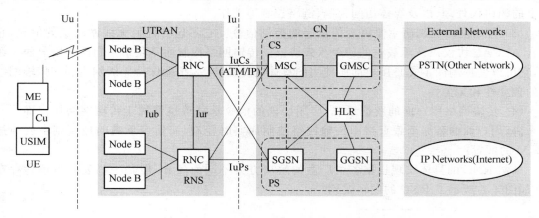

图 4.5   UTRAN 系统结构(3GPP R4)

RNC 无线网络控制器主要负责无线资源的管理。它一面通过 Iu 接口同电路域和分组域核心网相连;一面负责管理和控制 Node B,并负责空中接口与 UE 之间的 L1 以上的协议处理。在无线接入网络中,它处于承上启下的关键地位。在逻辑上,它和 GSM 中的 BSC 相对应。

对于 RNC 来说,它可以具有以下几种角色:

CRNC:对于某个 Node B 来说,直接控制它的 RNC 就是控制 RNC(CRNC),CRNC 负责所管理 Node B 和小区的无线资源(码资源等)的分配,负责它们的接纳控制、负载控制和拥塞控制。

SRNC(服务 RNC):对于一个用户 UE 来说,当它与 UTRAN 之间处于连接状态时,负责 Iu接口直接与 CN 连接的 RNC 即 SRNC,SRNC 保留有 UE 的上下文信息,同时负责与 UE 之间空中接口 L1 以上包括 MAC、RLC、RRC 等协议的处理,负责 UE 的切换决策、外环功率控制、无线接入承载参数到空中接口传输信道参数的映射等功能。一个 UE 有且只有一个 SRNC。

DRNC(Drift RNC):当一个处于连接状态的 UE,需要使用非 SRNC 控制的 Node B 的小区资源以接入一个新的无线链路时,SRNC 需要向控制该 Node B 的 RNC 协商请求为 UE 分配无线链路资源。这个 RNC 即 DRNC,它帮助 SRNC 为连接中的 UE 分配和管理无线资源。在网络结构中,它就好像提供了一个 Iub 口的延伸,在具体处理中,它不处理任何 L2 以上的协议,只是在所控制的 Node B 和 SRNC 之间进行透明的数据转发。这也是 DRNC 与 SRNC 之间相互区别的一个鲜明特征。对于一个连接中的 UE 来说,它可以有零个,一个或多个DRNC,一个 DRNC 也可以向 SRNC 提供多条无线链路,一般来讲,为了节省地面传输资源,此时这些无线链路的分集和合并由 DRNC 负责。

根据 RNC 外部接口协议模型,基于层面分离的思想,可以对 RNC 进行功能模块的划分。

水平上它分为传输网络层和无线网络层两层。UTRAN 协议中主要规定了无线网络层的标准和功能,而传输网络层主要使用其他标准的传输技术,在 R99 中传输网络层使用 ATM技术,在 R4、R5 中,IP 传输将被引入。

垂直面上,UTRAN 的协议接口模型又可以分为控制面、用户面、传输网络控制面以及传输网络用户面。

(1) 控制面包含了 UTRAN 有关的控制信令,例如 Iu 口的 RANAP,Iur 口的 RNSAP 以及 Iub 口的 NBAP 这些应用部分协议,另外还有承载这些应用协议的信令承载,R99 中一般使用 ATM 宽带信令,以后也可采用 IP 信令。这些应用层协议主要用来为 UE 创建无线接入承载、无线承载、无线链路等用户数据传输所必须的资源。

（2）用户面主要用于在 UE 和核心网之间转发话音、数据等用户数据,它主要包括各个接口上的帧协议处理,以及媒体访问控制、链路控制等工作。

（3）传输网络控制面主要负责传输层的控制信令。它不包含任何无线网络层的信息,它包含 ALCAP 协议以及承载它的信令承载协议。传输网络控制面是联系控制面和用户面的纽带,它可以使控制面不关心用户面所使用的具体的传输协议,帮助保持无线网络层和传输网络层的独立性和无关性。

（4）传输网络用户面的数据承载、应用协议的信令承载等也都属于传输网络用户面。一般来讲,用户面的数据承载直接由传输网络控制面实时控制,而信令承载的控制则主要通过 O&M 的配置。

虽然 RNC 的具体实现根据各个厂商的解决方案不同而各异,但是一些公共点还是存在的,如图 4.6 所示了 RNC 的逻辑架构[5]。

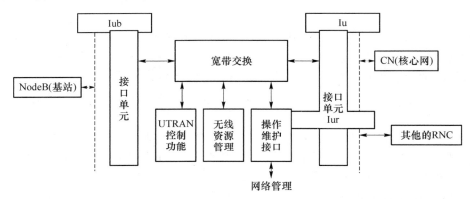

图 4.6　RNC 的逻辑架构

由图 4.6 可以看到,RNC 的整个功能可以归结为两部分:UTRAN 无线资源管理和 UTRAN 控制。无线资源管理是一个算法集,它主要通过高效的共享和管理无线资源来保证无线链路的稳定性以及无线连接的服务质量(QoS)。UTRAN 控制函数包括建立、维护、释放无线承载(Radio Bearer,RB),还包括对无线资源管理的支持功能。

4.1.3　第四代移动通信系统中的"控制器"及其功能

1. LTE 的架构及控制模块

全球无线通信正呈现出移动化、宽带化和 IP 化的趋势,移动通信行业的竞争极为激烈。在现有技术还没有大规模商用之前,一些无线宽带接入技术也开始提供部分的移动功能,通过宽带移动化,试图进入移动通信市场[6]。为了维持在移动通信行业中的竞争力和主导地位,3GPP 组织在 2004 年 11 月启动了长期演进过程 LTE(Long Term Evolution)以实现 3G 技术向 4G 的平滑过渡。3GPP 计划的目标是:更高的数据速率、更低的延时、改进的系统容量和覆盖范围以及较低的成本。

LTE 采用更加扁平化、IP 化的网络结构,整个 LTE 网络由 EPC(Evolved Packet Core)和 E-UTRAN 组成[7]。首先,接入网方面,E-UTRAN 不再包含两种功能实体,整个网络只有一种基站 eNode B,它替代原有的第三代移动通信系统中 RNC-NodeB 结构,包含了整个 NodeB 和部分 RNC 的功能,各网络结点之间的接口使用 IP 传输,通过 IMS 承载综合业务,原

UTRAN 的 CS 域业务均可由 LTE 网络的 PS 域承载;其次,核心网方面,它对之前的网络结构能够保持前向兼容,而自身结构方面,也不再有之前各种实体部分,取而代之的主要是移动管理实体 MME(Mobile Management Entity)、服务网关 S-GW(Serving Gateway),分组数据网关 P-GW(PDN Gateway),外部网络只接入 IP 网。相对 UMTS 的网络结构而言,LTE 网络结构进行了大幅度简化,LTE 网络架构如图 4.7 所示。

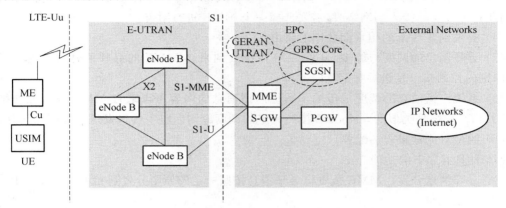

图 4.7　LTE 网络架构

eNode B 是 LTE-SAE 系统的接入设备,一个或多个 eNode B 组成一个 E-UTRAN。eNode B 通过 Uu 接口与 UE 通信,在逻辑上通过 X2 接口互相连接组成 Mesh 型网络,用于支持 UE 在整个网络内的移动性,保证用户的无缝切换。每个 eNode B 通过 S1 接口与 EPC 连接,S1 接口支持多-多的连接方式。

与 3G 系统相比,由于重新定义了系统网络架构,取消了 RNC,核心网和接入网之间的功能划分也随之有所变化,eNode B 具有 RNC 的部分功能,而核心网 EPC 同样具有一定的控制管理功能[8]。针对 LTE 系统的架构,网络功能划分如图 4.8 所示。

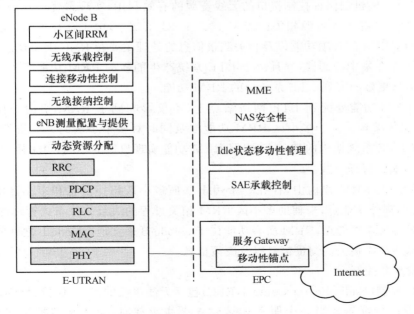

图 4.8　核心网与接入网(eNode B)之间的功能划分

eNode B 具有如下功能：

（1）无线资源管理相关的功能，如无线承载控制、接纳控制、连接移动性管理、上/下行动态资源分配/调度等。

（2）IP 头压缩与用户数据流的加密。

（3）UE 附着时的 MME 选择。由于 eNode B 可以与多个 MME/S-GW 之间存在 S1 接口，因此在 UE 初始接入到网络时，需要选择一个 MME 进行附着。

（4）提供到 S-GW 的用户面数据的路由。

（5）寻呼消息的调度与传输。eNode B 在接收到来自 MME 的寻呼消息后，根据一定的调度原则向控制接口发送寻呼消息。

（6）系统广播消息的调度与传输。系统广播消息的内容可以来自 MME 或者操作维护，这与 UMTS 系统是类似的，eNode B 按照一定的调度原则向空中接口发送系统广播消息。

（7）测量与测量报告的配置。

MME 具有如下的功能[9]：

（1）寻呼消息分发。MME 负责将寻呼消息按照一定的原则分发到相关的 eNode B。

（2）安全控制。

（3）空闲状态的移动性管理。

（4）SAE 承载控制。

（5）非接入层信令的加密与完整性保护。

服务网关具有如下功能：

（1）终止由于呼叫原因产生的用户平面数据包。

（2）支持由于 UE 移动性产生的用户平面切换。

2. LTE 中的无线资源管理

无线资源管理（Radio Resource Management，RRM）提供空中接口的无线资源管理的功能，目的是提供一些机制保证控制接口的无线资源的有效利用，实现最优的资源使用效率，从而满足系统所定义的无线资源相关的需求[10]。在 3G 系统中，由于存在 RNC 这一 UTRAN 集中控制结点，RRM 的各项功能以及相关测量信息的处理主要在 RNC 上实现。LTE 系统中 E-UTRAN 不存在集中控制器，并且由于 LTE 系统产生的新的 RRM 功能需求，需要重新考虑 RRM 架构来更好的实现 LTE 系统中的 RRM 功能。

如何将 RRM 功能分配到 LTE 网络结点上，不仅影响到了 RRM 架构，同时也影响到 LTE 系统的整体架构。由于多小区 RRM 功能涉及同时对多个小区的无线资源进行一定程度的管理，在 LTE 系统架构的基础上，根据 RRM 功能实现机制的不同，可采用集中式的管理方式或者分布式的管理方式。

集中式管理的 RRM 架构中，存在一个用于掌握多小区拓扑信息和多小区实时资源/干扰/负载信息的额外功能点，来辅助多小区 RRM 相关过程的决策。分布式管理的 RRM 架构不存在额外的 RRM 功能点，RRM 所有功能位于 eNode B 来实现，eNode B 之间的 X2 接口需要承载分布式 RRM 相关的测量信息以及决策信息。

（1）无线承载控制

无线承载控制（Radio Bearer Control，RBC）包括无线承载的建立、保持、释放，是对无线承载相关的资源进行配置。当一个服务连接建立无线承载时，无线承载控制需要综合考虑 E-UTRAN 中无线资源的整体状况、正在进行的会话的 QoS 需求以及该新建服务连接的 QoS

需求。由于移动性等各种因素,无线资源的状态是实时变化的,无线承载控制还需要对正在进行的会话的无线承载进行动态管理。无线承载控制还需要管理会话结束、切换以及其他情况下与无线承载相关的无线资源的释放。具体体现在 UE 和 E-UTRAN 的各对等实体(如物理层、MAC 层和 ARQ 等)进行合理的配置,其中也包括用于不同承载控制的控制信道的配置。

（2）无限接纳控制

无线接纳控制(Radio Admission Control,RAC)功能用于在请求建立新的无线承载时判断允许接入或者拒绝接入。为了得到合理、可靠的判决结果,在进行接纳判决时,无线接纳控制需要考虑 E-UTRAN 中无线资源状态的总体情况、QoS 需求、优先级、正在进行中的会话的 QoS 情况以及该请求新建无线承载的 QoS 需求。无线接纳控制的目标是在保证无线资源的高效利用的同时,保证正在进行的会话满足适当的 QoS,为此,在无线资源许可的情况下,尽可能地接纳无线承载的新建请求,在无线资源无法满足时,拒绝无线承载的新建请求。

（3）连接移动性控制

连接移动性控制(Connection Mobility Control,CMC)功能用于对空闲模式以及连接模式下的无线资源进行管理。在空闲模式下,为小区重选算法提供一系列的参数(如门限值、滞后量等)以确定最好的小区,使得 UE 能够选择新的服务小区,还提供用于配置 UE 测量控制以及测量报告的 E-UTRAN 广播参数。在连接模式下,支持无线连接的移动性,基于 UE 与 eNode B 的测量结果进行切换决策,将连接从当前的服务小区切换到另一个小区。切换决策还需要依据其他方面的信息,如临小区负载状态、业务量分布状态、传输资源与硬件资源状态以及定义的一些运营策略等。连接移动性控制功能还应包括对相应的 UE 测量参数的配置。

（4）动态资源分配

动态资源分配(Dynamic Resource Allocation,DRA)又可称为分组调度(Packet Scheduling,PS),该功能用于分配和释放控制面与用户面数据包的无线资源,包括缓冲、进程资源、资源块等。动态资源分配功能包括几个方面,无线承载的选择和管理必要的资源(如功率、所使用的无线资源块)。动态资源分配主要考虑无线承载的 QoS 需求、信道的质量信息、缓冲区状态、干扰状态等信息,还可以考虑由小区间干扰协调后可用的资源块信息。

（5）小区间干扰协调

小区间干扰协调(Inter-cell Interference Coordination,ICIC)功能是指通过对无线资源进行管理,从而将小区之间的干扰水平保持在可控的状态下,尤其是在小区的边缘地带,需要对无线资源进行特殊的处理,以满足 LTE 小区边缘户业务体验的提升需求。小区间干扰协调的本质是一种多小区无线资源管理的功能,它需要同时考虑来自多个小区的资源使用状态信息和业务负载状态信息,上下行可采用不同的小区干扰协调方法。

如果网络侧需要 UE 汇报与小区干扰协调有关的 UE 信息,则这个信息终止于 eNode B,核心网无需获得该信息。

（6）负载均衡

负载均衡(Loading Balancing,LB)功能用于处理小区间不均衡的业务量,通过均衡小区间的业务量分配,提高无线资源的利用率,将正在进行会话中的 QoS 控制在一个合理的水平,降低掉话率。负载均衡算法可能导致部分终端进行切换或者小区重选,以均衡小区间的负载情况。

与 UTRAN 系统类似,LTE 系统的负载均衡控制提供小区簇的负载均衡机制:使用不同的载波或者与不同的无线接入技术的但是覆盖同一地理区域的重复覆盖的小区簇;或者使用相同载波或无线接入技术的相邻小区簇。

在实现时,使用不同载波或属于不同的无线接入技术的但是覆盖同一地理区域的重复覆盖小区可以由不同的 eNode B 进行管理。在这种情况下,小区间的负载均衡的实现,需要 eNB 之间进行负载信息的交互以实时掌握每个小区的负载变化情况。

由于 UE 的移动性,UE 可以驻留在任意一个小区并切换到最优的小区。然而,在这些情况下,如 eNode B 资源缺乏时,网络可以强制用户切换到一个次优的小区。这种相邻小区的负载均衡也需要 eNode B 之间交互负载信息。

3. LTE 中的移动性管理[7,11]

(1)跟踪区

跟踪区(Tracking Area)是 LTE/SAE 系统为 UE 的位置管理新设立的概念。跟踪区的功能与 3G 的位置区(Location Area,LA)和路由区(Routing Area,RA)类似,由于 LTE/SAE 系统主要为分组域功能设计,因此跟踪区更接近路由区的概念。

LTE/SAE 系统中的跟踪与设计时,应满足如下要求:

- 对于 LTE 的接入网和核心网保持相同的位置区域的概念。
- 当 UE 处于空闲状态时,核心网能够知道 UE 所在的跟踪区。
- 当处于空闲状态的 UE 需要被寻呼时,必须在 UE 所注册的跟踪区的所有小区进行寻呼。
- 在 LTE 系统中应尽量减少因位置改变而引起的位置更新信令。

上述需求与传统的 LA 和 RA 的最大区别在于,需要通过 TA 的设计,减少空闲状态 UE 执行位置更新的信令。针对减少信令的需求有多方案可以采用,如分层的 TA、基于距离的 TA 分配方案、基于速度的 TA 分配方案、重叠 TA、多注册 TA 等。

(2)空闲状态下 LTE 接入系统内的移动性管理

这里所说的空闲状态指的是 EPS 连接管理(EPS Connectivity Management,ECM)的空闲状态(ECM-Idle),其主要特征如下:

- UE 与网络之间没有信令连接,在 E-UTRAN 中不为 UE 分配无线资源并且没有建立 UE 上下文。
- UE 与网络之间没有 S1-MME 和 S1-U 连接。
- 当处于空闲状态的 UE 在有下行数据到达时,数据应终止在 SGW,并由 MME 发起寻呼。
- 网络对 UE 位置所知的精度为 TA 级别。
- 当 UE 改变驻留的小区时,应执行小区更新。
- 当 UE 进入未注册的新的跟踪区时,应执行 TA 更新。
- UE 在小区间移动时自动执行小区选择和冲选择以及 PLMN 选择过程。
- E-UTRAN 在 EPC 的辅助下执行区域限制功能。

对于空闲状态的 UE,当下行数据到达核心网时,要对 UE 进行寻呼。这些数据分组终止并缓存在 SGW,同时 SGW 向 MME 发出寻呼通知,由 MME 负责向寻呼区域相关的所有 eNode B 发出寻呼消息,要求 eNode B 在其覆盖范围内寻呼 UE。此外,下行信令也会触发 MME 寻呼 UE,建立 UE 与网络之间的信令连接。

当一个处于空闲状态的 UE 希望发起业务时,首先建立 UE 和网络之间的控制面连接。这种控制连接建立的过程中,也可能包括建立默认承载或者专用承载的无线资源。

寻呼通过 S1 接口下发到相关的 eNode B,寻呼请求将发送到相关 TA 的所有小区,如图 4.9 所示。

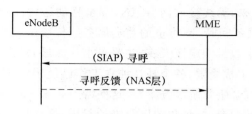

图 4.9　S1 接口寻呼命令

MME 通过 S1 接口向 eNode B 发送寻呼请求,要求相关的 TA 中的所有小区都向 UE 发送寻呼消息。UE 向 MME 返回的寻呼相应将在 NAS 层产生,基于非接入层的路由信息发送到 MME。

当 eNode B 对 UE 进行寻呼之后,控制平面将随之建立,用户平面将根据情况建立。MME 在 S1-MME 接口上的"初始上下文建立请求"消息中不仅携带多需要的 NAS 信令(如鉴权信令),还会携带 S1 接口上控制平面连接的标识 MME UE 信令连接 ID(MME UE Signaling Connection ID),另外,与 UE 相关的安全性上下文、漫游限制、UE 能力信息等也将在这个消息中传送给 eNode B。"初始上下文建立请求"消息还负责默认承载的建立,所需要的 QoS 以及传输层相关的信息将在"承载"建立信息单元携带,eNode B 中的控制接口协议层根据 QoS 信息为 UE 建立空中接口上的承载。

(3) 连接状态下 LTE 接入系统的内的移动性管理

这里的连接状态值的是 EPS 连接性管理的连接状态(ECM-CONNECTED),其主要特征如下:

- UE 与网络之间有信令连接,这个信令连接包括 RRC 连接和 S1-MME 连接两部分。
- 网络对 UE 位置感知精度为小区级。
- 在此状态下 UE 的移动性管理由切换过程控制。
- 当 UE 进入未注册的新的跟踪区时,应执行 TA 更新。
- S1 释放过程将使 UE 从连接状态转移到空闲状态。

LTE 接入系统内的移动性管理,处理在连接状态下的 UE 的移动,包括核心网结点的重定位和 UE 切换过程,这些过程应包括原系统的切换决策、目标系统中的资源准备、只会 UE 接入新的无线接入网以及最终释放在原系统中的资源等功能。

切换过程的发起总是由源侧决定,源侧的 eNode B 控制并评估 UE 和 eNode B 的测量结果,并考虑 UE 的区域限制情况,判断是否发起切换。LTE 系统内部的切换都采用 UE 辅助的网络控制方式,切换准备信令在 E-UTRAN 中执行。在目标系统中预留切换后所需要的资源,待切换命令执行后再为 UE 分配这些预留的资源。当 UE 同步到目标接入系统后,网络控制释放源系统中的资源。在这个过程中还包括在相关的控制结点之间传输上下文信息、在相关结点间转发用户数据,以及用户面和控制面的核心网结点重定位。

处于连接状态的 UE 在 LTE 接入系统内的移动性管理,可以分为设计 EPC 结点重定位的 Inter-eNode B 移动性管理和不涉及 EPC 结点重定位的 Inter-eNode B 移动性管理。这两种移动性管理的不同之处在于,切换双方的源 eNode B 和目标 eNode B 之间是否能够通过 X2 接口完成资源预留和切换操作。

4.1.4　未来无线接入网络中的控制器

　　无论是在过去还是未来,无线接入网(RAN)都是移动运营商赖以生存的重要资产,它可以向用户提供 7×24 小时不间断、高质量的数据服务。传统的无线接入网具有以下特点:第一,每个基站连接若干固定数量的扇区天线,并覆盖小片区域,每个基站只能处理本小区收发信号;第二,系统的容量是干扰受限,各个基站独立工作已经很难增加频谱效率;第三,基站通常都是基于专有平台开发的"垂直解决方案"。这些特点带来了以下挑战:数量巨大的基站意味着高额的建设投资、站址配套、站址租赁以及维护费用,建设更多的基站意味着更多的资本开支和运营开支。此外,现有基站的实际利用率仍然很低,网络的平均负载一般来说远远低于忙时负载,而不同的基站之间不能共享处理能力,也很难提高频谱效率。然而,由于现在网络架构的封闭性,硬件和软件的强耦合,运营商不得不利用不同的专有平台管理不同的接入网络,专有的平台意味着移动运营商需要维护多个不兼容的平台,在扩容或者升级的时候也需要更高的成本。为了满足不断增长的移动数据业务需求,移动运营商需要不断升级网络,同时运营多标准的网络,包括:GSM,TD-SCDMA 或 WCDMA,以及 LTE 等,而且这也使得运营商难以在网络升级上具有最大的灵活性[12]。

　　总而言之,传统的无线接入网高额的资本支出与运维开支使得移动运营商在移动互联网市场上逐渐失去竞争力。因此,无线接入网必须重新考虑新的网络架构以适应新的环境,找到一条可以建立适合移动互联网的高性能低成本的绿色无线接入网方法。在这种驱动力之下,软件定义网络(SDN)技术成为国内外研究的热点,被认为是未来无线网络演进的重要方向,基于 SDN 的无线接入网络架构也许能够解决现在网络面临的一些问题,在该网络架构中基于SDN 的接入网络控制器是整个架构的核心。

4.2　软件定义网络中的控制器

4.2.1　基于 SDN 的控制器及其功能

　　无线网络设备一般由控制平面和数据平面组成,控制平面为数据平面制定转发策略,规划转发路径,如路由协议和网关协议等等;数据平面则是执行控制平面的策略的实体,包括数据包的封装/解封装、查找转发表等。目前设备的转发面和控制面都是由设备厂商自行设计和开发,不同的厂商设计和实现的方式也不尽相同,而且软件化的网络控制功能与硬件设备相紧密耦合,这使得运营商在进行网络升级的时候不得不对硬件设备进行更换。这样的控制面和数据面紧耦合的方式带来了网络管理复杂、网络测试繁杂、无线网络升级换代周期漫长、运营成本高等问题。因而,软件定义网络应运而生。

　　在基于 SDN 的网络架构下,传统的控制面被分离出来,可以通过软件的方式来实现的控制面,并将其部属于服务器之上,实现对多个转发设备的集中控制和管理;并且,数据转发的方式发生了改变。在 SDN 的网络架构下,转发设备仅仅具有转发功能,当其收到数据包后会查找本地的转发表,如果有相关记录即按照该记录进行转发,如果没有相关记录,交换机向控制器发出请求询问对该数据包的处理方式。控制器控制着多个转发设备,拥有全局的网络视图,因此,控制器可以基于该集中的视图为该数据分组制定转发策略,并将该策略下发至所有与该策略有关的转发设备。

作为网络的集中控制端,SDN 控制器实际上是运行于控制结点(PC)上的一套软件,如表 4.1 所示的为常见的开源 SDN 控制器及其主要特点。

表 4.1　常见的开源 SDN 控制器及其主要特点

控制器	开发语言	工作平台	开发团队	主要特点
NOX	C++/Python	Linux	Nirica	单线程模型,性能较低,目前还在继续开发中
POX	Python	Win/Mac/Linux	Nirica	NOX 的 Python 版本,安装使用简单,但是功能有限
Floodlight	Java	Win/Mac/Linux	Big Switch	模块化结构,支持事件和多线程,友好的用户界面
Maestro	Java	Win/Mac/Linux	Rice	支持多线程,功能丰富,方便开发应用
Trema	Ruby/C	Linux	NEC	开发 API 丰富,但是调试较为繁琐
SNAC	C++/Python	Linux	Nirica	集成可扩展策略定义语言,通过策略管理器来管理网络
OpenDaylight	Java	Linux/Win	Linux Foundation	采用 OSGi 体系结构,做到了功能的隔离,南向使用 Netty 来管理底层的并发 IO,北向使用 Jersey 提供 REST 接口

1. NOX / POX 控制器

NOX 是 Nirica 开发的一款 SDN 控制器,该公司在 2008 年将其开源,后由斯坦福大学继续开发维护,是第一个开源的 SDN 控制器,具有里程碑的意义。他是一款基于 OpenFlow 协议的控制器,早期版本的底层模块使用 C++编程语言开发,上层应用使用 C++和 Python 编程语言共同实现。NOX 的出现在很大程度上推动了 SDN 技术的发展,是早期 SDN 领域众多研究项目的基础。2011 年斯坦福大学的研究人员又推出了基于 Python 语言的 POX 控制器。

NOX 架构由两个重要的元素支撑,他们分别是事件和组件。事件描绘了整个架构的运行基本流程,组件支撑了各层次事件的构建[13]。NOX 组件是指封装了特定功能的 OpenFlow 应用软件。OpenFlow 网络具备的各种功能由网络研究人员在 NOX 之上编写 NOX 组件来实现。NOX 组件可以采用 C++、Python、Java 等编程语言来编写。NOX 组件使得网络功能模块化,有利于代码的复用和维护。例如,若将路由功能封装为 NOX 上的一个路由组件,任何需要路由功能的组件都必须将这个组件作为它的依赖,来保证新的组件运行时可以获得路由功能。如果要修改某个组件的功能,只要这个组件对外提供的接口保持不变,仅仅需要修改这个组件而不需要改动其他组件。目前,建立在 NOX 上的应用程序包括重构网络拓扑;跟踪网络中移动的主机;提供适当粒度的网络访问控制;管理网络历史等。

NOX 组件采用事件驱动的机制。NOX 事件对应于网络中发生的某些变化,是 NOX 组件之间进行通信的主要方法。NOX 事件包含 OpenFlow 事件和自定义事件两类。其中 OpenFlow 事件是指直接与 OpenFlow 消息相关的事件,包括:数据面接入事件、接收数据包事件、数据面离开事件、流到期事件等。除了 OpenFlow 事件外,NOX 组件还可以自定义事件。

POX 完全使用 Python 语言编写,采用与 NOX 一致的事件驱动的处理机制和编程模式,增加了多线程支持。由于 Python 简单易懂并拥有更好的拓展性,POX 被研究人员广泛接受和使用。POX 采用"发布/订阅"的编程设计模式,提供一系列接口与组件,如表 4.2 所示。

表 4.2 POX 组件及其功能

组件类型及说明	组件名	功　能
核心组件	pox. core. py	完成组件的注册、组件之间相关性和事件的管理
	pox. lib. addresses. py	完成对地址(IP、MAC 地址等)的操作
	pox. lib. revent. py	定义了事件处理相关的操作,包括创建事件、触发事件、事件处理等
	pox. lib. packet. py	完成对报文的封装、解析、处理等操作
OF 组件	openflow. openflow. of_01. py	与 OpenFlow 交换机进行通信
应用类组件	forwarding. hub. py	集线器的实现
	forwarding. 12. learning. py	二层学习交换机的实现
	forwarding. 13. learning. py	三层交换机路由策略的实现
	forwarding. 12. multi. py	依据整个网络拓扑选择最短路径完成二层包的转发
	openflow. spanning_tree. py	创建生成树
	web. webcore. py	POX 的 Web 服务组件
	openflow. discovery. py	使用 LLDP 报文发现网络的拓扑
	proto. dhcpd. py	实现简单 DHCP Server 功能
	proto. dhcp_client. py	DHCP 客户端组件
	proto. arp_responder. py	完成查询、修改、增加 ARP 表的功能
	proto. dns_spy. py	监听 DNS
	Log	POX 日志模块

2. Floodlight 控制器[14]

Floodlight 是一种企业级的、使用 Apache 许可的、基于 Java 语言编写的开源 OpenFlow 控制器,它是由来自 Big Switchitch Networks、IBM 等的工程师开发和维护的。本文所实现的增强型 SDN 路由系统,将基于 Floodlight 控制器开发,选用 Floodlight 的原因主要有以下几点:

- Java 语言开发,良好的跨平台特性;
- 模块化程序设计,便于新特性的添加;
- 良好的 UI 界面;
- 提供 REST API 基础组件,便于 REST 功能开发。

Floodlight 的系统架构如图 4.10 所示。

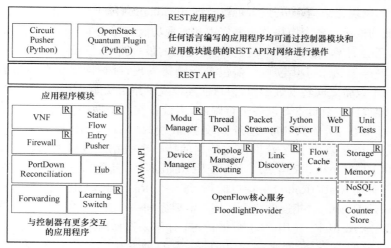

图 4.10　Floodlight 系统架构图

在整个架构中,控制器是整个 OpenFlow 网络体系架构的控制中心,对整个 OpenFlow 网络具有全局的视野。控制器负责为数据流制定逻辑规则,并通过下发流表的方式实现数据流在指定路径上的传输。如图 4.10 所示,Floodlight 控制器南向通过安全通道的 TCP 安全连接与 OpenFlow 交换机以及普通交换机相连,北向通过 Java 应用程序模块或者 REST-API 的方式互相合作,实现 Floodlight Module 开发自己的模块或应用程序。

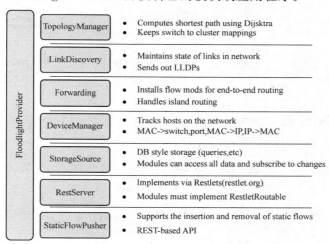

图 4.11　Floodlight 控制器主要模块及功能

Floodlight 使用模块框架实现控制器特性和一些应用,在功能上,Floodlight 由控制器模块和应用模块组成,控制器模块实现了核心的网络服务并为应用程序提供接口,应用模块根据不同的目的实现不同的方案。

目前 Floodlight 控制器模块主要包括的接口信息在 Floodlight 控制器启动时可以看到。FloodlightProvider 作为控制器的核心模块,主要有两大功能。其一,它管理控制器与交换机建立的连接并将 OpenFlow 数据包 OF Packet 转化成为 Floodlight 中的一个个事件供其他模块处理;其二,它调度 Floodlight 中各个模块对事件的处理顺序,这样一个 OpenFlow 消息事件可以正确地经过各个模块的处理,完成对应的功能。

Floodlight 的模块化结构,使开发者可以选择 Floodlight 启动时候所加载的模块,也可以加入自己定义的功能的模块。各个模块的主要作用和实现功能如图 4.11 所示:拓扑管理模块主要实现利用 Dijsktra 算法计算 OpenFlow 交换机链路之间的最短路径,然后维护交换机的整体拓扑映射;链路发现主要是发送 LLDP 包和广播包进行链路发现,维护网络中各个链路的状态信息;Forwarding 在两个设备之间转发数据包,但目前还没提供路由功能,VLAN 的封装和解封等都需要拓展;设备管理模块主要负责对设备进行跟踪,当设备在一个网络中移动的时候跟踪设备,并且为新流定义目的设备,管理 Mac 地址到交换机端口、Mac 到 IP 或者 IP 到 Mac 的映射。StorageSource 是一个存储,提供了获取所有数据的接口和数据改变时的通知。RestServer 通过 HTTP 协议提供 REST API。Rest API 服务使用 Restlets 库,其他基于 REST 服务提供 API 的模块需要添加一个实现 RestletRoutable 接口的类,每一个 RestletRoutable 都会包含一个与 Restlet 资源(通常是 ServerResource)相连的路由。用户需要添加一个自定义的类用来处理特定 URL 的请求,该类需要继承 Restlet。使用@GET、@POST 注解来选择用于 HTTP 请求的方法。序列化通过 Restlet 中包含的 Jackson 库来完成,Jackson 有两种方法序列化对象,一种是自动的使用 getter 方法序列化那些字段,一种是通过添加注解自定义序列化。

3. OpenDaylight 控制器[15]

OpenDaylight 是由 Linux 协会联合业内 18 家企业(包括 Cisco、Juniper 等多家传统网络公司)在 2013 年初创立的一个合作项目,旨在推出一个开源的、通用的 SDN 平台,参与 OpenDaylight 项目开发的厂商成员分为铂金成员,金牌成员和银牌成员,如图 4.12 所示。

图 4.12 OpenDaylight 阵营

作为 SDN 的核心组件,OpenDaylight 的目标是降低网络运营复杂度,扩展现有网络架构的生命周期,同时支持新业务和网络能力创新。目前,OpenDaylight 包括十二个项目,每一个项目都有自己的代码库。这些项目中与 OpenFlow 相关的项目的有 controller、openflowjava 和 openflowplugin,其中,controller 仅支持 OpenFlow 1.0,openflowplugin 是一个单独的项目,将来它的 core 部分要集成到 controller 中,使 controller 支持 OpenFlow 1.3 及以上的版本。

OpenDaylight 拥有一套模块化、可插拔且极为灵活的控制器,OpenDaylight 控制器使用 Java 语言编写,理论上来说可以部署到任何支持 Java 的平台上。OpenDaylight 控制器它提供了开放的北向 API(开放给应用的接口),同时,南向支持多种包括 OpenFlow 在内的多种接口协议,底层支持传统的交换机和经典的 OpenFlow 交换机。

OpenDaylight 控制器在设计的时候遵循了六个基本的架构原则:

- 运行时模块化和扩展化(Runtime Modularity and Extensibility):支持在控制器运行时进行服务的安装、删除和更新。
- 多协议的南向支持(Multiprotocol Southbound):南向支持多种协议。
- 服务抽象层(Service Abstraction Layer):南向多种协议对上提供统一的北向服务接口。MD-SAL(Model Driven Service Abstraction Layer)是 OpenDaylight 的一个主要特点。
- 开放的可扩展北向 API(Open Extensible Northbound API):提供可扩展的应用 API,通过 REST 或者函数调用方式,两者提供的功能要一致。
- 支持多租户、切片(Support for Multitenancy/Slicing):允许网络在逻辑上(或物理上)划分成不同的切片或租户。控制器的部分功能和模块可以管理指定切片。控制器根据所管理的分片来呈现不同的控制观测面。
- 一致性聚合(Consistent Clustering):提供细粒度复制的聚合和确保网络一致性的横向扩展(scale-out)。

OpenDaylight 总体架构如图 4.13 所示。

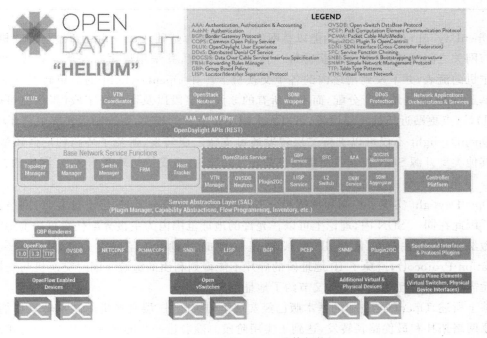

图 4.13　OpenDaylight 总体架构

OpenDaylight 架构中通过插件的方式支持包括 OpenFlow 1.0、OpenFlow 1.3、BGP、SNMP、PCEP、NET-CONF、OVSDB 等多种南向协议。服务抽象层(SAL)一方面支持多种南向协议,另一方面将来自上层的调用转换为适合底层网络设备的协议格式。在 SAL 之上,OpenDaylight 提供了网络服务的基本功能和扩展功能,基本网络服务功能主要包括拓扑管理、状态管理、交换机管理、主机监测,以及最短路径转发功能,同时还提供了一些扩展的网络服务功能。OpenDaylight 主要组件及其功能如表 4.3 所示。

表 4.3　OpenDaylight 主要组件及其功能

组件	功　　能
服务抽象层(SAL)	整个控制器模块化设计的核心,支持多种南向协议,并为模块和应用支持一致性的服务
Topologymanager	获取并管理底层设备的功能、状态及连接性等方面的拓扑信息
Web	主要存放 jsp 和 servlet 文件
Hosttracker	负责主机探测并维护其属性信息
Clustering	定义了一系列集群服务接口,包含 ICacheUpdateAware 集群缓存更新时需要监听的接口,IClusterServicesCommon 提供了一组集群中常用的接口,ICoodinatorChangeAware,IGetUpdates,IListenRoleChange 角色改变时需要监听的接口
Forwarding	提供静态路由配置与静态路由的创建功能,用于连接 SDN 与非 SDN
Routing	实现了 dijkstra 最短路径算法。监听了 IListenTopoUpdates 接口,当拓扑更新时自动计算相应路径
Switchmanager	该模块主要维护网络中结点、结点连接器、接入点属性、三层配置、Span 配置、结点配置、网络设备标识。提供创建删除查询子网、增加删除查询 span 端口、结点连接器、配置交换机和 span 端口功能。北向接口提供获得结点、增加结点属性、删除结点属性、获得结点连接器、增加结点连接器、删除结点连接器、保存交换机配置的功能

OpenDaylight 的简单转发功能以整网的拓扑结构为基础,Controller 通过处理主机之间、主机与网关之间的 ARP 报文来获得每一台主机的位置,并采用最短路径优先算法计算到达目的主机的流表,并下发到网络内的各个交换机上。在 OpenDaylight 的简单转发功能中,流仅仅基于目的 IP 地址进行分配,而不是所有的 5 元组字段以及优先级字段(当然也可以选择 5 元组),这点更贴近传统三层设备,可以大大减小了流表的规模,更为贴近实际生产环境。

OpenDaylight 不仅可以支持二层转发还可支持三层转发,避免了环路和广播风暴,优于目前其他类型开源 SDN 控制器所能提供的转发功能,并且支持与外部非 SDN 网络的二/三层互通。

OpenDaylight 实现了控制和承载相分离,网络上已经没有二/三层设备之分,网络充分扁平化。因此在同一 SDN 内,理论上可以在允许的地址范围内为主机分配任意可用的 IP 地址。这种做法解除了主机位置与 IP 网段物理位置的紧耦合(有点类似 LISP,Location-ID Separation Protocol),避免了 IP 地址段的碎片不能得到利用的尴尬。同时交换机与交换机之间也无需配置大量互联 IP 地址,又节约了地址空间。

综上所述,OpenDaylight 的基本版已经实现了传统二/三层交换机的基本转发功能,并支持任意网络拓扑和最优路径转发,达到了实用阶段。随着进一步的研究和开发,OpenDaylight 将提供更好的多租户支持(Tenant),更好的网络可视化(Network Virtualization)能力,实现

LISP、BGP、Firewall 等网络应用,成为一款控制能力足以与传统网络设备匹敌的 SDN 控制器。

4. Ryu 控制器[16]

Ryu 是由日本的 NTT 公司开发的基于 Python 语言的开源 SDN 控制器,提供的完备 API 有助于网络运营商高效便捷地开发 SDN 管理和控制应用。当前 Ryu 对很多管理网络设备的协议提供了支持,如 OpenFlow 协议、Netconf 协议、OF-CONFIG 协议等多种南向协议。Ryu 控制器架构如图 4.14 所示。

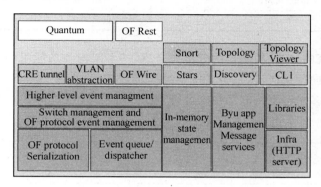

图 4.14　Ryu 控制器架构

Ryu 是基于组件的架构,这些组件均以 Python 模块的形式存在。其中最上层的 Quantum 与 OF Rest 分别为 OpenStack 和 Web 提供了编程接口,中间层为 Ryu 自行研发的应用组件,最下层为 Ryu 底层实现的基本组件。目前 Ryu 包含的组件及其功能如表 4.4 所示。

表 4.4　Ryu 组件及其功能

组件类型及说明	组件名	功　　能
基本组件	ryu/base/app_manager.py	提供了对其他组件的管理,被 ryu-manager 自动调用
	ryu.controller.dpset.py	管理 OF 交换机的组件,今后的版本中可能会被 ryu/topology 替代
	ryu/controller/ofp_handler.py	对控制器、交换机间握手、协商过程的处理
	ryu/controller/ofp_event.py	完成 OF 消息-事件的转化,提供北向接口 API
	ryu.comtroller.controller.py	控制器组件,管理与 OF 交换机连接的安全通道,接收 OF 消息,调用 ofp_event,并发布相应的"事件",以触发订阅了该"事件"的组件的处理逻辑
与 OF 协议相关的组件	Ofprotolx.py(x=0/1/2/3)	定义了相应协议版本的参数
	Ofprotolx_parser.py(x=0/1/2/3)	定义了相关协议版本消息的封装格式
应用类组件	ryu/app/simple_switch.py	传统的 2 层交换机策略
	ryu/app/simple_switch_stp.py	无广播环路的 2 层交换机策略
	ryu/app/simple_isolation.py	基于 MAC 的过滤策略
	ryu/app/simple_vlan.py	实现了基本的 VLAN
	ryu/app/gre_tunnel.py	实现了多种隧道策略
	ryu/topology.py	交换机与链路状态检测组件,用于拓扑图的构建

续表

组件类型及说明	组件名	功 能
基于 REST API 的应用组件	ryu/app/ofctl_rest.py	用于管理 OVS 中的流表
	ryu/app/rest_conf_switch.py	用于配置 OF 交换机
	ryu/app/rest_quantum.py	与 Quantum 的通信接口
	ryu/app/rest_router.py	路由策略
	ryu/app/rest_topology.py	用于对拓扑的管理
	ryu/app/rest_tunnel.py	隧道策略

通过对目前主流的 SDN 控制器的分析与介绍，基本架构和功能组件的剖析，我们可以从研究背景、支持的南向接口协议、是否支持多线程、是否能够使用 OpenStack 云管理平台进行管控、是否可以实现多平台支持多个角度进行对比分析，如表 4.5 所示。

表 4.5　各种控制器对比

控制器	研究背景		支持的南向协议	支持多线程	Openstack 支持	多平台支持
	开发语言	开发团队				
NOX	C++/Python	Nicira	OpenFlow1.0	否	否	Linux
POX	Python	Nicira	OpenFlow1.0	是	否	Win/Mac/Linux
Floodlight	Java	Big Switch	OpenFlow1.0	是	是	Win/Mac/Linux
OpenDaylight	Java	Linux Fundation	OF1.0、OF1.3、OVADB NETCONF SNMP、LISP、BGP、PCEP	是	是	Linux/Win
Ryu	Python	NTT	OF1.0、OF1.2、OF1.3、OF1.4、NETCONF sFlow OF—conf OVADB	是	是	Linux

通过对比分析可以发现以下结论：

（1）目前控制器的主要编程语言为 C++、Java 和 Python。基于 C++ 的控制器在处理器性能上有较好的表现；基于 Java 的控制器有较为丰富的 API，便于业务应用的扩展；基于 Python 语言的控制器在网络编程方面有较好的灵活性，易于开发，但是效率较低。

（2）最初的控制器 NOX 并不支持多线程，但是随着 SDN 技术的不断发展，大多数控制器都朝着支持多线程技术发展，这使得控制器性能得到进一步提升，并且可以根据上层业务优先级进行不同的设置。

（3）早期的 NOX 控制器不支持云管理平台，但是随着云计算的大发展，SDN 控制器也正在逐渐支持 Openstack 云管理平台，这是一个大的趋势。SDN 与云平台的融合可以更好地实现集中的资源控制、高效的自动部署和快速的故障排除，降低运营成本。

（4）控制器在设计时必须考虑多种接口协议的支持。早期的 NOX、POX、Floodlight 控制器设计过程中，只支持一种南向协议（OpenFlow1.0），这样的设计使得目前的数据中心内部绝大多数的交换机不能与之兼容，增加了部署和运营的成本，不利于演进。接下来的 SDN 控制器(例如,OpenDaylight、Ryu)设计充分考虑了与现有网络的兼容性,通过各种手段支持 BGP、Netconf、OVSDB、SNMP 等多种南向协议,从而实现了控制器与各种底层交换设备更好地进行信息交互,组网也更加灵活。

4.2.2　无线网络中的 SDN 控制器

1. 未来无线接入网络的发展需求与趋势

(1) 终端能力的开放化和无线业务的泛在化

无线接入网络中,终端操作系统的开放性使得无线业务呈现爆发式的增长,无线业务正朝着在任何时间、任何地点提供任何服务的"泛在化"方向发展。因此,需要无线业务和无线接入网络更进一步的融合,从而适配终端能力的开放。然而,在目前的无线接入网络中,无线网络功能与网络硬件紧密耦合在一起,无线协议的升级通常意味着网络硬件的更新换代或引入新的网络设备,这对网络基础设施的更新和维护带来了巨大的成本代价,无线网络的封闭特性越来越成为限制无线业务发展的重要因素。

(2) 多种无线接入方式的异构共存

各种各样的不同制式的异构网络为用户提供了多种多样的通信方式和网络接入手段,但是在目前的接入网络架构下,它们之间不能实现有效互联互通,不同的接入网络间缺乏有效的状态信息共享机制和资源调度策略,难以达到网络资源利用的全局最优,从而大大削弱了网络的整体效用和服务提供能力,实现多种异构接入网络融合是未来无线网络所面临的严峻挑战。因此,在未来的无线接入网中将异构网络纳入到统一的管理框架下,实现一致性的网络资源管理,提高异构网络间的无线资源调度效率和协作性成为亟待解决的问题。

(3) 用户对无线业务质量的苛刻需求和网络的密集部署

未来无线通信网络中,不同制式通信结点的密集部署,使得网络拓扑结构复杂化,不同小区的覆盖区域可能会出现大量的重叠,因此小区间会产生大量不可预测的动态干扰,用户在网络中移动时需要频繁的切换,影响无线接入网中用户的业务体验质量。现有的无线接入网络每个基站或接入点由独立的控制面对其进行网络行为的控制和管理,通过与其他基站一些分布式的协作技术(如自组织网络等)来抑制干扰,保障用户业务体验。然而,在密集部署场景下,协作需要在多个基站、多种接入制式的网络之间进行,这通常会导致网络状态信息获取的时效性和分布式协作算法的收敛效率大大下降,从而引起协作和管理性能的下降,无法有效抑制密集部署下动态干扰对业务用户体验造成的影响。未来无线接入网络需要高效的干扰管理和协作策略,解决用户对业务质量的苛刻需求和密集部署带来的动态干扰之间的矛盾。

为了解决上述无线接入网络中所面临的问题,基于 SDN 的控制与转发分离的无线接入网络架构引起了科研界的广泛关注。目前针对该架构的研究主要集中在异构网络融合和资源管理关键技术等,主要包括异构网络无缝切换、面向主观体验的 QoE 感知技术和弹性网络资源分配技术等。那么 SDN 技术如何解决以上面临的几个问题呢?

(1) 未来无线接入网络能力的开放:如何解决无线网络封闭性和无线业务泛在化之间的矛盾?

在无线接入网络中,随着终端硬件计算能力的不断提升,Android,iOS 等终端开放操作系统已经成为主流。开放操作系统通过给用户和开发人员提供友好开发接口,已经实现了终端能力的逐步开放,带来了终端应用的爆发式增长。与此同时,无线接入网络却仍然处于十分封闭的状态,对网络的管理和升级需要对网络设备和协议进行复杂的配置和操作,封闭的无线接入网络和泛在化的业务之间产生了一个巨大的矛盾,导致网络的升级和革新无法适应井喷式涌现的新业务。这需要将软件定义网络(SDN)的理念引入到无线接入网络中,设计可编程的数据面,抽象无线网络资源,定义可以给用户提供友好接口的控制面,实现无线接入网络能力的开放。

(2)异构无线接入网络无缝融合:如何解决未来无线接入网络中多种接入方式共存和一致性网络资源管理之间的矛盾?

在无线接入网络的发展过程中,出现了各种各样的接入方式,在我们周围的自由空间中,常常会存在着三种以上的无线接入方式。然而,事实上我们只能够选择其中的一种或者两种接入,即使我们所在的接入网络已经处于满负载运行,周围的其他接入网络处于十分空闲的状态,要通过无线接入网络之间的高效协作,在不同的无线接入方式之间实现一致性网络资源管理和调度,也是十分困难的事情。因此,需要在不同无线接入网络之间建立统一的网络管理平台,通过不同接入方式之间的高效协作,实现异构接入网络之间的高效协作和管理。而 SDN 采用的是控制与转发分离的设计思想,集中的控制平台能够很好地满足异构网络之间融合的需求,屏蔽异构网络的差异性;再结合网络虚拟化、云计算等等技术更能够解决现有的问题,使整个无线接入网络结构焕然一新。

(3)高密度覆盖下无线业务 QoE 的保障:如何解决未来无线接入网络高密异构部署和苛刻的用户 QoE 需求之间的矛盾?

随着用户业务数据量和种类的飞速增加,无线网络需要高密度的接入点部署来提供更高的数据速率。然而,高密度的接入点部署会给网络中的用户带来不可预测的动态干扰和频繁的切换,影响网络中业务特别是实时业务的质量。这就需要一方面研究异构无缝移动性管理和弹性虚拟资源管理策略,另一方面研究容易受到此类干扰影响的业务的 QoE 感知模型,通过对无线资源的合理配置和调度,最大限度降低干扰对业务质量的影响,保持业务在高密覆盖下的连续性,保障终端用户 QoE。在基于 SDN 的异构无线接入网络架构中,移动性管理、弹性无线网络资源分配、QoE 感知等功能可以作为网络应用运行于控制器平台之上,并且 SDN 技术灵活、可编程性使得网络管理者能够根据具体的网络需求设计多种网络的管理应用,使网络的运营和管理更加便捷,网络的演进、升级成本大大降低。

2. 基于 SDN 的未来无线接入网络控制器部署架构

基于 SDN 的网络中最重要的网元就是控制器,它一方面负责管理网络资源,维护全局的网络资源视图,从而提供流的优化以及对下层转发设备的流表管控功能;另一方面按照上层应用的要求,开放网络编程功能接口,并执行上层应用对底层网络资源的调度命令。因此,控制器是整个 SDN 网络的大脑,选择合理的部署架构对网络的性能尤为重要。

(1)集中式的部署架构

传统的 SDN 网络中的控制器采用的是集中式的架构,如图 4.15 所示。作为全网络的控制系统,对南向的设备应该是一个完善的整体,亦即控制器系统中的各个流表项之间应该是统一而无矛盾的,而这个控制器系统能够完全掌控整个网络的交换功能。但是对北向的 SDN 应用来说,一方面控制器系统应当具有透明的服务能力,即表现为一个控制器整体;另外在使用某些特定的应用时,又希望访问控制器系统中的特定实例以提高工作的效率[17]。因此,即使是这种集中的控制器架构,对于北向应用也应当提供一种"可分可合"的接口模式。

集中式的控制器架构在部署中可能面临着效率、性能、

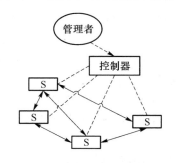

图 4.15 集中式的部署架构

可扩展性、安全性等方面的问题。因为对于运营级别的 SDN 来说,控制器将不再是一个单独的实例,而是一个由大量实例组成的控制器系统。在同一场景中,如数据中心之内,单个控制器很难满足整个网络的调度需求。以某公司在售的 SDN 控制器产品技术参数,一台高性能的SDN 控制器拥有同时连接 1000 台交换机或者 10000 台虚拟交换机的能力,进一步考虑到每台交换机所能连接的主机数量,控制器即使拥有 300000 条流表的处理能力也很难应对如此复杂的网络场景的需求。

（2）分布式的部署架构

在对传统的 SDN 网络的研究中,研究学者提出了 HyperFlow 的部署方案,HyperFlow 是为 OpenFlow 协议设计的一个分布式控制平面,部署方案模型如图 4.16 所示。为了使物理上分布的控制器能够获得相互一致的网络视图,HyperFlow 利用"发布/订阅"方式实现控制器东西向的接口,这种方案的优点是当网络状态变化是局部、小规模的时候,能够快速地广播网络状态的变化,这也限制了这种方案在其他的场景中的应用。在具体实现上,HyperFlow 利用分布式文件系统的思想,实现了控制器之间的事件传播;为了支持可扩展性和高性能,HyperFlow 采用"基于事件"的消息处理模型,保证了控制器系统在大规模通信中的健壮性和可扩展性[18]。

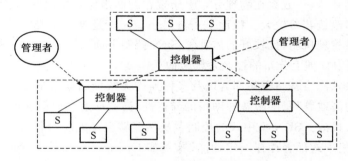

图 4.16　HyperFlow 部署架构

这种分布式的方案实现简单,资源重用比例大,是一种经济快捷的部署方式,但是实际上在运营级的无线接入网络中,采用这种控制系统仍然存在一些问题。该架构中,控制器之间采用"发布/订阅"模式进行更新,运营商的网络覆盖范围可能很广,网络层次多,当 SDN 无线网络扩大到一定的规模时,即使采用专网进行控制器系统的通信,也很难保证每一个控制器实例对网络信息进行实时的更新,这无疑影响了控制器系统的响应的实时性。在这种情况下,控制器做出的决定有发生决策冲突的可能性。

Onix 是由包括 OpenFlow 的先驱在内的研究者提出的分布式控制器系统,体现了OpenFlow 协议设计者对于一个可扩展的网络控制面的理解。Onix 重点考虑了两个方面的问题:首先,向 SDN 应用设计易用的 API,这些 API 包含应用程序对物理网络资源的操作,并且把物理网络的资源封装在一个比较容易操作的 NIB(Network Information Base)数据模型中。其次,把控制器内部的实现和业务分担的逻辑隐藏起来,简化 SDN 应用开发[19]。在可扩展性方面,Onix 主要使用了 3 种方法:利用 P2P 的思想,利用 DHT 将 SDN 应用给控制器系统的任务在控制器之间进行分担;将控制平面分块,每一块的控制器实例负责维护本区的路由决策,区块之间的路由决策则由控制器实例构成的集群共同进行;Onix 使用高效的信息汇聚算法,使得分布存储的信息可以高效的汇聚,在分布式系统中保持一致性和可扩展性。Onix 部署架构模型如图 4.17 所示。

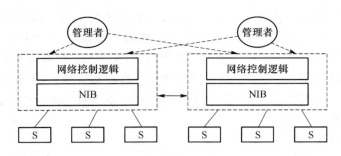

图 4.17　Onix 部署架构

Onix 依靠更新各实例的 NIB 维持网络的整体性,借鉴了成熟的分布式系统解决方案。Onix 网络提供两种 NIB 更新方式:应对缓慢更新,对稳定性要求高的场景而是用的带副本的事务性数据库模式;应对频繁更新,对网络可用性要求高的场景的 DHT 模式。Onix 在使用 DHT 模式进行实时更新时,可能发生多实例同时更新,导致 NIB 不一致的情况,为了解决这一问题,可以采用实例分级机制,即对每一个特定的 NIB 都设置一张实例优先级列表,当 NIB 更新发生冲突时,系统选择保留优先级高的实例的修改意见。

对于网络管理者,这一方案在物理分布上于现在的网络比较接近,但是实现的复杂度比较高,设备重用率低,改造花费较大。相比 HyperFlow,Onix 是真正意义上的改革方案,它确立了一套全新的网络管理机制,比较好的体现了 SDN 控制平面与转发平面分离的特点。

（3）逻辑上集中物理上分布的控制系统架构

在未来无线接入网络基站密集部署以及多种异构无线网络融合的场景下,如何实现对整个无线网络资源的高效管理、屏蔽各种网络的异构性、高数据速率通信等成为未来无线网络资源管理面临的巨大挑战。SDN 集中式的控制器虽然能够很好地应对很多目前面临的问题,但是实践表明,采用集中式部署存在一定的问题,例如 OpenFlow 在对网络进行抽象时,采用逻辑集中的控制思想,为了简单起见采用一个控制器对整个网络进行集中控制,但是随着网络规模的扩大,会有大量的控制请求发送至同一集中控制器,并且会给距离控制器较远的接入设备带来很大的时延,降低了网络的效率,因此这种集中控制的平台将会面临很大的高效性和可扩展性的问题,整个网络的性能将难以得到保障;分布式的控制器难以实现对网络资源进行统一、高效的管理,并且进行网络升级时要对每个控制器进行操作。因此,北京邮电大学的研究人员提出一种逻辑上集中但是物理上分布的基于事件的分层的异构无线网络控制系统架构,如图 4.18 所示。

在该架构中,网络控制器通过运行于云端服务器之上的网络操作系统来实现,通过发布控制事件来同步控制器的网络级控制能力,并将数据面的应答转寄至发起请求的网络控制器。接入网域控制器将其状态信息推送至其他控制器,从而保证了每个域控制器为每个信息流提供本地服务,并且所有的网络控制器的操作对于控制应用是透明的。在保持对网络逻辑上集中控制的同时提供可扩展性,所有网络控制器都有同样的网络级控制能力和本地服务请求。

控制器由两部分组成:接入网域控制器作为决策制定者,全局控制器负责组建事件散播系统用于交叉控制器的通信。所有的控制器具有一致的网络级的控制能力。它们都运行相同的控制器软件和应用设置,每个软基站都连接到邻近的最优的接入网域控制器上,每个控制器只直接控制与其相连的软基站,间接地询问和管理其他的软基站（通过与其他接入网域控制器之间的通信来实现）,一旦控制器出现故障,受影响的软基站可以通过特定的接口进行重配置从而与相邻的活跃的接入网域控制器建立连接。为了实现全局的控制能力,接入网域控制器通过"发布/订阅"系统更新系统状态。

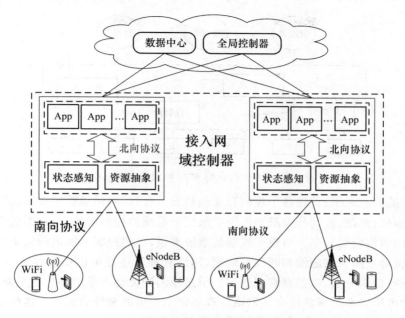

图 4.18　分层的网络控制系统架构

这是一种新的控制系统部署架构,在集中式与分布式之间进行折中的同时,采用了一些高效的信息交互方式和网络管理策略,并且利于新型网络管理应用的开发应用。在 SDN 网络中部署多个控制器,每个控制器管理多个与之直接相连的转发设备,通过间接查询等方式管理其他非直连的转发设备,各个控制器之间通过共享全网视图和资源状态等网络信息对整个网络进行控制和管理,最终实现高效灵活的弹性网络管理。

此外,为了最大限度的发挥控制器的控制能力,提高控制器性能和效率,控制器可以采用主动或者被动的模式。在主动工作的模式中,中心控制器将所有的转发规则一次性写入转发设备的流表,从而使其在任何数据分组到达之前便知道多有可到达的地址。主动模式中,控制器主动将流表进行更新和推送,转发设备不能将失配的数据包转发给控制器,因此不能发起一个新建数据流的请求。

被动模式与之相反,控制器不会主动的进行流表的更新,只有接收到底层的转发设备发送过来的请求时才会向相应的底层设备下发流表更新。

（4）基于 P2P 的 SDN 控制器系统架构

对等网络（peer to peer,P2P）的概念经过十多年的发展,已经在即时通信、分布式计算、电子游戏等领域得到了广泛使用。控制器系统中的每一个实例都是对等的,相互之间能够以 P2P 协议通信,这一方案可以大规模的重用现有的支持 SDN 的转发设备,具体架构模型如图 4.19 所示。

该架构与前面几个方案有本质上的区别,控制器不再专注于维护各自的信息库,仅有一个逻辑上的信息库,系统中的所有控制器都是这一信息库的维护者,与此同时,所有的控制器决策也都基于这一信息库进行。这个信息库分布在整个控制器系统中,控制器实例每时每刻都在不同地获取信息库的信息,以保证自身决策的正确性。在这个模型中,对控制器实例进行区分已经没有意义,控制层面提供的是一个系统的北向接口。虽然具体的路由决策有特定的控制器实例完成,但是由于所有的控制器实例依照统一的信息库进行判断,网络管理者也可以将控制器的南向接口视为统一的。

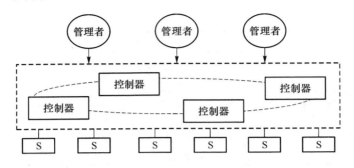

图 4.19　基于 P2P 的 SDN 控制器部署架构

这种架构的缺点在于:首先各个控制器实例缺乏区分,影响网络管理效率;其次,信息库上任意的增加、删除、修改、查询行为都会逐渐扩散到全系统的控制器实例,这个过程中难免出现冲突,而且占用通信资源较多。对整个控制器系统来说,虽然控制平面内的路由决策应该是统一的,各个实例对于同一问题的判断没有区别,网络管理者还是可以依据地域、连接类型等对控制器实例进行标识分类,以提高管理效率。信息库的冲突会严重影响控制平面的原子性,而信息库更新所占用的系统资源也会为网络管理者带来一定的额外的成本。这两个问题都可以通过强化流表功能的方式解决,如网络管理者可以在流表中增加生存周期,以达到流表自更新的目的,也可以添加优先级信息作为冲突的解决凭证。

综上所述,SDN 技术应用到异构无线接入网络时,有多种不同的架构可供选择,每种架构都有自己的优势和不足,而且仍有很多问题亟待解决和进一步研究。具体采用集中式还是分布式控制方案需要结合网络部署的具体需求而定,如小规模网络,采用主从备用的集中式控制方案能够满足需求,在大规模的网络部署中,就必须采用多控制器协同工作的分布式控制架构。

4.2.3　基于 SDN 的未来无线接入网络控制器中的关键技术及研究方向

1. 控制器架构平台设计

控制器是整个网络的核心,是连接下层基础转发设备与上层应用的桥梁。一方面控制器可以对底层转发设备进行统一的控制管理,通过南向接口协议进行链路发现、拓扑管理、流表下发等行为;另一方面,控制器可以向上层应用提供标准化的北向接口,通过这些接口,上层应用可以对底层网络进行有效的资源调度和配置以实现对网络自动、灵活的管理。因此控制器平台的设计直接关系到整个网络的高效性、资源配置的合理性,未来无线接入网络控制器的应具有以下几方面的能力[20]:

(1) 网络编程能力。网络编程能力主要通过控制器提供的北向接口来实现,SDN 控制器需要提供模板来确保创建的脚本可以进行动态的网络编程。通过北向接口,控制器将异构无线网络资源的控制信息提供给上层业务,从而,网络管理者以及上层应用可以使用该 API 动态地改变底层网络资源配置。

(2) 网络虚拟化能力。基于 SDN 的异构无线接入网络一个重要目标就是更加高效地利用无线网络资源,因此需要对异构的无线网络资源进行虚拟化、抽象化。控制器必须能够动态地创建虚拟化网络,形成逻辑上的虚拟异构无线网络资源池,同时在对物理网络进行控制时不影响现有的数据流。

（3）网络隔离能力。控制器必须能够通过集中控制和自动配置的方式实现对虚拟网络的安全隔离。传统的无线接入网络通常是二层和三层网络能力的结合，SDN 的引入不能够影响相关技术的使用，因此控制器要能够提供多种方式来实现在专用的虚拟网络中实现二层和三层网络的功能。

（4）安全性和可靠性。出于网络安全性的考虑，控制器需要实现企业级的身份验证和授权，为了保证网络管理者更加灵活地对网络进行控制，控制器需要对各种关键的流量访问进行管控，例如管理流量、控制流量等。

此外，由于控制器是整个无线网络架构中最核心的组成部分，随着网络规模的扩大，控制器很容易成为 SDN 的瓶颈，当控制器遇到硬件故障或软件 Bug 时，由于无法为新的数据流制定转发规则并下发给底层转发设备，容易造成服务的中断。相对于传统 Non SDN 网络中控制功能在各个网络设备中的分布式部署，SDN 网络集中式控制器的可靠性对网络稳定性的影响更大，因此，对控制器的要求越来越高。一方面，基于 SDN 的异构无线接入控制器能够利用自身的只能处理能力对网络进行自动化部署，从而提升网络的可靠性；另一方面，为了避免因系统中控制器的单点失效而降低网络的可靠性，控制器需要建立硬件和软件的冗余功能，同时从整个接入网控制器架构设计上也需进行优化。

（5）高效的处理能力。SDN 接入网控制器设计的重要目标，就是要提高异构无线网络资源的利用率，而 SDN 控制器的核心功能之一就是下发流表，因此与之相关的性能指标就包括流表的设置时间和单位时间内的处理能力。在控制器的设计中，应当尽可能的提高控制器处理各种报文、消息、流表项等的能力，以使设计的控制器更加高效。

综合考虑以上各种能力需求，基于 SDN 的未来无线接入网络所需要的不仅仅是一个或者几个控制器实例，而是一个完善的控制器系统。这个系统作为全网的控制器，对南向的异构无线网络设备应当是一个整体，即控制系统中的流表项之间应该是统一而不矛盾的，该控制系统对整个异构接入网络具有统一的控制能力。但对北向的各种应用来说，一方面控制器系统具有透明的提供服务的能力，即对外表现为一个控制器整体；另一方面在使用某些特定的应用时，又能够访问控制系统中特定的实例。与此同时，控制系统的各个控制器实例之间，拥有完善且高效的通信机制，保证控制层面决策的高效性和正确性。

SDN 控制器系统的设计中还应考虑以下几点：

（1）流抽象和流表设计。SDN 网络底层的交换设备作为通用的数据转发硬件，需要支持对各种数据流的转发，除分组数据外，甚至还包括电路数据，这要求对流进行合理抽象。同时，把数据通路抽象为流，在数据流非常大而用户又期望通过控制器对每条流进行精细化控制时，要求交换硬件能够提供足够的流表空间，并可对流表灵活地增加、删除、修改和匹配查找。比如，OpenFlow 对流表项的定义非常灵活，每个流表项占据的空间从 104 Byte 扩展到 237 Byte。尽管现有的硬件设备提供的内存容量很大，但是由于内存访问的时延过长，为此多数交换设备的硬件流表都由 TCAM 存储设备维护，而它目前难以支持大容量的流表存储，因此对交换芯片的大容量快速存取和流水线流表执行的硬件设计与研究将会成为 SDN 网络研究的重要方向之一。例如，有学者提出了一种决策森林的算法，把流表空间划分成多个子流表空间，每个子流表空间形成一棵决策树，所有决策树形成决策森林。在设计时，不同决策树之间通过流水线并发判断执行，最终以较低的存储空间达到支持 1024 个灵活流表项 64 Byte 小报文 40 Gbit/s 的吞吐量。

（2）控制器与上层应用间 API 设计。SDN 控制层对底层网络资源进行全局抽象，应用通过控制器提供的开放接口进行编程,最终实现可编程网络以灵活操控网络流量。因此,控制层的开放程度决定了为上层应用提供的网络资源丰富性及使用的灵活性。SDN 控制器与应用层之间 API 设计有赖于控制层和应用层的功能边界划分。控制器除了与底层转发设备通信,还需维护基础网络资源状态信息(链路、端口、交换、CPU 利用率等)状态,并对上述资源进行灵活抽象(如生成全局网络拓扑图),提供给应用层;同时还要把应用层下发的操控策略翻译成流表更新给底层转发设备。由于当前 SDN 网络应用场景挖掘不足,北向接口 API 的形式、最小功能集合扩展灵活性均没有明确定义,标准化组织和学术研究机构还处于探索阶段。

(3)控制器可伸缩性设计。

SDN 的架构中的转发方式除了对网络数据转发能力产生影响外,为网络提供数据转发规则的集中式控制器的可伸缩性对网络转发性能更是起着决定作用。尽管它被称为慢速路径(slow-path),但当网络达到一定规模或用户并发访问突然增加时,控制器若无法对大量 并发请求及时响应,就会导致底层转发设备无法对大量达到的报文根据数据转发规则进行转发,很容易出现网络性能瓶颈。因此,控制器可伸缩性不仅决定着网络规模的大小,也决定了 SDN网络能否被大规模商用。

2. 异构无线接入网络新型管理应用

传统网络设备的管理通过网络管理员直接操控每台设备的命令行接口,或通过远程访问协议提供的 Web 管理页面完成。配置时各个厂商的登录方式和命令语义不兼容,而且由于控制命令暴露了过多的技术细节,对网络管理员掌握相关网络知识有非常大的挑战,而且还很容易出错。相比之下,基于 SDN 的无线接入网络架构中真正使能网络创新的正是运行于控制器之上的各种网络管理应用。适配各种新的网络流量模型和应用的整网规划最终都落在 SDN管理应用上,应用层通过控制层提供的网络抽象视图,针对其关心的网络资源进行灵活编程,对网络流量进行灵活操控。

(1)异构无线网络间无缝移动性

人们身边不乏各种无线接入信号,许多移动设备支持的接入技术也有多种选择,如 WiFi、WiMax、3G、4G-LTE 等,但是在信号较弱或者人群拥挤的地方,依然经常出现断连、传输错误或信道资源不足的现象。由于上述无线网络接入技术在当前部署环境中都是独立工作的,用户设备支持的多种无线链路也是分离的,因此,用户在多种不同的无线网络中移动时无法平滑地切换,最终导致用户体验差。

在基于 SDN 的异构无线接入网络架构下,控制器能够实现对数据转发行为的集中控制,使得数据能够在多条不同的链路通道中实时的、无缝的切换,对于丰富各种应用的信道数量和带宽资源是非常有益的。现在已经有研究者对支持 WiFi 和 WiMax 的无线环境中的无线链路实时切换技术进行研究,其研究结果表明,通过使用 SDN 技术可以实现移动设备在多种不同无线链路之间的无缝切换,同时在单个传输通道信号不足或出现较为严重的丢包情况下,可以通过多条相同链路实现对单条流数据的复制传输,以提升无线链路的数据传输能力。在其实时多播和单播视频演示中,可提升用户观看视频的流畅性和清晰度,进而提高用户体验质量。

(2)无线网络状态感知

在实际无线环境中,信号在传输过程会受阴影衰落、多径效应等因素的影响,基本的频谱检测法不能满足可靠性要求,另外网络流量的突发性和随机性也给网络的管理带来严峻的挑战,因此网络状态感知将是未来无线网络架构中实现精细粒度网络管理的关键基础。网络状态的感知主要可分为对物理层的信道频谱感知、针对数据链路层和网络层的网络流量检测。

① 信道频谱感知

频谱检测是无线网络状态感知的关键步骤,只有高效准确地进行频谱检测,确定目标频谱的干扰情况,才能更合理有效的分配频谱资源,实现频谱资源的动态高效利用。尤其在密集部署的 LTE 网络中,频率复用因子为 1,需要进行准确的无线网络状态感知,以尽可能避免相邻小区的同频干扰。因此频谱资源检测决定着其他环节的实施,为降低相邻小区间同频干扰、解决频谱匮乏问题、实现频谱资源分配与动态管理以及提高频谱资源的利用率提供了强有力的技术支持。目前最基本的频谱检测方法包括:1)匹配滤波器检测法,2)能量检测法,3)循环平稳特征检测法等。在实际无线环境中,信号在传输过程会受阴影衰落、多径效应等因素的影响,基本的频谱检测法不能满足可靠性要求,为此,必须采取有效的措施来提高检测的可靠性和精确性。

研究学者提出了很多协作式频谱感知机制,虽然提高了实时环境下频谱检测的精确度,但各协作结点的复杂信号重构带来了巨大的计算量,从而增加了频谱检测的用时,降低了频谱检测的响应速度。因此,仍需针对实时环境下的干扰和多种衰落问题,提高频谱感知的精确度;另外如何降低信号重建过程的计算复杂度,提高系统的整体效率,解决精确度提高与感知效率下降之间的矛盾,也是值得研究的问题之一。[21,22]

② 网络态势感知

未来无线异构网络结构复杂,传感器网络、Ad-Hoc、天基网等新型网络的加入,使得拓扑结构复杂化;网络设备异构、数量巨大、移动性强;信息交互频繁,网络流量激增,网络负载增大;新应用不断涌现,VoIP,P2P,Grid 等应用的出现,构成了凌驾于传输网络之上的覆盖网络。网络运行状况瞬息万变,网络态势感知面临着重大挑战。

Bass 于 1999 年首次提出网络态势感知(Cyber Space Situational Awareness,CSA)的概念[23],并且指出,"基于融合的网络态势感知"必将成为网络管理的发展方向。网络态势是指由各种网络设备运行状况、网络行为以及用户行为等因素所构成的整个网络的当前状态和变化趋势。

目前网络态势研究多集中在网络行为的方面研究,对用户行为研究较少,缺乏对网络环境状态的全方位的系统化的研究。而且在已有的研究中,也主要停留在数据层面,很少涉及网络状态的评价算法,缺乏从数据中抽象成有用信息的能力。因此,如何研究实现一个全方位的、稳固的、动态的网络状态感知技术,使得在原有的网络状态测量技术侧重的数据分析与显示的功能之上,附加对测量的数据进行深度分析和抽象,达到对网络状态的整体感知是未来无线接入网研究的重点和方向。

(3) 网络虚拟化/无线资源抽象

随着服务器、桌面、应用、存储等虚拟化技术的广泛应用,网络虚拟化成为云计算和数据中心技术发展的迫切需求。网络虚拟化的目的是为了在共享的同一物理网络资源上划出逻辑上独立的网络,以满足多租户、流量隔离和逻辑网络自由管控的应用趋势。成熟的虚拟局域网(VLAN)就是一种典型的网络虚拟化技术,但它最多能够划出 4096 个逻辑网络,在一个拥有成千上万台物理服务器主机、同时每个物理服务器上运行十几个虚拟机的大二层网络上是难以满足需求的。尽管业界针对此种应用需求提出了虚拟可扩展局域网(virtual extensible local area network,VXLAN)和网络虚拟化使用通用路由封装(network virtualization using general route encapsulation,NVGRE)等隧道封装的虚拟化技术手段,但由于其复杂性、低效性和兼容性问题,使得推广和应用起来非常困难。

SDN 网络控制器对基础网络硬件设施进行整网抽象,上层应用只会看到控制器抽象过的全局或局部网络视图,为网络虚拟化实现提供了天然优势。若把 SDN 网络类比为主机服务器,则基础网络设施即为服务器硬件资源,控制器即为网络操作系统(network operating system,NOS),SDN 应用即为主机应用程序,网络虚拟化既可以在 NOS 之下设计网络超级管理者(network hypervisor)实现,也可以在控制器上增加虚拟抽象层实现。

开源项目 Flow Visor 从 Network Hypervisor 角度出发实现网络虚拟化,通过划分流表空间产生独立的网络分片[24]。各个网络分片上的网络流量是相互隔离的,用户可在各个分片上进行互不干扰的 各种流量模型和协议创新等实验研究。现在 Flow Visor 已经被广泛应用到多个研究机构的实验平台 上,并为各种 SDN 创新应用提供了共享同一套物理网络资源的演示环境,如图 4.20 所示。

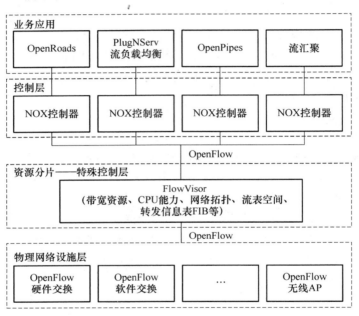

图 4.20　基于 Flow Visor 的资源虚拟化架构

在控制器上增加虚拟抽象层实现,有利于 SDN 应用层只看到整网视图的局部,并提供更加抽象的网络资源描述,实现更加灵活的编程。例如,应用层可以通过针对标志的高层编程把用户划分到不同的组,并为每个组定制服务质量和安全策略;网络维护人员只需看到网络拓扑及各条链路的流量分布,就可以判断出网络性能瓶颈和流量是否正常。从当前研究进展来看,人们已经利用 SDN 网络虚拟化优势在解决云计算/数据中心网络中存在的 IP 地址重叠、跨子网虚拟机迁移、跨数据中心业务迁移困难、STP/MSTP 收敛速度慢、环路链路资源浪费等问题展开了广泛的研究和实践。

在无线网络中运用 SDN 技术实现资源虚拟化、无线网络资源抽象等相关研究也在开展。例如,运用 SDN 技术可以将底层的异构无线网络资源抽象成为统一的虚拟资源格式,并且通过控制器掌握的全网视图可以更加高效灵活的实现无线资源的配置,提高资源的利用效率。此外,通过调整控制分配策略,可以在系统条件允许的前提下,弹性地为用户提供所需的无线网络资源,提高用户的体验质量,这些研究对于未来无线接入网络的演进展提供了新的思路和更为高效的资源利用方案。

（4）SDN 和 Non SDN 网络的互通

SDN 作为一种新的网络架构，必须考虑实际部署过程中与传统 Non SDN 网络共存的问题。若完全是多个按照相同方式组建的 SDN 网络，则可以抽象为单台交换或路由设备；但当 SDN 网络中间连接有传统交换或路由设备时，控制器就无法跨越传统 Non SDN 网络设备。或者当整个网络存在多个 SDN 网络和多个传统网络时，若 SDN 控制器之间想要进行协同工作分配一条带 QoS 保证的链路，就会遇到 SDN 网络和 Non SDN 网络共存的问题。已有研究多数采用多层封装和隧道技术来解决，但在 SDN 上层业务应用确定之前，如何界定 SDN 与 Non SDN 的网络边界也是一个值得深究的问题。

4.3　本章小结

本章主要介绍了软件定义的无线接入网络中的控制器及其关键技术。首先，介绍了无线接入网络控制器的相关概念以及在无线接入网络中的重要性；随后，介绍了不同的无线接入网络中的接入控制器的架构、功能以及演进过程；接下来，本章简要的介绍几种 SDN 网络中的成熟控制器范例，并针对当前无线网络的特征对其中的关键技术进行阐述，提出了几种部署结构和未来的研究方向。目前，对于异构无线接入控制器管理应用的研究，已经提出一些方案，但是仍不成熟，还需进一步研究，主要涉及异构无缝移动性管理、无线网络状态感知、无线网络资源抽象、南/北向协议、业务 QoE 感知和管理等研究方向，本书的后续章节中会详细介绍，希望能给您带来一些启发。

参考文献

[1]　易平. 无线自组织网和对等网络：原理与安全[M]. 北京：清华大学出版社，2009.

[2]　刘乃安. 无线局域网（WLAN）——原理、技术与应用[M]. 西安：西安电子科技大学出版社，2004.04.1-27.

[3]　向望，王志伟，高传善. 集中式 WLAN 体系结构通信协议[J]. 计算机工程，2008，34（22）：115-117.

[4]　Akyildiz I F, Wang X, Wang W. Wireless mesh networks：a survey[J]. Computer networks，2005，47（4）：445-487.

[5]　马丹. 无线网络控制器的测试技术研究及应用[D]. 北京：北京邮电大学，2007.

[6]　谭伟，张文新，马雨出. LTE 的无线资源管理[J]. 邮电设计技术，2007，3：62-64.

[7]　LTE：the UMTS long term evolution[M]. New York：John Wiley & Sons，2009.

[8]　柳晶. LTE/EPC 新技术探讨[J]. 邮电设计技术，2010（3）：52-55.

[9]　张长青. TD-LTE 演进型分组核心网技术分析[J]. 移动通信，2013（8）：51-57.

[10]　Saatsakis A, Tsagkaris K, von-Hugo D, et al. Cognitive radio resource management for

improving the efficiency of LTE network segments in the wireless B3G world[C]// New Frontiers in Dynamic Spectrum Access Networks,2008. DySPAN 2008. 3rd IEEE Symposium on. IEEE,2008:1-5.

[11] 3GPP 长期演进（LTE）技术原理与系统设计[M]. 北京：人民邮电出版社,2008.

[12] Xiaoyun W,Yuhong H,Chunfeng C, et al. C-RAN：Evolution toward green radio access network[J]. China Communications,2010,7(3):107-112.

[13] Gude N,Koponen T,Pettit J,et al. NOX：towards an operating system for networks [J]. ACM SIGCOMM Computer Communication Review,2008,38(3):105-110.

[14] Floodlight[EB/OL]. [2014-11-29]. http://www. projectfloodlight. org.

[15] OpenDayLight [EB/OL]. [2014-11-29]. http://www. opendaylight. org.

[16] Ryu[EB/OL]. [2014-11-29]. http://osrg. github. io/ryu/.

[17] 张铖,曹振,邓辉. SDN 控制器系统部署方案分析和设计初探[J]. 2013 年中国通信学会信息通信网络技术委员会年会论文集,2013.

[18] Tootoonchian A,Ganjali Y. HyperFlow：A distributed control plane for OpenFlow [C]//Proceedings of the 2010 internet network management conference on Research on enterprise networking. USENIX Association,2010:3-3.

[19] Koponen T,Casado M,Gude N,et al. Onix：A Distributed Control Platform for Large-scale Production Networks[C]//OSDI. 2010,10:1-6.

[20] 左青云,陈鸣,赵广松,等. 基于 Open Flow 的 SDN 技术研究[J]. 软件学报,2013,24 (5):1078-1097.

[21] Sun H,Chiu W Y,Nallanathan A. Adaptive compressive spectrum sensing for wideband cognitive radios[J]. Communications Letters,IEEE,2012,16(11):1812-1815.

[22] Zhang H,Wu H C,Lu L. Analysis and algorithm for robust adaptive cooperative spectrum-sensing[J]. Wireless Communications,IEEE Transactions on,2014,13(2): 618-629.

[23] Bass T. Multisensor data fusion for next generation distributed intrusion detection systems[J]. 1999.

[24] Sherwood R,Gibb G,Yap K K,et al. Flowvisor：A network virtualization layer[J]. OpenFlow Switch Consortium,Tech. Rep,2009.

第5章 南向及北向协议

在目前所确定 SDN 的架构中,大体而言整个网络被分成了三层,如图 5.1 所示。SDN 的一个先进思想即是逐层分离,分别发展。而每一层之间在分离之后如何进行了通信呢？这就涉及到了 SDN 体系的接口与协议。这两者是 SDN 体系中极其重要的两个环节,他们起着承上启下的作用,协调各层之间的数据和指令,是整个架构最关键的技术之一。本章将会对 SDN 的几个接口和相关协议作出介绍。

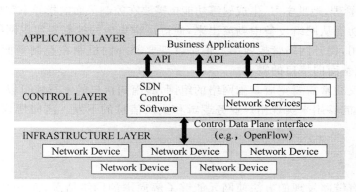

图 5.1 SDN 的体系架构

5.1 SDN 体系下的接口技术

接口泛指实体把自己提供给外界的一种抽象化物,用以由内部操作分离出外部沟通方法,使其能被修改内部而不影响外界其他实体与其交互的方式,就如面向对象程序设计提供的多重抽象化。接口可能也提供某种意义上的在讲不同语言的实体之间的翻译,诸如人类与电脑之间。人类与电脑等信息机器或人类与程序之间的接口称为用户界面。电脑等信息机器硬件组件间的接口称硬件接口。电脑等信息机器软件组件间的接口称软件接口。因为接口是一种间接手段,所以相比起直接沟通,会引致些额外负担。

SDN 中的接口是指衔接各个层次之间或者层次之内不同单元的桥梁,承载不同网络单元的请求与相应,实现各个网元的协作互通,以完成复杂的网络功能。接口按照面对的对象,可以分为南向接口和北向接口,南向接口泛指向下提供的接口,北向接口泛指向上提供的接口。需要注意的是,南向和北向这两个概念是相对的,比如图 5.1 中控制层和转发层之间的接口,相对于控制层而言,它是南向接口,而从数据层它则是北向接口。SDN 网络中控制层是其核心所在,判断南北向接口是以控制层的角度,因此我们把数据平面和控制平面的接口成为南向接口,把应用层和控制层的接口成为北向接口。

5.1.1　南向网络控制接口

南向接口是管理其他网管或设备的接口,即向下提供的接口,提供对其他厂家网元的管理功能,支持多种形式的接口协议,包括 ForCES、XMPP、OpenFlow、OF-CONFIG、OpFlex、OVSDB Mgmt 等接口协议,在 SDN 中主要的是 OpenFlow 和 OF-CONFIG 协议。

软件定义网络中的南向协议,是指控制平面和数据平面的之间的通信协议。工作在数据平面的 SDN 交换机从本质原理上来说,和传统交换机在数据转发的方式上并无区别,即是对进入交换机的数据包根据一定的规则进行匹配,这写规则通常以交换表或者路由表的形式体现,然后对匹配到的数据包按照匹配项的指示进行处理(转发,丢弃,修改报头等)。但是传统交换机设备的处理规则是通过分布式的路由交换协议或者学习机制,根据网络当前的状况在本地形成的,而 SDN 数据平面的交换机是从控制平面接收已经设计好的处理规则。由于底层交换机已经"去智能化",一旦遇到了问题,也需要及时地向控制平面汇报。此外,传统网络过程中的一些功能,比如链路发现,拓扑管理,地址学习,生成树等功能也需要在控制平面的指导下完成。

这样把控制功能从网络设备中剥离出来,通过逻辑集中的控制器实现网络可编程,从而实现资源的优化利用,提升网络管控效率。但是就需要额外的机制在控制平面和数据平面之间传达的消息,这就是南向接口的需求。

南向接口协议通常需要完成基础网络的组网,其南向接口的上行流可以完成链路发现、拓扑管理等,下行流能够用来实现用户业务逻辑和交换信息的下发。南向协议所要求完成的大体功能如下:

(1) 上行通道

① 链路发现

传统网络都有链路发现的方法使网元能够了解周围的网络情况,而 SDN 网络中,控制器需要通过南向协议获取全网的信息,是实现网络地址学习、VLAN、路由转发等网络功能的基础,南向协议需要能够发现新加入的链路,并将底层的链路情况按照南向协议规定的语义打包成链路发现消息,上传给控制器,让控制器了解底层网络的资源,需要上报的信息与所处的网络类型有关。例如在 TCP/IP 网络中,需要了解源 MAC 地址,目的 MAC 地址,以太网类型等;在移动通信网络中,则可能是际移动用户识别码(IMSI),临时识别码(TMSI)等。

② 拓扑管理

拓扑管理作用是为了随时监控和采集网络中 SDN 交换机的信息,及时反馈网络的设备工作状态和链路链接状态。为了这一目标,控制器需要定时发送查询消息给与其相连的 SDN 交换机并根据上传的消息获知交换机信息;在控制器未提供周期查询的方式下,需要数据层交换机在链路状态发生改变时,异步地向上发出警告消息,在监测交换机工作状态的同时完成网络拓扑视图的更新。同时,对各种逻辑组网信息进行记录,以反映真实的网络利用情况,实现优化的资源调度。

(2) 下行通道

① 用户业务逻辑

应用层根据用户的需求,对网络资源的划分提出要求,当控制器理解用户请求之后,需要制定资源分配算法来实现数据平面资源的公平分配。底层的网络设备被抽象成逻辑的网络资源,并通过南向协议无差别的提供给控制器。南向协议需要支持不同网络层次的参数,控制器根据需要依次设置这些参数,达成对不同业务逻辑的实现,例如 QoS,DiffServ 等。

② 交换信息下发

交换信息表是数据平面交换机进行数据转发的最基本依据,它直接影响了数据转发的效率和整个网络性能。交换信息表是由集中化的控制器基于全网拓扑视图生成并统一下发给数据流传输路径上的所有交换机,南向协议应该保证这些信息无差错的下发给目标交换机。一旦与交换机的下行链路出现异常,能够及时地发现,并提供一定程度的冗余和急救措施。表的下发可以采用主动的方式,利用控制器对全网络的了解,预设定好转发的规则,下发给交换机;被动方式是依赖于控制器与交换机的交互,如果交换机发现无法处理的数据包,则上传给控制器,控制器处理之后,再形成流表项下发给交换机。

南向协议联系了底层设备与应用逻辑,南向接口的优劣对网络性能的影响至关重要。一个优秀的南向接口,应该充分的发挥数据平面和控制平面的能力,支持数据平面所提供的特殊功能,大大提升网络性能;应具有丰富的拓展性,适应不断变化的网络环境,轻易地实现用户业务的拓展;应具备良好的兼容性,不仅仅能够后向兼容,而且在 SDN 网络和传统网络的联合组网也可以无差别使用;应有易用性,不需要复杂的网络配置,能够做到自配置,即插即用。大多数南向协议都以这些目标不断的改进,下一节将简要的介绍一些南向协议,并对其优劣进行分析。

5.1.2　初步定型的南向接口协议

随着 SDN 大潮的不断推进,很多公司发现了 SDN 技术带来的巨大商机,纷纷开发了自己的 SDN 架构,并提交了标准化草案,一些传统设备厂商为了应对 SDN 技术的冲击,也希望拥抱这一技术,保持自身的地位,不断提出一些 SDN 的解决方案。而南向接口作为这个体系的重要一环,无疑拥有很重的战略地位,学术界,新兴网络公司和设备厂家都提出了一些列优秀的南向接口参考方案。

1. ForCES

ForCES 南向协议是应用于可编程网络南向协议的典型代表有之一,其协议负责数据包路由信息的交互还需要负责控制层面对转发层面的控制信息。ForCES 架构是由 IETF 工作组提出兼容传统网络的软件定义网络架构,其最主要贡献在于将网络的控制平面和数据平面分离,提出了一种控制转发模型的基本模型,ForCES 的整体架构主要分为转发单元(Forwarding Element,FE),控制单元(Control Element,CE),网络单元管理器(CE Manager,CEM),转发单元管理器(FE Manager,FEM)以及相关的接口。一个或者多个 CE 和 FE 组成 ForCES 架构的基本网络单元(Network Element,NE),以上的概念都是逻辑上的概念,各网元对应的物理实体可能完全不同,ForCES 架构如图 5.2 所示。ForCES 协议主要规定的是 FE,CE 之间通过接口 Fp 进行路由信息和控制信息交互的格式与语法。

ForCES 的南向协议广义的来说分为两个部分,联结前阶段协议(Pre-association Phase Protocol)和联结后阶段协议(Post-association Phase Protocol)。联结前阶段协议主要负责 NE 的构建,CEM 和 FEM 分别收集管辖范围内的 CE 和 FM 数据。CEM 进行 FM 发现(FE Discovery)和 FE 能力学习(FE Cability Learning),获取 FE 的参数配置,并决定哪些 CE 参与 NE 的组成。相应的 FEM 也需要类似的过程。CEM 和 FEM 通过 Fl 接口进行通信,协商一个 NE 所包含的 CE 和 FE,并决定它们之间的联系关系。

联结后阶段协议,是狭义所指的 ForCES 南向协议,如果不加特别说明 ForCES 协议就指的是联结后阶段协议,它规定了控制单元和转发单元如何建立起连接,当连接建立之后控制单元和转发单元如何交换控制信息和路由数据,以及当任意一方失去连接后的处理方式。RFC5810 规定了基于 Fp 参考点上的 ForCES 南向协议具体内容,它将接口分为两层,即协议层(Protocol Layer,PL)和传输映射层(Transport Mapping Layer,TML),如图 5.3 所示。PL 层是事实上的 ForCES 协议,它定义了协议的消息、状态转换和自身的体系结构。它负责将

FE 和 CE 关联加入 NE,并负责删除此关联。FE 使用 PL 层向 CE 的 PL 层发送各种事件订阅报文,同时向 CE 发送各种状态请求的响应报文。CE 使用 PL 层配置 FE 及相关的 LFB 的属性。TML 层用来传递 PL 层的消息,其采用 TCP/IP 协议来对报文进行传输,实现传输层的可靠性、拥塞控制、多播、排序等功能。

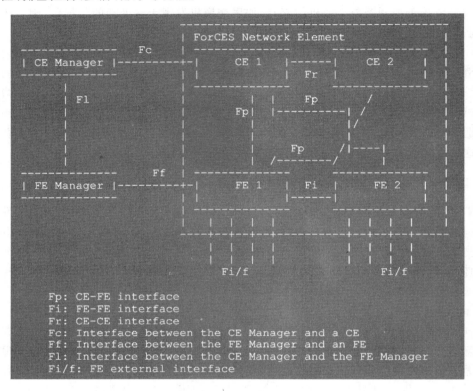

图 5.2 ForCES 架构图

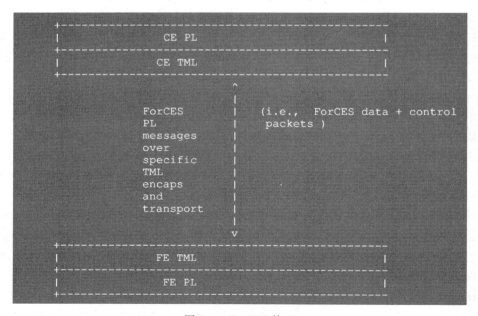

图 5.3 ForCES 接口

在 ForCES 协议中,CE 和 FE 之间有两种类型的报文:控制报文和数据报文。控制报文是 ForCES 协议内部的报文,包括关联(Association)报文、配置(Configuration)报文、查询(Query)报文、事件通告(Event Notification)报文、心跳(Heartbeat)报文等;而数据报文通常是 IP 报文,是 CE 与网络单元外部实体交互的报文,如路由协议报文等。在实现协议的过程中,采用控制通路和数据通路来分别对这两种报文进行传输。

ForCES 协议为 SDN 架构,提供更广泛的数据平面兼容性,不仅适用于 ForCES 中的 FE,传统网络设备,甚至可以兼容 OpenFlow 的交换机,非常适用于现在的网络。然而,ForCES 这一架构是由 IETF 等学术机构提出,其目的在于理论的研究与创新,并未对其实现做出过多的讨论,同时,由于厂商不愿意提供标准化的数据平面 API,因为统一开放的 API 会导致其他新厂商的竞争,导致 ForCES 协议一直被搁置。即便如此,ForCES 协议与架构对软件定义网络提供了宝贵的参考。

2. XMPP

在部署 SDN 网络中,往往需要部署新的南向协议,这使得许多现有的网元无法适应,很多 SDN 协议在设计之初也考虑到了这些问题,分别都提出的兼容性的方案,例如 OpenFlow 协议中有"NORMAL"的选项,可以使数据通过传统的交换路由方式进行转发,ForCES 也允许网络存在不支持 ForCES 协议的网元存在,实现共同组网。然而,这些做法向降低了新协议本身的性能。因此许多人向使用现有的网络的协议实现 SDN 网络的南向接口。

可扩展通信和表示协议(XMPP),可用于服务类实时通信、表示和需求响应服务中的 XML 数据元流式传输。其前身是即时通信中常用的 Jabber 协议,广泛地应用于即时消息(IM)。XMPP 是一种基于 XML 的协议,能够促进服务器之间的准即时操作,XMPP 中定义了三个角色,客户端,服务器,网关。通信能够在这三者的任意两个之间双向发生。服务器同时承担了客户端信息记录,连接管理和信息的路由功能。网关承担着与异构即时通信系统的互联互通,异构系统可以包括 SMS(短信),MSN,ICQ 等。基本的网络形式是单客户端通过 TCP/IP 连接到单服务器,然后在之上传输 XML。XMPP 的通用协议方式如图 5.4 所示。

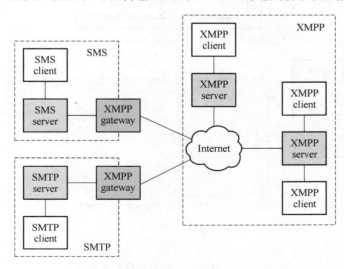

图 5.4 XMPP 使用图

SDN 网络中,XMPP 可以作为控制层的南向协议。在 XMPP 的原有应用中,采取的是 C/S的架构,也就是说在大多数情况下,当两个客户端进行通讯时,他们的消息都是通过服务器传递的。采用这种架构,主要是为了简化客户端,将大多数工作放在服务器端进行,这样,客户端的工作就比较简单,而且,当增加功能时,多数是在服务器端进行,这一点与 SDN 的思想有着共同之处,SDN 要求交换机只负责数据包的转发,而转发策略、用户管理、QoS、路由优化都是有控制器完成。由于 XMPP 是基于 XML 的协议,并且 XML 协议可以自定义数据的格式与内容,其形式具有良好的可读性,在 WEB 中得到了迅速的推广。

OpenContrail 是目前应用 XMPP 作为南向协议的典型,其网络架构如图 5.5 所示。它是由 Juniper 公司提出的网络虚拟化和智能化的解决方案,包含全套的创建虚拟覆盖网络的组件:SDN 控制器、vRouter 和分析引擎。当进行网络配置时,Contrail 是连接物理网络与虚拟环境、配置底层服务、减少时间、降低成本和风险的一种简便方法。OpenContrail 系统的南向协议使用 XMPP 去控制 OpenContrail 虚拟路由器,XMPP 集成了 BGP 和 Netconf 协议去控制物理路由器,控制结点同时使用 BGP 去进行其他结点控制结点多个实例的状态同步,来达到扩展和高可用性的目的。XMPP 协议能够在一个计算结点和控制结点之间交换大量例如路由,配置,运行状态,统计,日志和事件的通用信息总线,而且系统中的 XMPP 协议综合了 MPLS VPN 中的两个协议的功能:XMPP 分发路由协议和 XMPP 推送特定类型的配置(如路由实例)。XMPP 信息的交互方式在 IETF 草案上已有描述,协议比较成熟,而且易于扩展,被广泛应用在生产网络,并被多个厂商产品支持,可以无缝互操作,而无需软件网关。

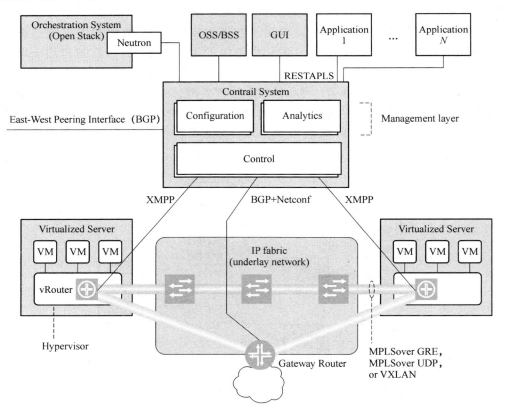

图 5.5　OpenContrail 的架构图与南向协议

3. OpFlex

OpFlex 是思科公司为了应对 SDN 对传统路由交换领域的冲击,而发布的开放南向协议标准,是属于思科 ACI(Application Centric Infrastructure)架构的一部分。ACI 战略参考了 SDN 控数分离和软件可控的思想,而 OpFlex 是 ACI 内部的策略控制协议。思科作为交换路由设备的巨头,已经感受到了 SDN 浪潮对它的影响,SDN 中潜在使用所谓的"白盒"交换机替代昂贵专用硬件的可能性,开放式的软件定义方式使得思科在专有交换设备硬件领域的优势逐渐丧失,因此思科公司于 2013 年 11 月正式推出 ACI,被思科定义为第一个根据应用需求建置的数据中心与云端应用解决方案。同时为了应对 OpenFlow 标准,思科在 2014 年 4 月联合思杰、IBM、微软和 Sungard Availability Services 推出了自己的 SDN 南向协议 OpFlex 协议。

OpFlex 依托于 ACI 架构,其核心功能是给专用的交换机下发用户业务逻辑。OpFlex 是基于 JSON 的来定义各种消息格式以及每种消息的通信主体,JSON 是一种原生的数据格式,适合计算机的解析,比 XML 运行的速度更快,能够提升硬件的运行效率。它试图把 OpFlex 尽量定义得更通用,不仅仅局限于数据中心云计算网络,而是任何适合需要自动化网络业务部署的场所。OpFlex 协议中包含管理域(administrative Domain,AD)、策略存储(Policy Repository,PR)、策略单元(Policy Element,PE)、端点(Endpoint,EP)和端点注册(Endpoint Registry,EPR)。AD 就是一个支持所有 OpFlex 的设备组成的管理域,负责管理机构中的各个专用交换设备和控制器;PR 是在一个全局集中的地方,负责存放用户策略和用户业务逻辑;EPR 也是在一个全局集中的地方,负责管理 EP 的注册,PR 和 EPR 都(逻辑的或物理的)位于 APIC 上。PE 是一个逻辑功能组件,相当于 APIC 放在交换设备上的代理,位于 ACI 中每一台需要管理的设备上,负责完成 SDN 架构下所添加的内容,例如向上通告 Endpoint 的注册、变更,并解释 OpFlex 发送的 APIC 的策略。而 EP 就是接入到该管理域的用户设备。不难发现,APIC 相当于 SDN 中的控制层的逻辑集中控制器,EP 则类似于数据层的 OVS,OpFlex 在二者之间传递控制信息。

OpFlex 的体系与 OpenFlow 类似,拥有逻辑集中控制器 APIC 和分布式的交换设备。然而,从开放角度与 OpenFlow 不同,OpFlex 中软件所定义的是用户业务的策略控制,OpFlex 从 APIC 接收来自高层的业务逻辑,例如系统管理,存储管理和协作管理,而在交换设备中,具体实现这些业务逻辑,依靠的是传统的分布式路由协议来完成。这与 OpenFlow 所描述的使用通用的网络硬件,通过上层软件实现交换机功能的初衷显然是不一致的。OpFlex 协议中指明,它所能够开放的是"策略",也就是说交换设备仍然是专用硬件来实现,这是思科一直所专注的领域,并且已经积累了大量技术优势和市场份额,亦是思科主要的收入来源之一。思科的 OpFlex 协议可以最大化的发挥它在硬件上的优势,使得 ACI 网络的性能更高。然而,这种方式使得交换机的模型都是存在于开放体系之外的,非思科厂家很难跟进 OpFlex 协议,这无疑削弱了 ACI 架构的开放性。思科 ACI 架构如图 5.6 所示。

我们并不能认为思科的之一做法必然会被淘汰,因为思科在交换机硬件方面已经拥有了绝对的优势,能够依赖自身的交换机体系打造一个完善的硬件封闭的路线,就像 APLLE 公司的生态圈一样,将上层接口提供给开发者,各司其职,各显所长,达到两者的共赢。

4. OpenFlow 与 OF-CONFIG

OpenFlow 协议是 ONF 提出的 SDN 网络架构中的南向接口,是目前 SDN 网络从最为应用广泛的南向接口协议。OpenFlow 协议完美地兼容了 SDN 控制与转发分离的架构,实现了网络中控制层的 SDN 逻辑集中的控制器与数据平面的 OpenFlow 之间的数据交互。OPenFlow 协议的主要功能是实现路由表的下发,逻辑集中的控制器通过对网络全局的了解,制定适合每个交换机的流表项,并下发给对应的数据层交换机。交换机也可以通过

OpenFlow 协议，向控制器汇报网络的状态，比如交换机端口的表换，遇到流表无法处理的数据包上传给控制器等等。OPenFlow 协议具有完善的网络功能，能够发现不同交换机所支持的特性、发现新的交换机加入、对出现问题的交换机能够及时修改流表，降低对网络的负面影响。OPenFlow 协议有丰富的统计功能，提供细粒度的网络监视，无论对流表项、组表还是每一个端口，都设置有专门的计数器，全面的监管网络中的流量和负载状况。

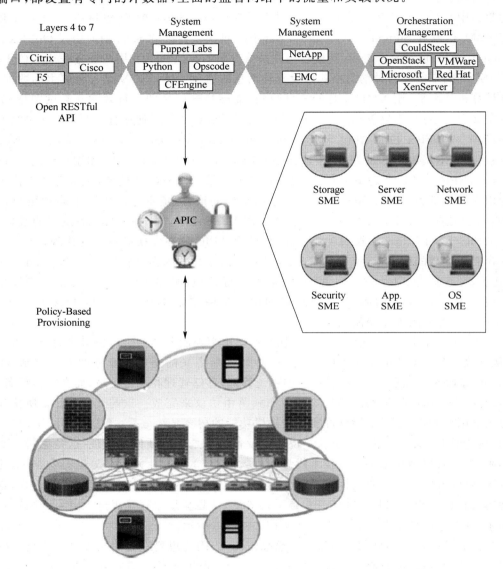

图 5.6 思科 ACI 架构图

OpenFlow 协议是一种自配置的协议，只要交换机支持 OpenFlow 协议，连接之后就可以被控制器所接纳，自动进行数据包的转发。这也带来一个问题，就是我们无法直接去管理和配置那些 OpenFlow 交换机，为了提供细粒度的管理 ONF 在后来的 OpenFlow 版本设计时，对应的设计了 OF-CONFIG 协议（OpenFlow Configuration and Management Protocol）来提供开放接口远程配置和管理 OF 交换机。OpenFlow 与 OF-CONFIG 协议体系是当前 SDN 架构中最为重要的南向协议，在接下来的章节中会有更加详细的说明。OpenFlow 在 SDN 领域中的重要地位不言而喻，甚至大家一度产生过 OpenFlow 就等同于 SDN 的误解。实际上，OpenFlow 只是基于开放协议的 SDN 实现中可使用的南向接口之一，后续可能还会有很多的南向接口（例如 ForCES、PCE-P 等）被陆续应用和推广。但必须承认的是，OpenFlow 就是为 SDN 而生的，因此它与 SDN 的契合度最高。相信在以 ONF 为领导的产业各方的大力推动下，它在未来的发展前景也将更加明朗。

5.1.3　北向业务支撑接口

北向接口（Northbound Interface）提供给其他厂家或运营商进行接入和管理的接口，即向上提供的接口。SDN 中的北向协议，是存在于有应用层和控制层之间的接口协议，它是面向应用的接口，提供网络的可编程能力，同时上层的网络资源管理系统可以通过控制器的北向接口全局把控整个网络的资源状态，并对资源进行统一调度。其核心是要向上提供资源抽象，为开发者提供管理与配置网络的可编程平台。当前 SDN 北向接口与不同 SDN 控制器相关，控制器根据网络的需求，提供基于不同技术上的北向接口。

根据接口特性，以将北向接口分为强耦合接口、松耦合接口以及基于状态的功能接口三种。强耦合 API 包括进程内 API 和进程间 API。进程内 API 主要由控制器提供用于在控制器内实现编程功能；进程间 API 主要由控制器外部部件用来同控制器通信以执行功能或者交换/读取状态。耦合接口由外部部件以松耦合的方式与控制器通信，通常并不需要立即响应，也不需要直接或即时同步出现。基于状态的功能接口包括主要以处理状态为主的 API，其功能就是设置和读取状态以及通知状态改变。功能性 API 提供一套功能以供编程使用，如编程库或 SDK，包括系统和协议，它们并不通过过程调用，而是通过状态改变。

1. 北向接口的设计要求

SDN 北向接口是通过控制器向上层业务应用开放的接口，通过北向接口，网络业务的开发者能以软件编程的形式调用各种网络资源；同时上层的网络资源管理系统可以通过控制器的北向接口全局把控整个网络的资源状态，并对资源进行统一调度。

作为直接为业务应用服务的，北向接口设计需要密切联系业务应用需求，具有多样化的特征。同时，北向接口的设计是否合理、便捷，以便能被业务应用广泛调用，会直接影响到 SDN 控制器厂商的市场前景。针对 SDN 网络的特点，SDN 控制器的北向接口会具有以下特性：

- 能够灵活配置，满足上层网管的性能和部署要求。无需复杂的配置，能够自动收集底层网络的信息，实现自动配置能力。
- 应提供对于标准流程的高级封装，使得用户可以很方便的支持一种新的北向接口需求，具有良好的扩展性，在用户具有某种特殊需求时，可以通过添加代码完成自定义功能。
- 应具有很好的复用性，处理系统框架要尽可能封装一些独立功能模块，以二进制组件形式提供；考虑对现有北向接口系统的兼容能力，充分利用当前网络中的设备与资源。
- 应具有开放性，较低的开发成本。接口应采用开放的标准化协议，以便接口的互联互通，并降低网管系统的开发成本。接口信息模型应基于国际上通用的信息模型，以便多厂商网管系统的设计和开发。
- 该接口向上提供的管理信息应该是完备的，足以提供多厂商网管系统所需的各种网络信息，支撑多厂商网管系统的开发。北向接口可以提供丰富的底层网络资源抽象，为应用层的业务逻辑提供基础。原则上，厂商网管系统的向上接口应提供通过其自身的用户界面所提供的全部功能。

- 接口应该是相对稳定的,不应随着网管系统版本的升级频繁更改原有的协议和模型,并且具有一定的前向兼容和后向兼容能力。

北向接口是推动 SDN 网络创新的巨大驱动力。传统的网络设备对网络的管理和应用是不可更改的,厂家在设计设备时,将可用的网络功能固化到了硬件内部,难以适应多样化的网络环境。北向接口的开放有利于互联网应用服务感知数据网络状态、优化业务应用设计、改善用户业务体验,因此得到了互联网服务提供商的支持。然而,在 SDN 标准化组织成立之初,并未对北向接口提出统一的标准,因此北向接口还缺少业界公认的标准,协议制定也成为当前 SDN 领域竞争的焦点。

2. 北向接口的发展现状

当前的北向接口都是有 SDN 控制器附带实现的,至今为止,可供使用的 SDN 控制器不下20 种,每一种控制器根据自身的功能特性和应用需求,自行选择北向接口,造成了北向接口规范的复杂多样。北向接口由于其贴近用户的特性,与用户体验直接相关,许多 SDN 研究小组都十分重视其设计与开发。

ONF 独立的成立了 SDN 北向接口工作组,希望尽快对当前混乱的北向协议进行标准化。ONF 已经将 SDN 北向接口的标准化作为 2014 年的重点工作之一,希望先使用六个月的时间完成调研和工作计划的设定,初步的北向接口解决方案将会在 2014 年问世。

IRTF 已经成立了 SDN 研究工作组(software-defined networking research group,SDNRG),工作组草案提出了 SDN 的层次化架构,其中,在管理和控制层面上给出了网络服务抽象层(network services abstraction layer,NSAL),为应用、服务、控制和管理提供接口,也就是北向接口,具体的接口形式包括但不局限于 RESTfuI APIs,RPC,公开的或特定的协议(如 NETCONF),CORBA 接口,甚至内部进程间的通信(IPC)等。

Cisco 公司在其 2012 年的 Cisco ONE 战略中推出了 OnePK 开发平台。OnePK 提供了一套通用的编程接口 OnePK API 作为其北向接口,上层应用通过调用这套 API 使用不同语言进行开发,实现传统网络到 SDN 的过渡。

另外,许多在 SDN 行业新型的公司也实现了很多优秀的北向 API。OpenDaylight 控制器采用 YANG 语言在 SDN 的场景中构建北向接口的定义。OpenDaylight 基于 YANG 来构建模型,定义了 REST API。Floodlight 控制器也在自身的模块中增加了 RESTAPI SERVER实现基于 REST 风格的北向接口,独立的实现了静态流推送器 API,虚拟网络 API 和防火墙API,丰富网络管理的功能。当前 RESTful 风格的 API 作为一种简单易用的北向接口已经得到很多开发者以及用户的青睐,在后面的章节中将会有进一步的介绍。

5.1.4　东西向扩展接口

SDN 控制器从概念上来说是一种逻辑集中地控制器,这就意味着数据平面的所有管理操作都需要应用层来完成;而且 SDN 控制器还负责为应用层提供资源编排与管理,因此控制器负责整个 SDN 网络的集中化控制,对于把握全网置资源视图、改善网络资源交付都具有非常重要的作用。

控制器逻辑集中有两种可能,第一种就是物理集中,逻辑也集中;第二种是物理分散,逻辑集中。第一种情况只适合于小范围部署的网络,使用单一的 SDN 控制器。这种 SDN 网络结构简单,部署容易,同时控制器可以及时地获取这个网络的所有信息,对资源管理和分配算法要求低。然而,这种环境下控制层处理能力有限,只有一个 SDN 控制器,在一定时间内处理的流表有着严格上限,一旦交换机数量过多,就会造成控制器的载荷过重,处理队列过长,从而导致较大的处理时延;如果在增加网络的规模,就会导致控制信息的丢失,甚至控制器宕机。单一控制器网络的规模也无法扩展的很大,受到布线与物理位置限制,距离远的数据层面设备需要花费很高的成本了部署。物理的集中也容易造成整个系统的单点故障,降低网络的可靠性,控制器极易成为整个网络性能的瓶颈。因此只可作为中小规模,可靠性要求不高的方案。

　　按照第二种方式,SDN 控制器组成的分布式集群,SDN 控制器实现分布式管理整个网络如图 5.7 所示,从而达到控制层面的冗余,负载均衡,性能扩充。以避免单一的控制器结点在可靠性、扩展性、性能方面的问题。分布式控制器集群的方案,是目前大规模 SDN 组网的有效方案。问题在于,用于多个控制器之间沟通和联系的东西向接口还没定义标准,而 SDN 控制器的逻辑集中特性,要求分布式的控制器保持对整个网络状态感知的一致性;控制器之间的协作也没有具体可行的解决方案,无法准确安全地在控制器之间传递数据。控制器集群是解决控制器东西向扩展的重要技术之一,虽然目前 SDN 工作组还没有给出明确的规范,但是已经趋于成熟的服务器集群技术,即云技术已经提供了很多可供参考的实例。

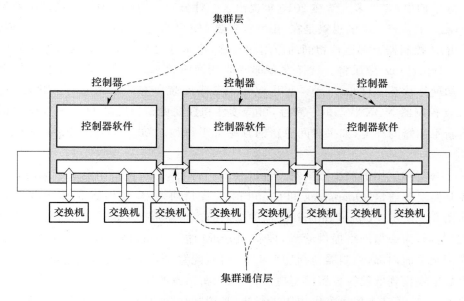

图 5.7　基于控制器集群的 SDN 架构

　　学术界早在 2004 年的 ForCES 架构中就已经注意到了控制层面多控制器协作的情况,一个 ForCES 网络中通常含有多个控制实体(Control Element,CE),每个 CE 之间通过定义的 Fr 接口相连,并交换网络的信息,从而达到 CE 之间获取网络状态的同步和一致性服务。ForCES 的体系中并没有明确的定义 Fr 接口上的通信协议,CE 只是运行着传统的路由协议,例如开放式最短路径优先(Open Shortest Path First,OSPF),路由信息协议(Routing Information Protocol,RIP),边界网关协议(Border Gateway Protoco,BGP),如图 5.8 所示。通过在 CE 之间使用这些路由协议,在控制层的控制器之间互相发送与同步数据平面的消息,从而达到 CE 的数据共享和协同管理。不过,这些路由协议本质上仍是分布式的协议,CE 之间的信息共享往往被限制邻居网络之间,并不能真正实际的做到逻辑集中。而且,这些协议在网络规模较大时需要较长的收敛时间,如果数据层的速率很高,整个控制层面的同步周期要求很短,大大增加了控制层的信令流量。

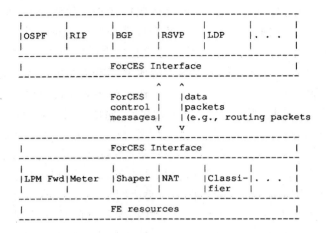

图 5.8　ForCES 控制层 CE 的协议

　　在实际案例中,多伦多大学在 2010 年提出了一种分布式的 OpenFlow 控制平面架构——HyperFlow。HyperFlow 的思路是在 SDN 控制器(使用的是 NOX)上实现 HyperFlow 的应用,所有 NOX 控制器上都运行相同的应用和软件,并通过发布订阅机制实现整个网路状态视图的同步,HyperFlow 应用将会选择发布那些改变网络状态的事件,其他控制器处理发布的事件来重构网络状态。HyperFlow 使用 WheelFS 来实现分布式的发布订阅机制,它能够使 HyperFlow 控制器 NOX 状态的一致性,可持续性和数据更新。但是 HyperFlow 更适用于网络状态更新不频繁的环境,如果时间更新的频率大于每秒 1000 次,HyperFlow 的性能将会大大降低。

　　另一个有实际应用的解决方案是 OpenContrail 项目,它在方案中定义了东西向接口用于和其他控制器对等通信,Openstack 和 CloudStack 支持协调器,使用标准 BGP 用于东西向接口通信如图 5.5 所示。OpenContrail 架构中描述的控制器是一个逻辑上集中但是物理上分布的 SDN 控制器,为虚拟网络提供管理,控制和分析功能。OpenContrail 的网络架构如图 5.5 所示。在控制平面内部,控制器包括三个主要组件:配置结点的职责是通过网络环境的协作,为高层级数据模型到低层级数据模型提供转换;分析结点的职责是记录网络环境的实时状态,抽象化数据,并且适宜表现出来供应用进行使用;控制结点的职责是在网络环境和对等系统之间进行低层级状态信息的转播,保证整个环境的信息一致。

　　控制结点的核心功能之一就是实现 SDN 的东西向接口,部署一个逻辑集中的控制平面,旨在维护一个短暂的网络状态,控制结点之间以及和网络基础架构设备之间互操作,保证网络状态的持续一致。它使用 IBGP 和其他控制结点交换路由,保证所有的控制结点保存相同的网络状态。不过,IBGP 要求控制结点逻辑上以 Full Mesh 的拓扑相连,而且 IBGP 协议具有较高的复杂度,但是这都不影响 OpenContrail 东西接口方案的参考价值。

　　SDN 的东西接口是 SDN 网络进一步发展的关键技术,它决定了 SDN 网络是否能由当前中小规模应用进军到大规模组网。这是当前 SDN 网络的研究难点,也是近阶段该技术重要的研究议题。

5.2　SDN 的南向接口与协议

南向接口,从整体架构图来看是面向底层的接口,对于 SDN 而言,是位于控制平面和转发平面的接口,负责收集底层的数据状态和下发控制层的指令。南向接口协议规定了两者之间通信的格式,逻辑全局的控制器将有关数据包的决策,按照南向协议的要求下发给"去智能化"的高性能交换机;同时交换机也可能使用南向协议上报控制器所需内容。OpenFlow 和 OF-CONFIG 系列协议目前作为南向接口的典型代表,几乎有线网络中成为事实的标准,而在无线网络架构下,由于架构和需求的差异,各种协议之间仍在相互博弈。

前一节中,已经对 SDN 网络中的南向协议作出了介绍,并介绍了一些具有里程碑价值的南向协议。其中 OpenFlow 作为 ONF 组织提出的南向接口标准化协议,成为了 SDN 网络中最通用的南向接口。本节将对 OpenFlow 协议与其伴随协议 OF-CONFIG 作出具体介绍,并说明在无线网络中的一些南向协议。

5.2.1　OpenFlow V1.3 协议

1. OpenFlow 协议演进概述

OpenFlow 起源于斯坦福大学的 Clean Slate 项目组,并在 2008 年首次详细地介绍了 OpenFlow 的概念。而 OPenFlow 协议的正式诞生是在 2009 年 12 月,以 ONF 正式发布 OPenFlow V1.0 标准作为标致。当 OpenFlow V1.0 正式发布之后,立即得到了学术界和广大厂家的重视,然而,初始版本的协议中存在诸多问题,ONF 组织在接下来四年中,在 V1.2、V1.3 和 V1.4 版本中逐步做出修正。OPenFlow 的协议演进如图 5.9 所示。

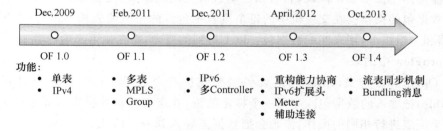

图 5.9　OpenFlow 协议演进

目前情况下,大多数 SDN 厂家仍以支持 V1.0 协议为主。不过随着 OpenFlow V1.0 中问题逐渐暴露的在性能与全面性问题,越来越多的使用者转向支持 V1.3 版本的 OpenFlow 协议。ONF 将 V.1.3 版本作为一个稳定的版本进行长期支持,在最开始的 V1.3.0 的基础上,对其进行更新和改进,目前已经持续的 V1.3.4 版本。OpenFlow1.3 流表支持的匹配关键字已经增加到 40 个,足以满足现有网络应用的需要。OpenFlow1.3 主要还增加了 Meter 表,用于控制关联流表的数据包的传送速率,但控制方式目前还相对简单。OpenFlow1.3 还改进了版本协商过程,允许交换机和控制器根据自己的能力协商支持的 OpenFlow 协议版本。同时,连接建立也增加了辅助连接提高交换机的处理效率和实现应用的并行性。V1.3 版本相对于之前的版本能够提供更加丰富的功能与自由的拓展性,不仅增加了对 IPv6、QOS 等技术的支持,而且扩充了交换机可执行的动作,同时还对流表项的结构进行改进,使得新的 OpenFlow 协议能够适应更加复杂的网络和更加多样化的需求。本节接下来将对 OpenFlow V1.3 等协议做出精简的介绍。

2.OpenFlow 交换机组成

OpenFlow 的交换机包括一个或多个流表和一个组表,执行分组查找和转发。对外通过一个安全通道和外部的控制器连接(如图 5.10 所示)。该交换机与控制器进行通信,并通过 OpenFlow 的协议控制器管理的交换机。OpenFlow 网络中的交换机有两种类型:OpenFlow-only 交换机和 OpenFlow-hybrid 交换机。OpenFlow-only 交换机只支持 OpenFlow 操作,在这些交换机中的所有数据包都由 OpenFlow 流水线处理,并且只支持 OpenFlow 操作下的端口。OpenFlow-hybrid 交换机则可以兼容 OpenFlow 网络和传统的路由交换网络。

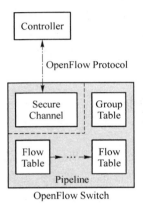

图 5.10　OpenFlow 交换机组成

控制器应用 OpenFlow 协议,它可以主动或者被动地添加、更新和删除流表中的流表项,作为响应数据包的操作。在交换机中的每个流表中包含的一组流表项;每个流表项包含匹配域,计数器和一组指令,用来匹配数据包。以上提到的概念,将在接下来的内容中详细介绍。

3.OpenFlow 中的表

根据 OpenFlow 定义,SDN 网络设备需要维护三个表,即流表、组表和计量表。流表(Flow Table)把输入的数据包匹配到一个特定的流,并定义对该数据流所要进行的操作。如果存在多个流表进行相同的操作,流表会把数据流导入到一个组表(Group Table)中,由组表为组内的数据流触发所有相关的操作。计量表(Meter Table)则用来为数据流触发一系列与性能相关操作或控制功能。

(1)流表

流表是 OpenFlow 协议中的核心概念之一,可以看做是 OpenFlow 网络数据转发功能的抽象。整个网络基于流表来转发数据包,V1.3 版本中允许交换机拥有多流表,每个流表都是有独立的流表项组成,流表项是具体转发每一个数据包的实际依据,流表项的结构如表 5.1 所示。

表 5.1　流表项的组成

匹配域	优先级	计数器	指令	超时时间	Cookie

- 匹配域：对数据包匹配。包括入口端口和数据包报头，以及由前一个表指定的可选的元数据。
- 优先级：流表项的匹配次序。
- 计数器：更新匹配数据包的计数。
- 指令：修改行动作集或流水线处理。
- 超时时间：最大时间计数或流有效时间。
- cookie：由控制器选择的不透明数据值。控制器用来过滤流统计数据、流改变和流删除。但处理数据包时不能使用。

其中匹配域、计数器和指令是 3 个非常重要的参数。

匹配域是与数据包相符的一组属性，例如进入端口，IP 地址，MAC 地址，VLAN 标签等，这些数据属性的匹配可以是精确的匹配，也可以使用模糊的匹配和通配符，流表项将需要处理的数据包的报头与匹配域比较，如果匹配到了符合的域，则按照流表项的指令处理；否则将数据包丢弃或者上报给控制器定夺。具体的匹配流程如图 5.11 所示。

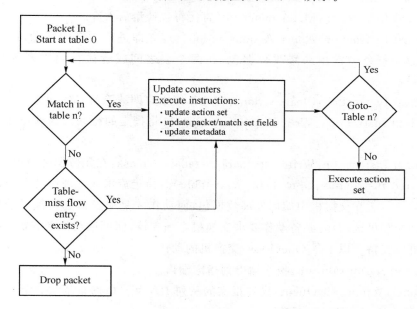

图 5.11　OpenFlow 多流表匹配流程

数据匹配字段从数据包中提取。用于表查找的数据包匹配字段依赖于数据包类型，这些类型通常包括各种数据包的报头字段，如以太网源地址或 IPv4 目的地址。除了通过数据包报头中进行匹配，也可以通过入口端口和元数据字段进行匹配。数据包匹配字段中的值用于查找匹配的流表项。如果流表项字段具有值的 ANY（字段省略），它就可以匹配包头中的所有可能的值。如果交换机支持任意的位掩码对特定的匹配字段，这些掩码可以更精确地进行匹配。

数据包与表进行匹配时，匹配优先级最高的流表项，此时与选择流表项相关的计数器也会被更新，被选定流表项的指令集也被执行。如果有多个匹配的流表项具有相同的最高的优先级，所选择的流表项并未定义。这种往往情况出现在控制器记录器在流信息中没有设置 OFPFF_CHECK_OVERLAP 位，并且增加了重复的表项的时候。

每一个流表必须支持能处理 table-miss 的流表项。table-miss 表项指定在流表中如何处理与其他流表项未匹配的数据包。比如数据包发送到控制器,丢弃数据包或直接将包扔到后续的表。如果 table-miss 表项不存在,默认情况下,流表项无法的数据包将被丢弃。根据 penFlow 的配置,可以覆盖此默认值,指定其他行为,例如上传给控制器。

计数器可以维护如下统计项:每一个流程表,流量入口,端口,队列,组,组存储段,计量和计量带。期统计的内容主要包括:活动表项、查找次数、发送包数等。计数器可以在软件中实现,而且可以通过硬件计数器获取计数进行维护。具体的计数器内容可以参考 OpenFlow 协议的原件,在这里不做过多说明。

指令是根据流表项匹配的结果,执行响应的操作。指令并不是直接的转发操作,而是向指令集合中添加或删除索要执行的动作(例如,丢弃,上传给控制器,转发,泛洪);指令可以改变数据包在流水线中的处理顺序,并允许在流表之间传递元信息。元数据是一个可屏蔽寄存器的值,用于携带信息从一个表到下一个。当流水线处理结束时,指令将会要求执行动作集合中的操作,这通常可能是转发或修改数据包。OpenFlow 的指令如下所示:

- Optional Instruction:Meter meter id:直接将包计量后丢弃。
- Optional Instruction:Apply-Actions action(s):立即进行指定的行动,而不改变动作集。这个指令经常用来修改数据包,在两个表之间或者执行同类型的多个行动的时候。
- Optional Instruction:Clear-Actions:在动作集中立即清除所有的动作。
- Required Instruction:Write-Actions action(s):将指定的行动添加到正在运行的动作集中。
- Optional Instruction:Write-Metadata metadata / mask:在元数据区域记录元数据。
- Required Instruction:Goto-Table next-table-id:指定流水线处理中的下一张表的 ID。

指令集的指示了在交换机中如何处理数据包,而动作才是交换机真正执行的操作。动作也分为必备动作和可选动作,必备动作要求交换机必须支持,而可选动作则需要交换机告知控制器它是否可以支持。以下是 OpenFlow 交换机的动作:

- Required Action:Output:报文输出到指定端口。
- Optional Action:Set-Queue:设置报文的队列 ID,为了 QoS 的需要。
- Required Action:Drop:丢弃。
- Required Action:Group:用组表处理报文。
- Optional Action:Push-Tag/Pop-Tag:添加或取出标签(VLAN,MPLS,PBB)。
- Optional Action:Set-Field:设置报文包头的类型以及修改包头的值。
- Optional Action:Change-TTL:修改 TTL 值。

(2) 组表

组表由若干组表项构成。组是 OpenFlow 为数据包指定在多个流中执行相同操作集的高效方法,其对应的组表结构如表 5.2 所示。

表 5.2 组表结构

组标识符	组类型	计数器	动作桶

每一条 OpenFlow 组表记录都包括:组标识符、组类型、计数器和动作桶。利用组表,每个数据流可以被划分到相应的组中,动作指令的执行可以针对属于同一个组标识符的所有数据包,这非常适合于实现广播或多播,或者规定只执行某些特定的操作集。其中,组类型规定了是否所有的动作桶中的指令都会被执行,其定义了以下四种类型。

- 所有(all):执行所有动作桶中的动作,可用于组播或广播。
- 选择(select):执行该组中的一个动作桶中的动作,可用于多路径。
- 间接(indirect):执行该组的一个确定的动作桶中的动作。
- 快速故障恢复(fast failover):执行第一个具有有效活动端口的动作桶中的指令。

(3)计量表

一个计量表包含若干计量表项,确定每个流量的计量。每条流的计量可以使 OpenFlow 实现各种简单的 QoS 业务,如速率限制,并且和端口队列组合可以执行复杂的 QoS 框架,例如区分服务。

计量可以测量数据包的速率,以实现速率控制。计量直接连接到流表项(而不是被连接到端口的队列)。任意的流表项可以在它的指令集中定义一个计量,计量测量和控制和它相连的所有流的速率。在同一个表中可以使用多个计量,但必须使用专有的方式。多个计量可以通过用在连续的流表中来针对同一组数据。计量表结构如表 5.3 所示。

表 5.3　计量表结构

计量标识符	计量带	计数器

每一个计量表都由计量标识符所唯一标识,其包括:

- 计量的标识符(Meter Identifier):一个 32 位的无符号整数唯一识别计量。
- 计量带(Meter Bands):计量带的无序列表,其中每个计量带定义带的速度和处理数据包的方式。
- 计数器(Counter):报文被计量表项处理时,更新计数。

4. OpenFlow 中的消息

OpenFlow 协议是用来描述控制层和数据层信息交互所用方式的标准接口,关键是 OpenFlow 协议信息的集合。通过 OpenFlow 协议控制器可以配置和管理交换机,交换机可以汇报消息给控制器,其通信的内容都是由 OpenFlow 协议所定义好的消息。协议支持三种消息类型:controller-to-switch,异步(asynchronous)和对称(symmetric),每一类消息又有多个子消息类型。

其中,controller-to-switch 消息由控制器发起,用来管理或获取交换机状态;asynchronous 消息由交换机发起,用来将网络事件或交换机状态变化更新到控制器;symmetric 消息可由交换机或控制器发起,且不需要事先约定。

(1)controller-to-switch 消息

由控制器发起,对 OpenFlow 交换机进行状态查询和修改配置等操作。OpenFlow 交换机接收并处理可能发送或不需要发送的应答消息,如表 5.4 所示。

表 5.4　Controller-to-switch 消息

类　型	名　称	说　明
Controller-to-switch	Features	控制器发送 features 请求消息给交换机,交换机需要应答自身支持的功能,常用于建立 OpenFlow 通道
	Configuration	控制器设置或查询交换机上的配置参数,交换机仅需要应答查询消息
	Modify-state	控制器管理交换机流表项和端口状态等,主要是增加、删除、修改交换机的流表项或组表项和设置端口状态
	Read-state	控制器向交换机请求诸如流表、端口、各个流表项等方面的统计信息
	Packet-out	控制器通过交换机指定端口发出数据包;转发 packet-in 消息上传的数据包
	Barrier	控制器通过 barrier 请求及相应报文,确认相关消息已经被满足或收到完成操作的通知
	Role-Request	控制器发送此消息来设置 OpenFlow 信道的角色或查询角色,通常在多控制器下使用
	Asynchronous-Configuration	对于异步消息设置额外的过滤器,或查询过滤要求,通常在多控制器下使用

（2）asynchronous 消息

由 OpenFlow 交换机主动发起,用来通知交换机上发生的某些异步事件,消息是单向的,不需要控制器应答。主要用于交换机向控制器通知收到报文、状态变化及出席错误等事件信息,如表 5.5 所示。

表 5.5　Asynchronous 消息

类　型	名　称	说　明
Asynchronous	Packet-in	交换机收到一个数据包,在流表中没有匹配项,或者在流表中规定的行为是"发送到控制器",则发送 Packet-in 消息给控制器。如果交换机缓存足够多,数据包被临时放在缓存中,数据包的部分内容(默认 128 字节)和在交换机缓存中的序号也一同发给控制器;如果交换机缓存不足以存储数据包,则将整个数据包作为消息的附带内容发给控制器
	Flow-removed	OpenFlow 交换机中的流表项因为超时或收到修改/删除命令等原因被删除掉,会触发 Flow-removed 消息
	Port-status	OpenFlow 交换机端口状态发生变化时,触发 Port-status 消息
	Error	OpenFlow 交换机通过 Error 消息通知控制器发生的问题

（3）symmetric 消息

本类消息不必通过请求建立,控制器和交换机都可以主动发起,并需要接收方应答。这些都是双向对称的消息,主要用来建立连接、检测对方是否在线等,如表 5.6 所示。

表 5.6　Symmetric 消息

类　型	名　称	说　明
Symmetric	Hello	用于在 OpenFlow 交换机和控制器之间发起连接建立
	Echo	交换机和控制器均可以向对方发出 Echo 消息，接收者则需要回复 Echo reply。该消息用来协商延迟、带宽、是否连接保持等控制器到 OpenFlow 交换机之间隧道的连接参数
	Experiment	该消息为 OpenFlow 交换机提供了标准的拓展空能的方式，为未来版本预留

OpenFlow 使用这些消息完成 OpenFlow 交互过程的通信，例如连接建立、连接中断、加密、生成树支持、流表删除、流表项修改等。

5．OpenFlow 协议面临的机遇与挑战

OpenFlow 给网络带来了新的解决思路，不仅提升了网络的性能，也使网络创新有了新的契机。但是 OpenFlow 比较了是一个新的网络体系，很多方面都还没有成熟，还有许多有待改进的问题。OpenFlow 带来的主要优势有：

- 数据转发和路由控制的分离。OpenFlow 将控制机制从交换机中移除，交换机转发报文的速度大幅提升，提高了整个网络的性能。
- 创新和测试新功能。OpenFlow 网络中管理者可以在 OpenFlow 软件中在现有网络架构基础上添加新的功能特征。这些功能可以在多平台上运作，用户不必在每个供应商的硬件中实现。管理者和研究人员可以添加自己的控制软件，以实现新的网络功能或测试新协议的行性能。
- 统一的管理。OpenFlow 集中控制器可以提供统一的网络视图，有利于网络的统一管理，提高了全网的安全性能。例如：通过让管理员清晰地知道全网的流量信息，可以更简单地识别出网络的入侵等问题，也能有效的解决网络中的拥塞和设备问题。
- 高网络利用率。在网络中使用了 OpenFlow 交换机，可以有效地控制网络数据和计算资源。面对数据中心的大数据量，控制器可以优化传送路径以达到负载均衡，使得数据交换的速度提升。

从目前发展阶段来看还是需要较长时间的发展和普及过程，从技术本身到管理和市场方面都有不少的挑战。在时间总结的经验来看，OpenFlow 发展还需要有应对以下挑战：

第一点，每个控制结点和转发结点需要维护大量"信息流"表，控制结点或转发结点的内存及其他资源需要相应提高，大量突发的第一次"信息流"建立可能会导致新的"信息流"瓶颈问题。而且如果控制点故障，大量"信息流"需要在转发结点重建，突发"信息流"配置对网络性能和鲁棒性都会有潜在的巨大影响。

第二点，OpenFlow 成熟度问题，目前 OpenFlow 还只应用于科学实验和校园内部网。没有大规模产品化，量产之前的成本优势还是很大疑问。网络供应商选择不多，没有供应商与供应商横向比较，企业难以通过市场竞争方式获取新技术并最优成本的产品。

第三点，和大多数开源项目一样，目前 OpenFlow 等项目无法像商业解决方案一样有独立的商业机构为客户提供专业从咨询、分析、设计、部署和运维管理服务，保证客户网络与 IT 系统运行。用户需要更多更高水平的有经验的网络维护人员，非一站式解决方案将导致学习成本比较高昂。

第四点，软件定义网络天生的安全风险问题。集中智能虽然可以给运营管理带来全网视图和优化，以简化管理提高效率的好处，但是也带来而外的管理风险，网络攻击将从单点网络结点直接上升为集中网络控制器，后果将更加严重。

5.2.2　无线 SDN 接入网中的南向协议

目前 SDN 已经在网络应用中获得了广大商业用户的认可，然而这些应用大多数都是在有线网络中。事实上 SDN 的白皮书中，已经提出了它在无线网络中的应用，目前也有一些开发者尝试在分布式的无线网络中使用 SDN 的思想，来提供更好的网络性能。

随着移动无线网络的不断发展，网络资源的需求日益增长，移动网络中的数据流量需求呈指数式增长，如图 5.12 所示，思科公司预测，到 2018 年全球每月移动数据流量将到达 15EB，将是目前网络流量的 11 倍。提高无线网络天线的部署密度能够提高单位面积的吞吐量和更高的数据速率。但是密集的接入点部署使得网络环境复杂，不同接入点之间可能存在复杂的动态干扰，同时，密集部署场景下用户的移动会导致频繁的切换。引入 SDN 的集中控制思想，能够是无线接入点之间能够协同工作，降低相互此间的干扰，合理的分配有限的频谱资源，并且根据控制器对网络整体状态的感知，实现资源的动态分配和预留。

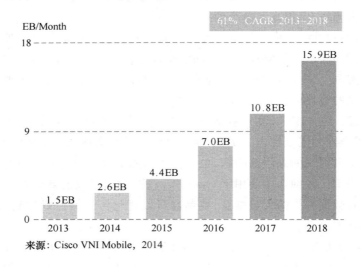

图 5.12　2013—2018 年全球移动数据流量预测

目前，已经有了多个组织和机构对于基于 SDN 的 WLAN 平台开始进行研究，斯坦福大学成立的 OpenRadio 项目组提出将无线协议重构成处理平面和决策平面，把底层异构的物理设施抽象成统一的资源接口，通过决策平面的控制器实现可编程的数据平面，来实现网络性能和灵活性的折衷。此外斯坦福大学还尝试在教学楼中布置了基于 SDN 的实验平台 OpenRoads。OpenRoads 通过基于无线网络 SSID 的分片式数据面管理，实现独立运行多个不同 WLAN。卡尔斯塔德大学的 Peter Dely 指出 OpenFlow 协议能够解决无线网格网中的路由问题，并提出了无线网格网和 OpenFlow 融合的网络架构，解决了用户在接入点之间快速移动导致的 IP 地址分配等问题。密集部署已经成为未来无线网络的发展趋势，Hassan Ali-Ahmad 等人应用 SDN 思想，提出了 CROWD 架构来支持 LTE 小区和 WLAN 的重合密集部署，通过统一管理实现开销控制和瓶颈处理。北京邮电大学的 SWAN 项目工作组，提出了基于虚拟 AP 的无线网络接入方案，将物理 AP 抽象成虚拟 AP,使之与每一个用户对应,集中地管控网络中的用户与资源。这些思想,将南向协议扩展到了无线领域,为推动无线 SDN 的发展奠定基础。

　　基于 SDN 的无线接入网络具有巨大的发展潜力。通过开放的接口和协议来编程实现网络控制的方式,能够很方便的加入新的或删除冗余的管理功能,不会受到网络设备商的限制。SDN 的架构可以完全通过软件构建,在不浪费现有网络硬件设备的情形下实现网络升级,降低了企业组网的成本。本节将对典型基于 SDN 的无线接入网的南向协议做出介绍。

1. 基于 SDN 的 SWAN 架构的南向协议

　　SWAN 系统是基于 SDN 的理念设计下一代无线局域网平台,通过将无线局域网的控制面从数据面中解耦并在集中的控制器上实现,通过控制器的统一管理,实现无线资源的管理,无缝切换和网络的负载均衡。

　　(1) SWAN 系统架构

　　SWAN 系统由一个逻辑集中的 SDN 控制器,多个无线接入点(AP),运行在 AP 上的 SWAN 代理和一系列 SDN 应用组成。其架构如图 5.13 所示。SWAN 控制器通常作为 SDN 控制器(例如 Floodlight)上的一个网络进程来实现的,逻辑集中的控制器可以有网络全局的拓扑图,并能够监视网络中的每一条流。控制器通过 OpenFlow(OF)协议来更新 AP 和交换机上的流表。

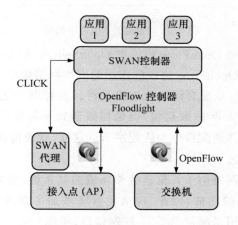

图 5.13　SWAN 体系架构

　　集中式 SWAN 控制器是关键部分,它能够通过发布/订阅机制获取底层数据面的状态和用户信息,也可以被动的接收底层数据面定期上传的状态信息。控制器能够将这些信息以及对底层数据面的相关操作捆绑成 API 供上层应用程序的调用,网络管理员可以通过控制器得到当前网络的运行状态和接入的用户信息,并且可以通过加载网络管理应用的方式实现对整个网络的配置和管理。

　　SWAN 系统中引入软接入点(Software Access Point,SAP)的概念,使用 SAP 来抽象用户终端与 AP 的接入状态,SAP 是基于 802.11 无线网卡,使用 OpenSwitch 和 Click Modular Router 软件来实现 AP。底层 AP 通过南向协议将网络状态信息上报给控制器,应用程序使用南向协议通过对控制 SAP 进行控制来实现各种网络管理应用。

　　(2) SWAN 系统的南向协议实现

　　SWAN 系统中的南向协议和有线 SDN 网络中类似,它负责实现控制器与底层软 AP 之间的互连通信。SWAN 系统定义了自己的南向协议:SWAN 协议,在这个协议中 SAP 的代理和控制器共同实现一个分离的 WIFI MAC 协议(图 5.14)。MAC 层的逻辑被分成一个集中式控制器功能和 AP 功能,分别对应于数据转发平面和无线的控制平面,控制器使用 OpenFlow 协议和交换机(包括 AP)实现数据包的转发与路由,同时会用 SWAN 独特的协议和代理进行信令传输。总的来说,SWAN 的南向协议,可以简单认为是 OpenFlow 协议和无线控制协议的综合,通过结合 Click Modular Router 和 OpenSwitch 软件,能够搭建出支持 OpenFlow 协议的软 AP,并支持用户终端的正常接入和建立数据通路。

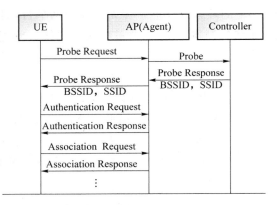

图 5.14　分离的 MAC 层模型

数据平面上,控制器通过 OpenFlow 协议与 OpenSwitch 通信,OpenSwitch 的作用是使软 AP 支持 OpenFlow 协议。OpenFlow 协议的作用与有线网络应用中的作用相同,负责下发或更新底层 AP 中的转发流表,从而对网络数据流进行转发控制。无论底层无线是采用何种技术,OVS 都将其改成 OpenFlow 的数据包,但是如果遇到不兼容的选项,SWAN 系统将会忽略,并在相关的匹配域上选择通配符作为匹配字节。这样,就使得底层无线网络中的数据包可以在 OpenFlow 网络中传输。

与有线网络不同,无线网络由于其移动性和环境的复杂性,通常需要额外的管理协议,而 OpenFlow 本身并没有提供的功能,因此 SWAN 系统添加了额外的管理信令南向协议。软 AP 中,Click Modular 的作用是配置 802.11 控制接口,实现 802.11 MAC 层协议,无线控制的南向协议与 Click Modular Router 软件通信,实现对 AP 工作模式、用户接入状态等内容的管理和控制。Click 是一种建立灵活可配置的软路由器的新的软件架构,Click 软件通过组装不同的数据包处理模块实现对数据的处理。SWAN 将编写 Click 中的 802.11 MAC 处理模块(如:Beacon、Probe reply、Authentication、Association 等无线功能),并将这些模块加载到 Click 软件中实现 802.11 MAC 层功能,实现无线网络侧所需要的信令协议。

2. 基于 SDN 的无线网格网南向协议

卡尔斯塔德大学的 Peter Dely 将 OpenFlow 协议应用于无线网格网(Wireless Mesh Network,WMN)中,来解决无线网格网中的路由问题。他的方案中提出了无线网格网络和 OpenFlow 融合的网络架构,为网络提供基于流的灵活的路由转发能力。OpenFlow 与传统的 WMN 路由协议互补,并能够与现有网络良好的融合。

(1)WMN 的组成与路由

无线网格网是指大量终端通过无线连成网状结构,各结点通过路由交换数据,是一种低功率的多级跳点系统。其核心是让网络中的每个结点都发送和接收信号，使普通无线技术过去一直存在的可扩充能力低和传输可靠性差等问题迎刃而解。网格式网络是一个点对点，或对等点对对等点的系统，也就是一个由具有重复接/发功能的结点组成的网络。由于每个结点都能接收/传送数据，网格式网络拥有多个冗余的通信路径。如果一条路径在任何理由下中断，网格网将自动选择另一条路径，维持正常通信。通过中继处理，数据包用可靠的通信链路，贯穿中间的各结点，抵达指定目标。传统无线通信网络必须预先设计和布置网络，它的传输路径是固定的，而网格网络的传输路径是动态。典型的 WMN 网络如图 5.15 所示。

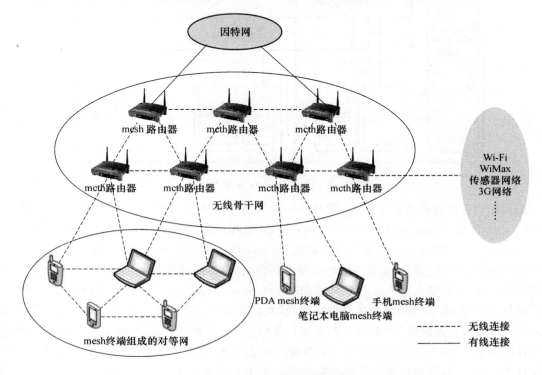

图 5.15　无线网格网

动态路由是增加链路可靠性，提升路由性能的有效解决方式。然而，如何设计一个合理的路由协议，就变成了一个棘手的问题。传统的解决方案，有些偏重于效率低下 ad-hoc 方式，有些偏重于极不灵活的局域网路由协议。这些方案不仅仅难以用效果良好的传统路由协议实现无线传输，并且在用户移动频繁的环境下，难以维系端到端的用户通信。而 SDN 的网络架构，为 WMN 提供了新的思路，使用 SDN 控制和转发分离的方式，其控制层独立实现路由计算，可以有效地实现各种转发方式。同时，使用 OpenFlow 作为路由协议很容易与传统的路由协议兼容和提供网络虚拟化功能，真正地给 WMN 网络带来了灵活性和有效性。

（2）基于 OpenFlow 改进的 WMN 南向协议

在基于 OpenFlow 的 WMN 网络中，WMN 网络使用基于 OpenFlow 的网格路由器和网格网关组成。每一个路由器的物理无线接口都被虚拟化成两个虚拟接口，这个虚拟化是通过使用不同的 SSID 实现的，一个接口给控制流，一个接口给数据流。其架构如图 5.16 所示。

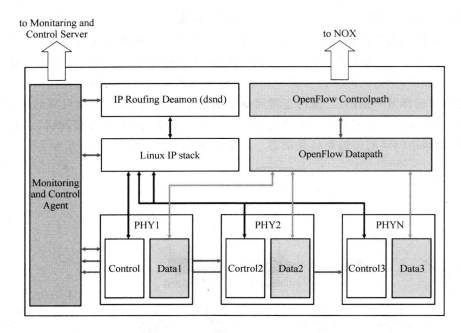

图 5.16 基于 OpenFlow 的 WMN

虚拟控制接口的多跳 IP 连接,通常使用一般的无线网格路由协议实现,本案例中使用的是 OLSR。OLSR 是 Optimized Link State Routing 的简称,OLSR 路由协议是由 IETF MANET (Mobile Ad hoc NETwork)工作组为无线移动 Ad Hoc 网提出的一种标准化的表驱动式优化链路状态路由协议。结点之间需要周期性地交换各种控制信息,通过分布式计算来更新和建立自己的网络拓扑图,被邻结点选为多点中继站 MPR(MultipointRelay)的结点需要周期性地向网络广播控制信息。OLSR 以路由跳数提供最优路径,尤其适合大而密集型的网络。数据接口则使用 OpenFlow 协议,负责数据包的转发。控制接口可以上传关于网络的信息,例如网络拓扑,并交给监视控制器,SDN 的控制器则从监视控制器提取网络信息,参考当前的网络状态,比如无线链路质量好坏,运行多种路由协议下发网格路由器的流表。根据网络信息,还能够实现一些用户应用,比如负载均衡和用户快速切换。

可以看出,基于 SDN 的无线网格网的南向协议也是由 OpenFlow 协议和额外的管理协议 (OLSR)组成,OpenFlow 协议本身,还无法处理掉无线网络的所有问题,因此在无线网络的应用中,还是需要额外的协议来完善 SDN 的能力。

5.2.3 OF-CONFIG:OpenFlow 配置与管理协议

OF-CONFIG 协议,即 OpenFlow 配置与管理协议,是 ONF 为了管理和配置网络设备而提出的一个 OpenFlow 的辅助管理南向协议。OF-CONFIG 协议是一个用于远程配置和控制 OpenFlow 交换机的管理协议,它主要负责配置控制器 IP 地址,实现交换机端口的使能等对实时性要求不高的操作。通常,OpenFlow 协议的操作速率和网络中的流速率是一个级别,而 OF-CONFIG 的速率要远远慢于流的速率。OF-CONFIG 将 OpenFlow 的数据通路抽象成逻辑的交换机,OF-CONFIG 通过配置这些逻辑交换机来使控制器用 OpenFlow 协议控制 OpenFlow 逻辑交换机。

OF-CONFIG 是通过 OpenFlow 配置点实现发送 OF-CONFIG 控制消息来配置 OpenFlow 交换

机的结点。协议中并未对其作出要求,既可以是 SDN 控制器的一个软件进程,也可以是传统的网络
管理设备,增加了 OF-CONFIG 配置结点的 OpenFlow 网络架构如图 5.17 所示,配置结点和控制器
之间的通信不在 OF-CONFIG 协议的考虑范围之内。

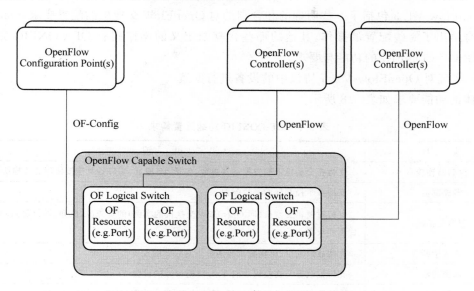

图 5.17　增加 OF-CONFIG 的 OpenFlow 架构

需要注意的是,指导这份协议的核心原则是简单和兼容。这两点保证了协议的快速发展
和更容易的部署,使得 SDN 网络更容易被接受。

1. OF-CONFIG 演进与 OF 协议对应关系

OF-CONFIG 协议是 OpenFlow 协议的一个伴随协议,在 OpenFlowV1.2 以前,ONF 工
作组默认使用手工配置 OpenFlow 协议。后来 ONF 逐渐认识到了其中的弊端,在 V1.2 版本
之后,对于每一个 OpenFlow 协议,都有一个 OF-CONFIG 协议与之对应。目前 OpenFlow 协
议已经更新到了 V1.4 的版本,它所对应的则是 OF-CONFIG V1.2。OpenFlow 协议与其管
理协议的对应关系如表 5.7 所示。

表 5.7　**OpenFlow 与 OF-CONFIG 对应关系**

OF-CONFIG 规范版本	规范发布时间	对应 OpenFlow 版本
OF-CONFIG V1.0	2011 年 12 月 23 日	OpenFlow V1.2
OF-CONFIG V1.1	2012 年 1 月 25 日	OpenFlow V1.3
OF-CONFIG V1.1.1	2013 年 3 月 23 日	OpenFlow V1.3.1
OF-CONFIG V1.2	2014 年	OpenFlow V1.4

OF-CONFIG 协议的演进主要体现在配置能力的提升上,例如除了 OF-CONFIG V1.0 所
能提供的三项基本功能外,V1.1 还能支持 OpenFlow 逻辑交换机与控制器之间的安全通信证
书配置,支持 OpenFlow 逻辑交换机的发现,支持多种数据隧道类型(包括 IP-in-GRE、NV-
GRE、VxLAN 等)。而 V1.1.1 则在 V1.1 的基础上又增加了对 OpenFlow V1.3.1 的支持。
最新的 V1.2 版本,则增加了对 NDM 的支持。

随着功能的提升,OF-CONFIG 的数据模型也有相应的调整,例如增加了逻辑交换机能

力、认证等新的数据模型。另外,在一些细节的配置项目上,后来的 OF-CONFIG 版本也都有不同程度的改进和完善。

2. 功能与要求

OpenFlow V1.3 包括了一些明确的和含糊的对 OpenFlow 交换机的配置要求,OpenFlow 协议本身给出了一些配置的操作,其他的那些含糊未定义的操作则有 OF-CONFIG 完成,以下将介绍 OF-CONFIG 的功能与要求。

(1) 实现对 OpenFlow V1.3 协议中的设备进行配置

具体的功能要求如表 5.8 所示。

表 5.8　OF-CONFIG 功能配置需求

项　　目	说　　明
控制器连接	支持在交换机上配置控制器参数,包括:IP 地址、端口号及连接使用的传输协议等
多控制器	支持多个控制器的参数配置
逻辑交换机	支持对逻辑交换机(即 OpenFlow 交换机的实例)的资源(如队列、端口等)设置,且支持带外设置
连接中断	支持故障安全、故障脱机等两种应对模式的设置
加密传输	支持控制器与交换机之间 TSL 隧道参数的设置
队列	支持队列参数的配置,包括:最小速率、最大速率、自定义参数等
端口	支持交换机端口的参数和特征的配置,即使 OpenFlow V1.2 中并没有要求额外的配置方式
发现能力	支持发现虚拟交换机的能力特性
数据通路标识	支持长度为 64 位的数据通路标识的配置,其中低 48 位是交换机的 MAC 地址,高 16 位由各设备生产厂家定义

(2) 操作性功能要求

为了便于交换机的运维操作,OF-CONFIG V1.1 必须支持一下集中应用场景:

- 支持 OpenFlow 交换机可以被多个配置点进行配置操作。
- 支持一个配置点配置和管理多台 OpenFlow 交换机。
- 支持由多台控制器控制同一台 OpenFlow 逻辑交换机。
- 支持对已分配给逻辑交换机的端口和队列的配置。
- 支持 OpenFlow 逻辑交换机的发现能力。
- 支持配置表现为逻辑交换机的逻辑端口的隧道,例如 IP in GRE,NVGRE 和 VxLAN。

(3) 交换机管理协议的功能要求

OF-CONFIG 定义了 OpenFlow 交换机和 OpenFLow 配置结点之间的通信标准,它主要由数据模型和网络管理协议组成,下面列出了网络管理协议的功能需求。需要指出,以下这些要求大大超出了当前应用场景的需求,这样如果未来案例需要更多功能时,就不必修改现有的模型。

- 支持完整性、私有的,以及认证等安全性,必须支持交换机和配置结点之间的双向认证。
- 支持配置请求和应答的可靠传输。

- 支持配置点或交换机建立连接。
- 支持承载部分或批量的交换机配置。
- 支持配置结点设置交换机配置信息,接收交换机配置数据和状态信息。
- 支持创建、修改、删除交换机的配置信息。
- 支持报告配置成功的结果或配置错误的错误代码。
- 支持发送与之前消息相独立的消息。
- 支持交换机到配置结点的异步通知。
- 支持拓展性和报告自身能力。

3. 数据模型

OF-CONFIG 的数据模型是由 XML 语言定义的。数据模型都由类和类的属性两部分组成。根据 OF-CONFIG 的描述,用标准建模语言描述的 OF-CONFIG 数据模型如图 5.18 所示。这个模型的设计目标之一就是用 XML 语言高效清晰地定义交换机的配置,这个模型要从高层视图描述了数据模型。

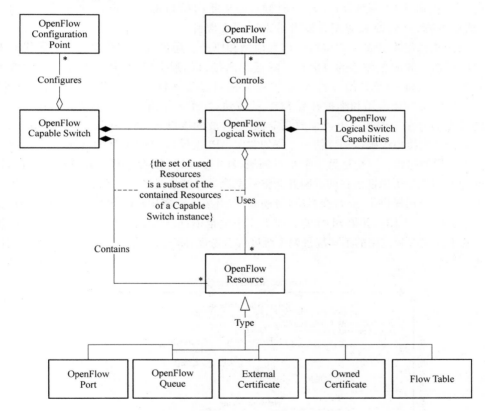

图 5.18　OF-CONFIG 数据模型

数据模型的核心是 OpenFlow 配置点对 OpenFlow 交换机进行配置。交换机包含一系列不同的资源,对 OF-CONFIG V1.1 协议而言,模型中主要包括的资源种类有:端口、队列、外部证书、拥有证书和流表,它们隶属于 OpenFlow 逻辑交换机。数据模型还包含了一些标识符,大多数用 XML 的元素<id>来表示,当前这些 ID 都是字符串定义的唯一标识,以后有可能使用统一资源名称(Universal Resource Names,URN)作为标识。利用 XML 定义的数据模型具有良好的可读性和拓展性,同时也便于使用软件实现。

5.3　SDN 网络的北向接口

5.3.1　ONF 的北向工作小组

2013 年 10 月，ONF 成立了 SDN 北向接口工作组，希望尽快对当前混乱的北向协议进行标准化。ONF 一开始并不主张将北向 API 标准化，理由是担心因为限缩应用开发的范围而抑制了创新；但是由于不同厂商之间衍生越来越多不同作法而造成市场上的困惑，却可能阻碍 SDN 的发展。基于上述理由，ONF 决定投入这一领域的目的很容易理解，但是就实务面来看，此一想法却与供货商希望能提供差异化以提高营收有所冲突，未来能不能得到厂商支持还存在不确定性。ONF 在 2012 年，就将北向接口的研究作为 Architecture and Framework Working 工作组研究的一部分，在那个时候，SDN 北向接口的方案已经迅速增长到了 20 多个，给网络服务商，运营商和应用开发者带来了很大混乱。

这个新的工作组将开发北向接口的信息模型和原型。通过选择一些案例的实际代码来获取终端用户的反馈。北向工作组的目标在于降低北向接口的混乱局面，帮助有应用开发者来寻找一个开发的编程接口。ONF 的负责人认为，NBI 接口过于多样化的发展已经阻碍了 SDN 的发展，为了 SDN 的市场化应用和维护开源 SDN 的方法，NBI 工作组需要规范化北向接口。推动他们工作的最大动力在于创造一个或少数几个稳定，开放的接口来支持 SDN 的快速发展。

从众多的北向接口中确认和评估一个好的北向 API 仅仅是 SDN 社区的挑战之一。此外，还有 OSS 和业务流程的问题。安全是另一个重点领域，其中 SDN 开发者正努力开发自我防御系统，如 SE-Floodlight，用来分析识别潜在的威胁并调整数据流。好消息是，ONF 的北向工作组得到了广大厂商的支持，HP 公司提供了 50 台交换机，帮助 ONF 开发一个多用户的 SDN API，华为公司也表示支持 ONF 的这一个工作。如果 SDN 的北向工作小组希望自己规定一个北向接口规范，必须从网络协议栈的不同层次和应用的不同场景两个维度综合考虑，图 5.19 给出了 ONF 组织对北向接口功能集的初步方案。

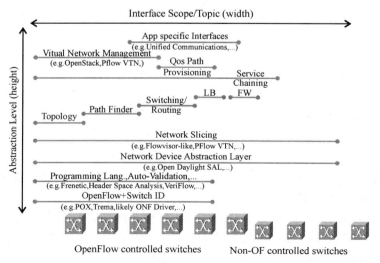

图 5.19　ONF 北向接口功能集

图中底层是 SDN 南向接口提供的服务，可以是 OpenFlow 的信令，也可以是非 OpenFlow 的消息；往上一层是开发所用的语言，自验证，网络设备抽象层和网络分片，它们提供了网络转发设备层的可编程接口；拓扑管理、链路发现、交换路由等功能，构成了网络层的功能抽象，它们与更高层的用户业务逻辑相对应；最上层则是具体应用，是开发者根据需要所要求的业务逻辑，例如 QoS，虚拟网络管理等。业界普遍认为，工业级广泛接受的 SDN 北向接口将会给用户和社区带来巨大的好处。ONF 已经将 SDN 北向接口的标准化作为 2014 年的重点工作之一，希望先使用六个月的时间完成调研和工作计划的设定，初步的北向接口解决方案将会在 2014 年问世。

5.3.2　SOAP 协议

简单对象访问协议（SimpleObjectaccessPRotocal，SOAP），是交换数据的一种协议规范，使用在计算机网络 Web 服务（web service）中，交换带结构信息，它以 XML 形式提供了一个简单、轻量的用于在分散或分布环境中交换结构化和类型信息的机制。SOAP 协议依赖于其他 RPC（Remote Procedure Call Protocol）协议，SMTP 以及 HTTP 协议都可以用来传输 SOAP 消息，但是由于 HTTP 在如今的因特网结构中工作得很好，特别是在网络防火墙下仍然正常工作，所以被广泛采纳。SOAP 亦可以在 HTTPS 上传输。

SOAP 被描述为"它是第一个没有发明任何新技术的技术"，这是因为 SOAP 协议本身并没有定义任何应用程序语义，如编程模型或特定语义的实现；实际上它通过提供一个有标准组件的包模型和在模块中编码数据的机制（XML），定义了一个简单的表示应用程序语义的机制。SOAP 技术有助于实现大量异构程序和平台之间的互操作性，从而使存在的应用能够被广泛的用户所访问。

在 SDN 网络中，在北向接口与应用层之间采用国际标准的 SOAP 协议，基于这些已有的规范和实现可以大大地简化北向接口的开发难度。北向接口需要为上层业务应用和资源管理开发灵活的网络资源抽象，SOAP 协议把控制器中的资源都抽象成可以调用的对象，通过程序请求格式化的对象信息，从而实现对网络的管理预配置。因此，北向接口的基础上，网络开发者可以对网络进行二次开发，使整个网络系统实现业务发放和客户服务的功能。

1. SOAP 协议结构

封装结构定义了一个整体框架用来表示消息中包含什么内容，谁来处理这些内容以及这些内容是可选的或是必需的。SOAP 消息是一个 XML 文档，包括一个必需的 SOAP 封装，一个可选的 SOAP 头和一个必需的 SOAP 体。

封装在表示 SOAP 消息的 XML 文档中，是顶层元素，放在最外层。由于应用 SOAP 交换信息的各方是分散的且没有预先协定，SOAP 头提供了向 SOAP 消息中添加关于这条 SOAP 消息的某些要素（feature）的机制。SOAP 体是包含消息的最终接收者想要的信息的容器，是用户之间传递消息的实际载荷。SOAP 协议从形式看上去十分像 HTML 和 XML 的组合，一个具体的例子如下：

```
POST /InStock HTTP/1.1
Host:www.example.org
Content-Type:application/soap + xml; charset = utf-8
Content-Length:nnn
-------------------------这里向上是 HTTP 的报头-------------------------
```

```
<? xml version = "1.0"? >
<soap:Envelope
------------------------------SOAP 封装------------------------------
xmlns:soap = "http://www.w3.org/2001/12/soap-envelope"
soap:encodingStyle = "http://www.w3.org/2001/12/soap-encoding">
<soap:Header>
------------------------------SOAP 头------------------------------
<m:Trans
xmlns:m = "http://www.w3school.com.cn/transaction/"
soap:actor = "http://www.w3school.com.cn/appml/">
234
</m:Trans>
</soap:Header>
------------------------------SOAP 体------------------------------
  <soap:Body xmlns:m = "http://www.example.org/stock">
    <m:GetStockPrice>
      <m:StockName>IBM</m:StockName>
    </m:GetStockPrice>
  </soap:Body>

</soap:Envelope>
```

在这个 SOAP 消息中,<? xml version＝"1.0"? >开始是 SOAP 的内容。第一个元素必然是封装元素。以后还有 SOAP 头,SOAP 为相互通信的团体之间提供了一种很灵活的机制:在无须预先协定的情况下,以分散但标准的方式扩展消息。可以在 SOAP 头中添加条目实现这种扩展,典型的例子有认证,事务管理,支付等。头元素编码为 SOAP 封装元素的第一个直接子元素。上面的例子包含了一个带有一个"Trans"元素的头部,它的值是 234,此元素的"mustUnderstand"属性的值是"1"。SOAP 体元素提供了一个简单的机制,使消息的最终接收者能交换必要的信息。使用体元素的典型情况包括配置 RPC 请求和错误报告。语法规则如下所示:

(1) 封装

a) 元素名是"Envelope";

b) 在 SOAP 消息中必须出现;

c) 可以包含名域声明和附加属性。如果包含附加属性,这些属性必须限定名域。类似的,"Envelope"可以包含附加子元素,这些也必须限定名域且跟在 SOAP 体元素之后。

EncodingStyle 全局属性用来表示 SOAP 消息的序列化规则。SOAP 消息没有定义默认编码。属性值是一个或多个 URI 的顺序列表,每个 URI 确定了一种或多 种序列化规则,用来不同程度反序列化 SOAP 消息。

(2) SOAP 头

a) 元素名是"Header";

b) 在 SOAP 消息中可能出现。如果出现的话,必须是 SOAP 封装元素的第一个直接子元素;

c) SOAP 头可以包含多个条目,每个都是 SOAP 头元素的直接子元素。所有 SOAP 头的直接子元素都必须限定名域。

SOAP 的 actor 属性可被用于将 Header 元素寻址到一个特定的端点。

SOAP 的 mustUnderstand 属性可用于标识标题项对于要对其进行处理的接收者来说是强制的还是可选的。

（3）SOAP 体

a）元素名是"Body"；

b）在 SOAP 消息中必须出现且必须是 SOAP 封装元素的直接子元素。它必须直接跟在 SOAP 头元素（如果有）之后；否则它必须是 SOAP 封装元素的第一个直接子元素；

c）SOAP 体可以包括多个条目，每个条目必须是 SOAP 体元素的直接子元素。SOAP 体元素的直接子元素可以限定名域。SOAP 定义了 SOAPFault 元素来表示错误信息。

体元素编码为 SOAP 封装元素的直接子元素。如果已经有一个头元素，那么体元素必须紧跟在头元素之后，否则它必须是 SOAP 封装元素的第一个直接子元素。体元素的所有直接子元素称作体条目，每个体条目在 SOAP 体元素中编码为一个独立的元素。

SOAP 错误元素用于在 SOAP 消息中携带错误和（或）状态信息。如果有 SOAP 错误元素，它必须以体条目的方式出现，并且在一个体元素中最多出现一次。SOAP 的 Fault 元素拥有下列子元素，如表 5.9 所示。

表 5.9　SOAP 的 Fault 子元素

子元素	描　　述
<faultcode>	供识别故障的代码
<faultstring>	可供人阅读的有关故障的说明
<faultactor>	有关是谁引发故障的信息
<detail>	存留涉及 Body 元素的应用程序专用错误信息

2. SOAP 在 SDN 中的运行机制

北向协议是在控制层和应用层之间传递数据，这与 SOAP 协议架构中的 C/S 服务方式十分类似。SDN 控制器服务的提供者，能够接收来自应用的 SOAP 请求，解析客户的要求，并回送 SOAP 响应。控制层和应用层之间的通信可以基于 Http 协议，如果需要对其进行安全性保护，可以使用 Https 协议。为了方便理解 SOAP 在 SDN 中的运行机制，可以参考如图 5.20 所示。

从图中可以看出，一个 SOAP 客户端通过底层通信协议提交一个请求 XML 文档给控制层"监听"SDN 控制器，这个控制器可能是本地的控制器，也可能是远程的控制器。这个 SDN 控制器捕获到这个消息，解析 SDN 应用层的业务逻辑，然后调用控制器中的北向协议模块和资源编排与管理模块，同样按照 SOAP 消息的格式封装好 XML 报文，返回给正在等待的开发者一个期望的数据结构，其执行过程如下。

（1）一个作为 SOAP 客户端的应用层程序发送请求时，不管源端口是什么平台，首先把请求转换成 XML 文档格式，其中包括远程调用方法所需的信息。一个 SOAP 客户端可以是 WEB 服务器，或者是一些基于服务器的应用程序，仅仅用来提交请求给 SOAP 服务端，即 SDN 控制器。

（2）转化成 XML 格式后，SOAP 终端名（远程调用方法名）及其他的一些协议标识信息被封装成 HTTP 请求或 RPC 请求，然后发送给控制器。

（3）控制器的一个监听模块接收到这个消息。这个模块通常是一个 SDN 控制器的线程，它监听请求的 SOAP 消息。控制器解析 SOAP 包,然后调用相应的资源对象,作为 SOAP 文档中的参数传送。

(4)负责处理的控制器模块将请求处理完毕并返回信息给 SDN 控制器。SDN 控制器把响应打包在 SOAP 封包内。

(5)处理结果被传送给客户端。同样,SOAP 文档被封装在底层通信协议响应的头部。

(6)SOAP 客户端等待处理结果的到来。当 SOAP 客户端接收到这个结果后,它解包 SOAP 封包,并把响应文档发送给等待它的应用程序。

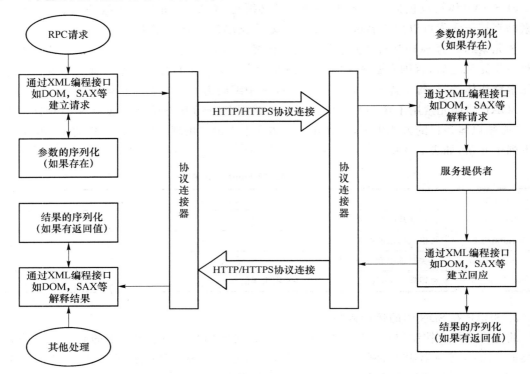

图 5.20 SOAP 协议工作流程

SDN 的 SOAP 模块的工作就是解析通过底层连接传送过来的 SOAP,XML 文档,然后把它转换成程序可以理解的语言。SOAP 模块作为一个翻译员,在 SOAP 语言和被调用对象语言之间进行解释。因此,对象可以在任何平台上使用任何程序语言编写。所有的通信过程通过使用符合 XML 语法的文档进行。

3. 在 HTTP 中使用 SOAP

HTTP 是目前与 SOAP 协议结合最广泛的方式,把 SOAP 绑定到 HTTP,无论使用或不用 HTTP 扩展框架,都有很大的好处:在利用 SOAP 的形式化和灵活性的同时,使用 HTTP 多种丰富的特性。在 HTTP 中携带 SOAP 消息,并不意味着 SOAP 改写了 HTTP 已有的语义,而是将构建在 HTTP 之上 SOAP 语义自然地对应到 HTTP 语义。SOAP 自然地遵循 HTTP 的请求/应答消息模型使得 SOAP 的请求和应答参数可以包含在 HTTP 请求和应答中。注意,SOAP 的中间结点与 HTTP 的中间结点并不等同,即不要期望一个根据 HTTP 连接头中的域寻址到的 HTTP 中间结点能够检查或处理 HTTP 请求中的 SOAP 消息。在 HTTP 消息中包含 SOAP 实体时,按照 RFC2376,HTTP 应用程序必须使用媒体类型"text/xml"。

虽然,HTTP 协议可以有很多种方式实现与 SOAP 的融合,但是 SOAP 协议说明中仅定义了在 HTTP POST 请求中包含 SOAP 消息。通过在 HTTP 请求头中的 SOAPAction 域指出这是一个 SOAP HTTP 请求。当 HTTP 客户发出 SOAP HTTP 请求时必须使用在 HTTP 头中使用这个域,才能使服务器(如防火墙)能正确的过滤 http 中 soap 请求消息。如果这个域的值是空字符串(""),表示 soap 消息的目标就是 http 请求的 uri。这个域没有值表示没有 soap 消息的目标的信息。下面是基于 HTTP 使用 SOAP 消息的一个范例。

```
post"/stockquote"http/1.1
Content-Type:"text/xml; charset = "utf-8"
Content-Length:"nnnn
SOAPAction:"http://electrocommerce.org/abc♯MyMessage"
----------------------------------------SOAPAction 域----------------------------------
< SOAP - ENV:Envelope…
HTTP/1.1"200"OK
Content - Type:"text/xml;" charset = "utf - 8"
Content - Length:"nnnn
<SOAP - ENV:Envelope…"
```

SOAP HTTP 的应答遵循 HTTP 中表示通信状态信息的 HTTP 状态码的语义。例如,2xx 状态码表示这个包含了 SOAP 组件的客户请求已经被成功的收到,理解和接受。在处理请求时如果发生错误,SOAP HTTP 服务器必须发出应答 HTTP 500 "Internal Server Error",并在这个应答中包含一个 SOAP Fault 元素表示这个 SOAP 处理错误。

4. SOAP 协议发展趋势

SOAP 协议中,尽管 http 不是效率较高的通讯协议,而且 XML 格式还需要额外的文件解析,两者使得交易的速度大大低于其他方案。但 XML 是一个开放、健全、有语义的信息机制,而 http 是一个广泛而且又能避免许多关于防火墙的问题,从而使 SOAP 得到了广泛的应用。从以上的协议说明中,总结出 SOAP 协议具有以下的优点:

- 可扩展。SOAP 无须中断已有的应用程序,SOAP 客户端、服务器和协议自身都能发展。而且 SOAP 能极好地支持中间介质和层次化的体系结构。
- 简单。客户端发送一个请求,调用相应的对象,然后服务器返回结果。这些消息是 XML 格式的,并且封装成符合 HTTP 协议的消息。因此,它符合任何路由器、防火墙或代理服务器的要求。
- 完全和厂商无关。SOAP 可以相对于平台、操作系统、目标模型和编程语言独立实现。另外,传输和语言绑定以及数据编码的参数选择都是由具体的实现决定的。
- 与编程语言无关。SOAP 可以使用任何语言来完成,只要客户端发送正确 SOAP 请求(也就是说,传递一个合适的参数给一个实际的远端服务器)。SOAP 没有对象模型,应用程序可以捆绑在任何对象模型中。
- 与平台无关。SOAP 可以在任何操作系统中无须改动正常运行。

SOAP 协议作为已经成熟的协议,在传统的电信网络中有了一定程度的应用,一些 OSGi 框架的网络使用 SOAP 协议作为其北向接口。开源 SDN 工程 OpenDaylight 也使用 OSGi 体系结构,并把 SOAP 协议作为其可能使用的北向 API 之一。然而,SOAP 协议总体来说并不是一种非常简单,可用的协议,对于不同的绑定,需要开发对应的程序,大大增加了工作的复杂度;为了更好的通用性与平台无关性,其性能也做出了让步,目前很多 SDN 控制器在设计北向接口时,逐渐减少了 SOAP 协议的使用。

5.3.3　基于 REST API 的 SDN 北向接口

1. REST 介绍

REST，表述性状态传递（Representational State Transfer，REST），从概念上来说，REST 不是一种新的技术，也不是新的协议，而是软件设计风格。REST 定义了一组体系架构原则，根据这些原则可以设计以系统资源为中心的 Web 服务，满足这些约束条件和原则的应用程序或设计就是 RESTful。最初是 Roy Fielding 博士在 2000 年他的博士论文中对使用 Web 服务作为分布式计算平台的一系列软件体系结构原则进行了分析，并在其中提出的 REST 概念。今天，REST 的主要框架已经开始出现，但仍然在开发完善中。REST 利用简单的 HTTP，URI 标准和 XML 语言构建起轻量级的 Web 服务，从而大幅度地提升了开发效率和程序性能。目前在三种主流的 Web 服务实现方案中，因为 REST 模式与复杂的 SOAP 和 XML-RPC 相比更加简洁，越来越多的 Web 服务开始采用 REST 风格设计和实现。事实上，已经普遍地取代了基于 SOAP 和 WSDL 的接口设计。

REST 在 Web 应用服务之间的流行也影响到了 SDN 网络。SDN 控制器通常并不是本地的，一些最丰富的可编程北向接口，例如 java 接口和 Python 接口无法直接调用，并且将正在运行的控制平面的这种接口直接提供会带来许多安全问题。因此，基于 Web 的北向接口就得到广泛应用，REST API 提供的解决方案更容易被应用层的程序所接收。目前大多数 SDN 控制器都会提供 REST API，例如 Floodlight、OpenDaylight、Ryu 等。

2. REST 要求、方法、标准

SDN 控制器使用 REST 风格的架构运行方式和传统网络的请求/应答模式十分相似。在 REST 的框架下，控制层所有能够提供的信息都被抽象成 REST 的资源。REST 中的资源所指的不是数据，而是数据和表现形式的组合，比如"业务流量最高的交换机"和"连接用户最多的交换机"在数据上可能有重叠或者完全相同，而由于他们的表现形式不同，所以被归为不同的资源。每一个资源都被分配一个唯一的统一资源标识符（Uniform Resource Identifier，URI），SDN 控制器可供操作的模块将 REST API 接口暴露给用户，开发者通过对基于 URI 的操作，实现对 SDN 控制器交互。REST API 运行流程如图 5.21 所示。

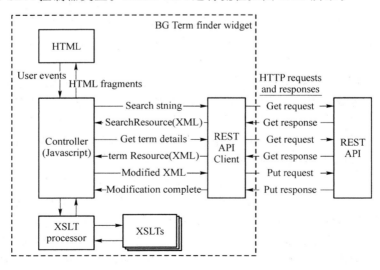

图 5.21　REST API 运行流程

根据 Roy 论文对 REST 的描述,REST 技术通常有以下特点。

抽象化的资源,使用"资源"(Resource)这个词是 REST 的精髓所在,在 REST 的架构里,整个网络被看作一组资源的集合。在 REST 中服务需要暴露出来的所有内容都表现为资源,而在 Web 中通常使用 URI 来表示资源,客户端无法直接获取一个资源本身,而只能获取该资源的一个表述。表述是具有特定数据格式用于描述该资源信息的文档。以百度百科为例,OpenFlow 词条事实上并不是一张网页,它是一个资源,我们使用 HTTP://http://baike.baidu.com/view/5084532.htm 访问这个资源,并取得了它的 HTML 表示,之所以是 HTML,是因为浏览器是这种方式。如果需求不同,也可以使用 XML 或 JSON 的表示方式。

唯一的资源定位,资源是由 URI 来指定。资源定位最好是依靠一个已被定义,在全球范围内几乎完美运行,并且能被绝大多数人所理解的规则,而 URI 正是满足这种需要的规则。在现有的 Internet 体系下,主机上的任何一个资源的 URI 表示都是唯一的,下面是一些可能的 URI 的例子:

```
http://example.com/customers/1234
http://example.com/orders/2007/10/776654
http://example.com/products/4554
http://example.com/processes/salary-increase-234
```

基于现有标准。REST 标准之所以吸引人,正是因为它的简单和易用性,而形成这个结果的原因就在于 REST 与 HTTP 协议的紧密结合。REST 与 HTTP 协议的关系可以用密不可分来形容,有时候 REST 也被称为 REST/HTTP,可以看出 HTTP 对于 REST 标准的支撑作用有多大。事实上确实如此 HTTP 几乎承载了 REST 标准的全部内容。可以这么说,如果了解了 HTTP 协议就可开发 RESTful 的 Web 服务。对资源的操作包括获取、创建、修改和删除资源,这些操作正好对应 HTTP 协议提供的 GET、POST、PUT 和 DELETE 方法。对于面向对象的开发方式,可以想象 REST 方案中的所有资源都必须实现下面这个接口:

```
interface Resource{
        Resource (URI u);
        Response get();
        Response post (Request r);
        Response put (Request r);
        Response delete();
}
```

系统中的所有资源都必须按照这个接口进行开发。构造函数用来将 URI 与资源进行绑定,从而达到资源定位的目的;get 方法用来提交对资源进行查询;post 方法用来对资源的信息进行修改;put 用来增加新的资源;而 delete 很明显则是用来删除已经存在的资源。

无状态通信。无状态性意味着每个 HTTP 请求都是完全孤立的。当客户端发出一个 HTTP 请求时,请求里包含服务器实现该请求所需的全部信息,服务器不依赖任何之前请求提供的信息,那么客户端应当把那个信息也包括在本次请求里。无状态性还引入了一些新特征。在负载均衡服务器上分配无状态的应用将容易许多;因为各个请求之间没有相互依赖,所以它们可被放在不同的服务器上处理,而不需服务器之间作任何协作;要提升规模,只需要往负载均衡系里添置更多服务器即可。对无状态的应用作缓存也是比较容易的;只要检查一下请求,就可以决定是否要缓存一个 HTTP 请求的结果了;前一个请求的状态不会影响对当前请求的缓存处理。服务无状态的好处可以很容易提高服务的可扩展性,由于服务器端不需要保存每次请求的状态信息,每次请求对于服务提供方都是新的一次请求,因此可以很容易通过对服务器的横向扩展,来提高系统的整体开发能力。

从北向接口的设计目标来说，接口需要良好的开放性，使得所有网络开发者可以自由的开发新的应用。同时还需要提供优秀的资源整合功能，提供精细化的网络管理。REST 架构在控制器北向接口的流行，主要是因为 REST API 使用简单，以 URI 标识的资源抽象易于操作。通常为了达到这些目标，需要在设计 REST API 时考虑以下特征：

- 可寻址性强：对应用而言，只要用户使用感兴趣的数据或者算法片段，都应该具有独立的地址已被标识方便用户访问。每一个资源都应该有一个唯一的 URI 标识，这样它才能被外界访问。URI 的名称应该和 URI 资源的内容保持一致，增加可读性。
- 接口无状态：对每个请求而言，彼此之间是隔离的，指服务器不应该保存"应用状态"。这和 http 具有相似的性质，这一点保证了多用户请求时，彼此互不干扰。
- 注重关联性：资源之间不应是孤立的，而是彼此联系的。应用能够根据用户发来的请求，自动在反馈的信息中尽可能的包含请求相关的全部资源链接。
- 接口要统一：对所有的资源进行的操作都采用一致的方式，包括统一资源编址和统一表述。REST 中目前普遍采用 HTTP 相关协议的 URI 方式对资源进行统一的编址；而统一的表述主要体现在是用标准化的编码机制，例如 XML，JSON 等。

3. REST 在 SDN 中的应用

当前，很多 SDN 控制器已经采用了 REST API 作为北向接口。其中 Big Switch Networks 公司主导开发了 Floodlight 控制器，它的目标是成为企业级的 OpenFlow 控制器。Floodlight 是基于 Java 语言开发的，其核心代码被 Big Switch Networks 公司的商业化产品所使用并经过专业测试，具有较高的性能和可靠性，同时，Floodlight 是基于模块化设计的，功能和模块对应，使得控制器具有极好的扩展性。它主要有来自 Big Switch Networks 公司的工程师等众多开发支持维护。Floodlight 根据调查，是目前使用最为广泛的开源控制器。

Floodlight 也使用 REST API 作为其北向接口，其控制器架构如图 5.22 所示。Floodlight 对外的服务接口一般以 REST API 形式提供给开发者，其负责 REST API 处理的模块称为 RestApiServer(REST API 服务器)。

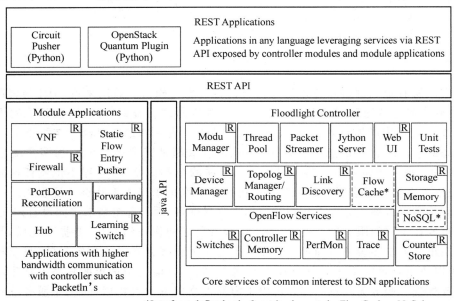

图 5.22　Floodlight 控制器结构

REST API 服务器允许模块通过 HTTP 暴露 REST API。它能够提供不依赖于其他服务的 IRestApiService 服务,此模块在开启 Floodlight 时被默认加载,不需要其他配置。其模块代码名称为 net. floodlightcontroller. restserver. RestApiServer。REST API 服务使用 Restlets library。通过 REST 服务器作为一个依赖的其他模块通过添加一个实现 RestletRoutable 的类进行公开 API。每个 RestletRoutable 包含附加一个 Restlet 资源的路由器(最常见的是 ServerResource)。用户会附上自己的类扩展 Restlet 的资源,以处理特定 URL 的请求。里面的资源注释,如@ GET,@ PUT 等,都是选择哪个方法将被用于 HTTP 请求。序列化通过包含在 Restlet 库中的 Jackson library 实现。Jackson 可以通过两种方式进行序列化对象,第一,它会自动使用可用的 getter 对对象进行序列化这些字段,否则,自定义序列化可以创建和注释在类的顶部。其他模块的资源也唯一的对应于 REST API 服务器中的一个 URI。Floodlight REST API 遵循通用的 REST 规范,要求基本的路径不能重叠,并且是唯一的。而且 Restlets 只能通过服务接口访问模块的数据。如果一个模块需要通过 REST 服务器来公开数据,则它必须通过公开接口来得到这个数据。一些常用的 REST API 已经列在如表 5.10 中。

表 5.10　Floodlight 的 REST API

URI	描述	参数
/wm/core/switch/all/<statType>/json	Retrieve aggregate stats across all switches	statType：port, queue, flow, aggregate, desc, table, features
/wm/core/switch/<switchId>/<statType>/json	Retrieve per switch stats	switchId：Valid Switch DPID (XX：XX：XX：XX：XX：XX：XX：XX) statType：port,queue,flow,aggregate, desc,table,features
/wm/core/controller/switches/json	List of all switch DPIDs connected to the controller	none
/wm/core/counter/<counterTitle>/json	List of global traffic counters in the controller (across all switches)	counterTitle："all" or something of the form DPID_Port # OFEventL3/4_Type. See CounterStore. java for details.
/wm/core/counter/<switchId>/<counterName>/json	List of traffic counters per switch	switchId：Valid Switch DPID CounterTitle：see above
/wm/core/memory/json	Current controller memory usage	none
/wm/topology/links/json	List all the inter-switch links. Note that these are only for switches connected to the same controller. This is not available in the 0. 8 release.	none
/wm/topology/switchclusters/json	List of all switch clusters connected to the controller. This is not available in the 0. 8 release.	none
/wm/topology/route/<switchIdA>/<portA>/<switchIdB>/<portB>/json	List shortest path route, if available, from <switch, port> A to <switch,port>B.	switchIdA：host A connected switch DPID (XX：XX：XX：XX：XX：XX：XX：XX) portA：host A connected port on switch switchIdB：host B connected switch DPID (XX：XX：XX：XX：XX：XX：XX：XX) portB：host B connected port on switch
/wm/device/	List of all devices tracked by the controller. This includes MACs, IPs,and attachment points.	Passed as GET parameters：mac (colon-separated hex-encoded), ipv4 (dotted decimal), vlan, dpid attachment point DPID (colon-separated hex-encoded) and port the attachment point port.

当我们应用表中的一个 REST API,例如:

`curl http://192.168.1.106:8080/wm/core/controller/switches/json`

curl 是 linux 中的是一个利用 URL 规则在命令行下工作的文件传输工具。

Floodlight 将会根据网络的状态,以 JSON 格式返回网络中交换机的相关数据。其返回的具体内容和 OpenFlow 控制器和当前的网络环境有关。

控制器所连接交换机的信息。数据格式:

```
Array
(
    [0] => stdClass Object
        (
            [buffers] => 256
            [description] => stdClass Object
                (
                    [datapath] => None
                    [serialNum] => None
                    [software] => 1.1.2
                    [manufacturer] => Nicira Networks,Inc.
                    [hardware] => Open vSwitch
                )

            [capabilities] => 135
            [inetAddress] => /192.168.1.106:41580
            [connectedSince] => 1407120371299
            [dpid] => 00:00:00:00:00:00:00:01
            [harole] => MASTER
            [ports] => Array
                (
                    [0] => stdClass Object
                        (
                            [portNumber] => 2
                            [hardwareAddress] => f2:a0:c3:69:03:2d
                            [name] => s1 - eth2
                            [config] => 0
                            [state] => 0
                            [currentFeatures] => 192
                            [advertisedFeatures] => 0
                            [supportedFeatures] => 0
                            [peerFeatures] => 0
                        )


                )

            [actions] => 4095
```

```
        [attributes] = >stdClass Object
            (
                [supportsOfppFlood] = >1
                [supportsOfppTable] = >1
                [FastWildcards] = >4194303
                [supportsNxRole] = >1
            )
        )
    )
```

5.3.4　REST 与 SOAP 比较

以上两节对 SDN 的北向接口中常用的两种方式 SOAP 和 REST 做出了简要介绍。至于具体许可应用哪一种技术,并没有既定的规范,本节将会列出二者特性的一些对比,作为开发者选用的参考。

（1）成熟度

SOAP 虽然发展到现在已经脱离了初衷,但是对于异构环境服务发布和调用,以及厂商的支持都已经达到了较为成熟的情况。不同平台,开发语言之间通过 SOAP 来交互的 Web service 都能够较好的互通。

虽然目前网站的 REST 风格的使用情况要高于 SOAP,但是由于 REST 只是一种基于 Http 协议实现资源操作的思想,因此各个网站的 REST 实现都自有一套,也正是因为这种各自实现的情况,在性能和可用性上会大大高于 SOAP 发布的 web service,但统一通用方面远远不及 SOAP。

（2）效率和易用性

SOAP 协议对于消息体和消息头都有定义,同时消息头的可扩展性为各种互联网的标准提供了扩展的基础。但是也由于 SOAP 由于各种需求不断扩充其本身协议的内容,导致在 SOAP 处理方面的性能有所下降。同时在易用性方面以及学习成本上也有所增加。

REST 被人们的重视,其实很大一方面也是因为其高效以及简洁易用的特性。这种高效一方面源于其面向资源接口设计以及操作抽象简化了开发者的不良设计,同时也最大限度的利用了 Http 最初的应用协议设计理念。

（3）安全性

SOAP 在安全方面是通过使用 XML-Security 和 XML-Signature 两个规范组成了 WS-Security 来实现安全控制的,当前已经得到了各个厂商的支持,. net,php,java 都已经对其有了很好的支持。

REST 没有任何规范对于安全方面作说明,同时现在开放 REST 风格 API 的网站主要分成两种,一种是自定义了安全信息封装在消息中,另外一种就是靠硬件 SSL 来保障,但是这只能够保证点到点的安全,如果是需要多点传输的话 SSL 就无能为力了。安全这块其实也是一个很大的问题,未来 REST 规范化和通用化过程中的安全是否也会采用这两种规范,是未知的,但是加入的越多,REST 失去它高效性的优势越多。

（4）应用场合

SOAP 的适用场合包括:异步处理与调用,SOAP 1.2 为确保这种操作补充定义了 WSRM (WS-Reliable Messaging)等标准;形式化契约,若提供者/消费者双方必须就交换格式取得一致,那么采用 SOAP 更合适。有状态的操作,如果应用需要上下文信息与对话状态管理,那么应采用 SOAP。

相比之下,REST 方法要求开发者自己来实现这些框架性工作。

REST 的适用场合包括：有限的带宽和资源，由于 REST 采用标准的 GET、PUT、POST 和 DELETE 动词，因此可被任何浏览器所支持，除此以外，REST 还可以使用为目前大多数浏览器支持的 XMLHttpRequest 对象，这为 AJAX 增色不少；完全无状态的操作，对于那些需多步执行的操作，REST 并非最佳选择，采用 SOAP 更合适。但是，如果你需要无状态的创建/读取/更新/删除（Create/Read/Update/Delete，CRUD）操作，那么应采用 REST；缓存考虑，若要利用无状态操作的特性，使得信息可被缓存，那么 REST 是很好的选择。

5.4　本章小结

本章对软件定义网络中的接口做出了介绍。SDN 的接口协议是衔接不同层次的桥梁，负责实现层与层之间的通信，是维护 SDN 架构正常工作的纽带。南向接口是控制层和数据层之间的接口，作为 ONF 最早规范化的方面，已经有了较为成熟的 OpenFlow 标准，然而由于无线网络的复杂性，该标准并不能直接套用，需要额外的协议辅助或改进。本章对这一点做出了详细的介绍。控制层和应用层之间的接口称为北向接口，为开发者提供了网络的可编程能力，是 SDN 网络实现其创新性的源泉之一。现在的北向接口正处在标准化的阶段中，其成果仍有待验证。东西向接口保证了 SDN 网络的扩展性，还处在研究阶段。本章在介绍各种接口时，除了介绍主流的实现方案外，还额外的介绍了很多其他的实现办法，希望大家能够理解 SDN 网络不仅仅局限于 OpenFlow 标准，还有更加丰富、多元化和广义的 SDN 网络的内容。

参考文献

［1］ Greenberg,Albert,et al. "A clean slate 4D approach to network control and management. "ACM SIGCOMM Computer Communication Review 35.5(2005):41-54.

［2］ Casado,M. ,Freedman,M. J. ,Pettit,J. ,Luo,J. ,McKeown,N. ,& Shenker,S. (2007, August). Ethane：taking control of the enterprise. In ACM SIGCOMM Computer Communication Review (Vol. 37,No. 4:1-12). ACM.

［3］ 左青云,陈鸣,赵广松,邢长友,张国敏,蒋培成.(2013).基于 Open Flow 的 SDN 技术研究.软件学报,24(5),1078-1097.

［4］ Guan,J. ,Ma,S. ,Guo,B. ,Li,J. ,Huang,S. ,Cao,X. ,...& He,Y. (2013,November). First Field Demonstration of Network Function Virtualization via Dynamic Optical Networks with OpenContrail and Enhanced NOX Orchestration. In Asia Communications and Photonics Conference (pp. AF2C-5). Optical Society of America.

［5］ 高明. SDN 的 ForCES 实现及服务部署研究[D].浙江大学,2014.

［6］ Yang,L. ,Dantu,R. ,Anderson,T. ,& Gopal,R. (2004). RFC 3746：Forwarding and control element separation (FORCES) framework. Network Working Group,4.

［7］ Doria,A. ,Salim,J. H. ,Haas,R. ,Khosravi,H. ,Wang,W. ,Dong,L. ,...& Halpern, J. (2010). Rfc 5810：Forwarding and control element separation (forces) protocol specification. Internet Engineering Task Force.

［8］ Saint-Andre,P. ,Smith,K. ,& Tron? on,R. (2009). XMPP：the definitive guide.

"O'Reilly Media,Inc. ".

[9] Smith,M. ,Dvorkin,M. ,Laribi,Y. ,Pandey,V. ,Garg,P. , & Weidenbacher,N. (2014). OpFlex control protocol. IETF,http://datatracker. ietf. org/doc/draft-smith-opflex.

[10] McKeown,N. ,Anderson,T. ,Balakrishnan,H. ,Parulkar,G. ,Peterson,L. ,Rexford, J. ,... & Turner,J. (2008). OpenFlow:enabling innovation in campus networks. ACM SIGCOMM Computer Communication Review,38(2),69-74.

[11] Tootoonchian, A. , & Ganjali, Y. (2010, April). HyperFlow:A distributed control plane for OpenFlow. In Proceedings of the 2010 internet network management conference on Research on enterprise networking (pp. 3-3). USENIX Association.

[12] OpenFlow Switch Consortium. (2009). OpenFlow Switch Specification Version 1. 0. 0.

[13] OpenFlow Switch Consortium. (2011). OpenFlow Switch Specification Version 1. 1. 0.

[14] OpenFlow Switch Consortium. (2011). OpenFlow Switch Specification Version 1. 2. 0.

[15] OpenFlow Switch Consortium. (2012). OpenFlow Switch Specification Version 1. 3. 0.

[16] OpenFlow Switch Consortium. (2012). OpenFlow Switch Specification Version 1. 3. 1

[17] Open vSwitch. http://openvswitch. org/.

[18] Suresh,L. ,Schulz-Zander,J. ,Merz,R. ,Feldmann,A. , & Vazao,T. (2012,August). Towards programmable enterprise WLANS with Odin. In Proceedings of the first workshop on Hot topics in software defined networks (pp. 115-120). ACM.

[19] Dely,P. ,Kassler,A. , & Bayer,N. (2011,July). Openflow for wireless mesh networks. In Computer Communications and Networks (ICCCN),2011 Proceedings of 20th International Conference on (pp. 1-6). IEEE.

[20] Arun,K. P. ,Chakraborty,A. , & Manoj,B. S. (2014,December). Communication overhead of an OpenFlow wireless mesh network. In Advanced Networks and Telecommuncations Systems (ANTS),2014 IEEE International Conference on (pp. 1-6). IEEE.

[21] OpenFlow Networking Foundation. (2011). OpenFlow Configuration and Management Protocol(OF-CONFIG)Version 1. 0.

[22] OpenFlow Networking Foundation. (2012). OpenFlow Configuration and Management Protocol(OF-CONFIG)Version 1. 1.

[23] OpenFlow Networking Foundation. (2014). OpenFlow Configuration and Management Protocol(OF-CONFIG)Version 1. 2.

[24] Maximilien,E. M. ,Wilkinson,H. ,Desai,N. , & Tai,S. (2007). A domain-specific language for web apis and services mashups (pp. 13-26). Springer Berlin Heidelberg.

[25] Box,D. ,Ehnebuske,D. ,Kakivaya,G. ,Layman,A. ,Mendelsohn,N. ,Nielsen,H. F. ,... & Winer,D. (2000). Simple object access protocol (SOAP) 1. 1.

[26] 张仙伟,张璟. Web 服务的核心技术之———SOAP 协议[J]. 电子科技,2010,3:93-96.

[27] 隋菱歌,殷树友,黄岚. SOAP 协议在 XML 数据传输中的应用[J]. 长春大学学报, 2006,8:52-55.

[28] Masse,M. (2011). REST API design rulebook. " O'Reilly Media,Inc. ".

第6章 异构无线接入网络间的无缝融合

6.1 异构无线接入网络简介

6.1.1 并存发展的无线接入技术

无线移动通信技术的发展开始于20世纪20年代,由军方在战场上最初运用该技术进行指挥和通信,并于20世纪50年代转为民用。随着人类社会和经济的不断发展,信息的交换和传输已经成为人们生活中与衣食住行一样必不可少的部分。为了实现此目的,无线通信技术在近20年内呈现出异常繁荣的景象,也带来了多种类型无线通信网络的发展和共存,这些无线通信网络被统一称为无线异构网络(wireless heterogeneous network)。目前的无线网络接入技术种类繁多,主要包括以蜂窝移动通信系统为代表的移动通信技术和其他各种宽带无线接入技术。它们采用不同的无线接入技术、采用不同的网络架构和协议,按照覆盖范围,可以分为覆盖个人区域的 Bluetooth 网络、覆盖数百米的无线局域网、覆盖数公里的无线城域网络以及可以实现全球覆盖的第二代、第三代和第四代移动通信网络等。

1. 移动通信技术

现有的移动通信技术以蜂窝移动通信系统为代表,美国的贝尔实验室最早在1947年提出了蜂窝移动通信的概念,蜂窝技术采用小区制,即将整个服务区划分成若干个无线小区,每个小区分别设置一个基站。在服务区面积一定的情况下,正六边形小区的形状最接近理想的圆形,用它覆盖整个服务区所需要的基站数最少也最经济。而正六边形构成的网络形同蜂窝,因此由此构成的移动通信网被称为蜂窝网。

移动通信技术的发展经历了第一代蜂窝移动通信系统(1G)、第二代蜂窝移动通信系统(2G)、第三代移动通信系统(3G),正在向第四代移动通信系统(4G)演进,截至本书编写完成,全球已有多家运营商将 4G LTE 技术投入商用。

第一代蜂窝移动通信系统(1G)是模拟系统,采用频分多址(FDMA, Frequency Division Multiple Access)技术,代表系统包括美国的 AMPS 系统和欧洲的 TACS 系统等。主要运行模拟话音业务,抗干扰能力比较差,频谱利用效率比较低。第二代蜂窝移动通信系统(2G)采用数字通信技术,应用时分多址(TDMA, Time Division Multiple Access)和码分多址(CDMA, Code Division Multiple Access)技术,代表系统有美国的 IS-95CDMA 系统和欧洲的 GSM 系统(基于 TDMA 技术)。2G 系统提高了系统的频谱利用效率,增强了抗干扰能力,能支持低速数据业务,并具有良好的保密性能,在多个国家和地区得到了广泛应用。第三代移动通信系统(3G)能够提供全球无缝漫游,具有支持语音、数据、视频等多媒体业务的能力,将移动通信与因特网相结合,并能够提供几百 kbit/s 的高数据传输速率。1996 年,国际电信联盟 ITU 将 3G 移动通信系统命名为 IMT-2000(International Mobile Telecommunications-2000)。 ITU 采纳的 3G 无线接入系统的主流标准包括 CDMA 2000、WCDMA 和 TD-SCDMA 技术, 这三种技术都基于 CDMA 技术。

第二代(2G)和第三代(3G)移动通信系统为移动用户提供无处不在的通信连接性,在不同 运营商的移动通信网络之间有成熟的漫游协议,能够弥补无线局域网技术的不足。但是,传统 2G 和 3G 移动通信系统的投资规模庞大,数据峰值传输速率较低,只有 2 Mbit/s 左右,难以满 足用户对未来移动通信系统的要求。

为了提高通信速率,移动通信技术也向能够提供更高的速率发展,3GPP 标准和 3GPP2 标准分别向高速数据接入(High Speed Packet Access,HSPA)和高速分组数据(High Rate Packet Dat,HRPD)演进,标志着 3GPP 和 3GPP2 在坚持蜂窝移动能力的同时,日益重视低速 局域场景下的接入能力。目前,HSPA 可支持的速率已经达到 7.2 Mbit/s。

为了应对来自宽带无线接入"移动化"的挑战,3GPP 于 2005 年开始了长期演进项目 (Long Term Evolution,LTE)。3GPP2 则提出 UMB(Ultra Mobile Broadband)技术。这两种 移动通信技术的演进呈现出"宽带化"发展趋势。其具体表现为:支持更高的带宽和速率,两者 的载波带宽都从原来的 5 MHz 以下提高到了 20 MHz,LTE 支持的峰值速率是上行 50 Mbit/s,下行 100 Mbit/s,UMB 的峰值速率是上行 35～40 Mbit/s,下行 70～200 Mbit/s; 两者的系统性能优化都将重点考虑低速移动场景,并兼顾热点覆盖的需求。在核心网络域,都 将由电路交换与分组交换并重演进为全分组交换。终端形态也从移动终端为主向便携、移动 终端并重演进。

LTE 技术即目前运营商所指的第四代移动通信系统(4G),其主要包括 TD-LTE 和 FDD-LTE 两种制式,严格意义上来讲,LTE 只是 3.9G,尽管被宣传为 4G 无线标准,但它其实并未被 3GPP 认可为国际电信联盟(ITU,International Telecommunication Union)所描述的下一代无线通 信标准 IMT-Advanced,因此在严格意义上其还未达到 4G 的标准。ITU 在 2012 年无线电通信全 体会议上,正式审议通过将 LTE-Advanced 和 Wireless MAN-Advanced(802.16m)技术规范确立 为 IMT-Advanced(俗称"4G")国际标准。按照 ITU 的定义,当前的 WCDMA、HSDPA 等技术统 称为 IMT-2000 技术;未来新的空中接口技术称为 IMT-Advanced 技术。IMT-Advanced 标准继 续依赖 3G 标准组织已发展的多项新定标准加以延伸,如 IP 核心网、开放业务架构及 IPv6。同 时,其规划又必须满足整体系统架构能够由 3G 系统演进到未来 4G 架构的需求。

2. 宽带无线接入技术

现有的无线接入技术主要包括 IEEE802 无线接入技术、卫星通信、广播系统、平流层通信 等。宽带无线接入的初始定位于有线宽带接入的(如数字用户线(Digital Subscriber Line, DSL))技术的替代,面向游牧接入应用场景,适于构建区域性的宽带无线通信网络,具有接入 速率高、不具备连续网络覆盖、对移动性和漫游的要求低、组网简单、高速数据接入时单位流量 成本低等优势。其发展经历了从固定局域接入(如 IEEE 802.11a/b/g)向游牧城域接入(如 IEEE 802.16d),再向广域移动接入(IEEE 802.16e)的过程。

其中无线局域网(WLAN,Wireless LAN)技术以其低廉的建网价格、较高的传输带宽 (IEEE 802.11 系列标准提供 1～54 Mbit/s 的数据传输速率)迅速拓展市场空间。无线局域网技术主要包括：美国 IEEE 制定的 IEEE 802.11 系列标准、欧洲 ETSI BRAN（Broadband Radio Access Networl）项目提出的 HiperLAN（High Performance Radio Local Area Network）、日本 MMAC 工作组提出的 HiSWAN 等无线接入技术。特别是近年来由 IEEE 制定的 IEEE802.16 系列标准和 IEEE802.20 系列标准，是发展较为迅速的新型固定无线接入网络（Broadband Wireless Access，BWA），与 WLAN 技术比较，BWA 可以支持更高的移动速度，并可具有连续覆盖等优势。

为了制定能够被业界广泛接受的无线接入标准，美国 IEEE 标准化协会制定了 IEEE802 无线接入技术。目前制定的标准包括 IEEE802.1～802.20 系列，其中包括基于 IEEE802.15x 的无线个域网（WPAN）、基于 IEEE 802.11x 的无线局域网（WLAN）、基于 IEEE802.16x 的无线城域网（WMAN）、基于 IEEE802.20x 的无线广域网（WWAN），这几种无线接入技术的覆盖面积逐渐扩大，传输距离逐渐增长。IEEE 802.11x 主要用于解决办公室局域网、校园网、火车站、航空港等热点地区用户的无线接入，主要用于数据传输，工作在 2.4 GHz 和 5 GHz 频段，网络传输速率可达 5.5 Mbit/s 和 11 Mbit/s。采用 IEEE 802.11x 接入技术，移动用户能够获得同以太网性能相同的无线网络服务。IEEE802.15x 是用于短程无线通信的标准，主要用于无线个人局域网（WPAN），以此实现与 IEEE 802.11x 的融合。它以蓝牙技术为基础，包括 WiMedia 技术、超宽带（UWB）技术、Zigbee 技术等等。IEEE802.15x 具有短程、低能量、低成本、用于小型网络及通信设备、适用于个人操作空间等基本特征。

IEEE802.16x 属于宽带无线接入标准，支持 2～66 GHz 频段范围内的无线传输，主要应用于城域网。根据使用频段高低的不同，802.16 系统可分为应用于视距和非视距两种，其中使用 2～11 GHz 频段的系统应用于非视距范围，而使用 10～66 GHz 频段的系统应用于视距范围。根据是否支持移动特性，IEEE802.16 标准系列又可分为固定宽带无线接入空中接口标准和移动宽带无线接入空中接口标准。IEEE802.20x 技术是为了实现在高速移动环境下的高速率数据传输而制定的，它可支持在最高移动速度 250 km/h 的情况下，仍能向每个用户提供高达 1 Mbit/s 的接入速率。

但是早期由宽带无线接入技术组建的无线网络的缺点比较明显，如每个接入点的覆盖范围有限，仅适用于在办公楼、旅馆、机场等"热点"地区提供无线接入服务。而且，不同无线接入业务提供商之间的网络没有漫游协议，无法支持用户跨运营商网络的移动性要求。因此在宽带无线接入技术的演进过程中，出现了明显的"移动化"这一发展趋势。其具体表现为：由大带宽向可变带宽（即有效支持小带宽）演变；由固定接入向支持中低速移动演变（如从 IEEE 802.16d 演进到 IEEE 802.16m）；由孤立热点覆盖向支持切换的多小区组网演变；由数据业务向同时支持话音业务演变（具有 QoS 支持的 IEEE 802.11e）；由支持笔记本电脑为代表的便携终端，向同时支持以手机为代表的移动终端演变。

综合来说，如图 6.1 所示，目前已有不少于 25 种的无线异构网络投入商用，为人们提供无线通信业务，其中包括 GSM、GPRS、EDGE、UMTS、CDMA2000、HSDPA、IEEE 802.11a/b/g/n、WiMAX、DECT、蓝牙、RFID、UWB、T-DMB、DVB-T、DVB-H 以及其他技术等此外，还有层出不穷的无线通信系统即将或在不远的未来进入商用，如 802.20、802.16M、wirelssHD、LTE4G 和无线传感器网络等。表 6.1 对现有主要的无线接入技术的典型技术及关键特性进行了比较。这些无线异构网络面向不同的应用场景和目标用户，在全球不同地区和国家有着广泛的市场应用，尤其是 GSM/GPRS/EDGE、UMTS、CDMA 2000、PHS、WLAN 和 WiMAX 等无线网络，已经给全球的电信用户带来了丰富多彩的通信体验。

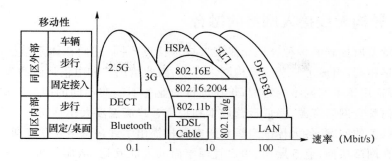

图 6.1 各种异构无线接入网络的发展示意图

表 6.1 各种无线接入网络技术的比较

	宽带无线接入技术			移动通信技术		
	IEEE 802.11	IEEE 802.16	IEEE 802.20	传统 2G 和 3G	3GPP LTE	3GPP2 UMB
带宽		1.25～20 MHz	5～20 MHz	200k～5 MHz	1.4～20 MHz	1.25～20 MHz
峰值速率	1～54 Mbit/s	70 Mbit/s	下行:260 Mbit/s; 上行:39.2 Mbit/s	64 kbit/s; 2 Mbit/s; 7.2 Mbit/s	上行:50 Mbit/s; 下行:100 Mbit/s	上行:30～45 Mbit/s; 下行:70～200 Mbit/s
小区半径	50～300 m	～50 m	～20 m	1 km～10 km	300 m～100 km	300 m～100 km
目标应用	热点覆盖	城域网;向规模组网演进	城域网;向规模组网演进	全球覆盖+漫游	全球覆盖+漫游+热点覆盖	全球覆盖+漫游+热点覆盖
移动特性	游牧	游牧+简单移动性+中低速移动性	低速移动性+中速保持连接;点到多点移动连接	面向在移动中为通信目标设计	同左+针对中低俗移动进行优化+高速时保持连接	移动速度: 10 km/h; 250 km/h; 500 m/h
典型业务	数据业务	数据业务为主,可提供 VoIP	数据业务,VoIP	话音等电路交换业务,低俗数据业务	高速数据业务,VoIP,流媒体业务	数据业务,采用 VoIP 提高系统容量
网络架构	分布式架构,需接入到其他 IP 网络	全 IP,支持 IMS		TDM 和 IP 并存;向全 IP 演进	全 IP 网络;增强型 IMS	力图降低对现有 3GPP2 核心网的影响
切换特性	系统内切换	基站间无缝切换,将支持与 WiFi、DSL 的切换	系统内无缝切换,将支持异频切换和多模系统间切换	系统内无缝切换	系统内无缝切换(UTRAN、GERAN、LTE);将支持与 WiFi、WiMAX、CDMA 系统的切换	系统内无缝切换;将支持与 CDMA、UMTS、WiFi、WiMAX 的无缝切换
成本	低	较低	高	高	较低	较低

6.1.2　异构无线接入网络的融合

由于如上章节所提到的多种异构无线接入技术特点不同,它们在体系结构、协议栈、性能等多方面都不尽相同,组成了复杂的异构网络环境,因此给用户和电信运营商带来了很多的烦恼:用户要携带适用于不同网络的终端,正在进行的业务不能在不同的网络间保持连续;运营商们则要为如何整合网络资源、降低运营成本和提高客户满意度大伤脑筋。

为了解决以上的问题,各大标准组织和研究机构提出了许多网络互联互通与融合方案,以实现两种网络在网络层面、业务层面、用户管理层面的互联互通,从而使得某一个网络的终端用户也可以接入另一个网络,并使用另一个网络的业务。目前,3GPP 和 3GPP2 标准化组织已经提出了无线局域网(WLAN,Wireless Local Area Network)和 3GPP/3GPP2 系统之间融合的方案;IETF 的 802.21 工作组研究的媒介独立切换(Media Independent Handover,MIH)技术,正在完善 IEEE802 协议族与 3GPP/3GPP2 系统之间的融合方案。

同时我们从图 6.1 中可以看出,当无线移动通信技术发展到 4G 时代,蜂窝移动通信系统和 IEEE802 无线接入技术走向融合的趋势会越来越明显,各种无线网络技术会逐步向无缝融合的移动无线互联网演进。同时,未来的无线移动通信系统的演进趋势也是向着异构网络演进,即系统将由多个不同的无线接入网络(Radio Access Network,RAN)组成。不同的接入技术相互融合,网络将演化为统一于公共核心网的"全 IP"网络;终端设备也向着多模终端演化,具备可接入多个无线接入网的能力。同时,各种无线接入网络将经历从独立到互联、从互联到协同的演进,通过网络间的融合与协同,将各个网络分散、独立的优势与资源进行有序的整合,从而为用户提供覆盖范围广、无缝、宽带、具有移动性且费用低廉的优质接入服务。宽带无线接入从固定宽带接入这一起点,以宽带接入"移动化"为方向,移动通信技术从移动通信接入这一起点,以移动接入"宽带化"为方向,它们演进的技术目标是趋同的,即在任何时间、任何地点满足用户对宽带 IP 多媒体数据业务的需求;而采用的无线传输关键技术是相同的,从而这两种技术的界线变得越来越模糊,呈现出融合的趋势。

从部署场景看,宽带无线接入的应用领域已经从传统的热点覆盖扩展到支持多小区大规模组网和无缝切换,这一点已经和 3G 等蜂窝移动通信系统没有区别,只是在具体实现环节上还有待于实践检验。而 LTE 和 UMB 等移动通信技术也加强了对孤岛式热点覆盖的支持,这意味着移动通信网络将不只局限于传统的蜂窝网络结构,而也可以实现类似热点覆盖类似的部署(如还可采用家庭基站、中继等技术)。

在移动性能优化方面,LTE、UMB 都强调了要对 15 km/h 以下低速场景优化系统,并要求在 120 km/h 以下只能发生轻微的性能下降,同时也支持 250 km/h 的高速移动,并要求在最高 500 km/h 移动速度下保持连接。IEEE 802.16 等技术原本只用于 120 km/h 以下的中低车速移动,但目前也正在考虑对 120 km/h 以上移动速度的支持,如要求在 250 km/h 左右的中等速度时能保持连接。

切换方面,传统的 2G、3G 移动通信技术、LTE 和 UMB 技术均能支持多小区间、多频点间的无缝切换。3GPP 定义的移动通信系统还很好地实现了 GSM、UMTS、LTE 等无线接入技术之间的无缝切换。宽带无线接入技术也已经开始考虑小区间的切换,如 IEEE 802.11 的小区间切换,IEEE 的 802.16 和 802.20 则都要求实现系统内多小区间的无缝切换。

在网络架构方面,移动通信系统和宽带无线接入系统的核心网将从互联互通走向融合。3GPP、ETSI、3GPP2、IEEE 等标准组织展开了多种无线系统间的互联互通互操作等方面的研究,提出了多种互联互通模型,典型代表有紧耦合模型、松耦合模型等。3GPP 自 Release 5 以后,采用了全 IP 的网络架构,电路域业务也由分组交换方式实现。自 Release 6,引入了 IMS。Release 8 中的 LTE 网络则取消了电路域,取消了无线接入网中 RNC 结点,LTE 基站之间采用网状结构互联,整体网络结构趋向"扁平化"。3GPP2 的网络也引入了 IMS,IEEE 802.16 等宽带无线接入网络也将支持 IMS,其网络架构都趋向"扁平化"。

在业务层面,宽带无线接入系统和移动通信系统的目标是一致的,都将支持基于 IP 的数据业务和话音业务。这两个系统也都强调了对多播/广播业务的支持。

在无线传输技术方面,宽带无线接入系统和移动通信系统均将采用了或采用 CDMA、OFDM、MIMO、HARQ、AMC 等关键技术。

总结起来,未来由宽带无线接入技术和移动通信技术所组建的异构融合无线网络将具有如下特征:

(1) 随时随地通过无线方式连接到网络;

(2) 采用 IP 技术组建综合接入网络;

(3) 传输成本不断降低;

(4) 移动终端多模化,即移动终端支持多种无线网络接口;

(5) 业务支持多样化,即可支持传统电信业务、数据业务及多媒体业务等;

(6) 业务支持个性化,即可动态支持用户个性多样化的业务需求。

并且,由于未来的网络融合与互通架构设计对移动性管理技术有着最直接、最重要的影响。因此,移动性管理技术,尤其是切换技术,是实现未来网络融合与互通的关键技术之一。为了保持用户通信的连续性,使用户在异构无线接入网络环境中获得满意的服务质量(Quality of Service,QoS),需要研究无缝移动性管理技术来建立一个无缝移动性环境,满足用户的无缝移动性需求。未来泛在、异构、协同网络环境中的切换技术是同种接入网络内水平切换与异构接入网络间垂直切换的结合。水平切换由接入网络内部的机制实现和保证,垂直切换则是研究的重点。无缝的垂直切换是未来泛在、异构、协同网络环境中切换控制面临的最大挑战。因此在之后的第二节中我们将简要介绍现有的无缝移动性管理方案,并在第三节中针对无缝切换着重阐述。

6.2　现有的异构无线网络移动性管理方法

6.2.1　异构网络的移动性管理概述

蜂窝移动通信系统引入了蜂窝小区的概念,解决了公用移动通信系统容量要求大与频率资源有限的矛盾。也正是因为蜂窝小区的出现,终端或用户的移动性带来了位置管理、切换控制、漫游与注册认证等一系列新问题,这正是蜂窝移动通信系统中移动性管理这一关键技术的基本研究内容。随着蜂窝移动通信技术的不断更新与演进,移动性管理技术始终是其技术和标准演进中必不可少的组成部分。

未来无线移动通信将会是多种无线接入技术与制式共存、互补构成的有机整体,共同为用户提供无处不在、无时不在的泛在信息通信服务。相应地,其中的移动性管理技术也应具有新的特性,支持用户跨越异构接入网络、跨越不同网络运营商、不同服务提供商的移动性,保证用户的无缝业务访问和实现最佳服务体验。

综上所述,移动性管理技术伴随着移动通信技术产生、发展,随着技术与应用的发展,移动性已经成为人们的迫切需求,移动性管理技术也已经不仅仅局限于移动通信网络,而是应该将其放置于包含各种无线网络、包括蜂窝移动通信和宽带无线接入的、未来泛在、异构、融合的网络环境中进行研究。移动性管理技术也不再是特定网络技术的一个侧面,而是涵盖业务、网络和终端等各个层面的综合技术。

传统的蜂窝移动通信系统中的移动性管理技术主要包括位置管理和切换控制两项关键技术。对于未来的移动性管理技术而言,为了支持泛在、异构的网络环境、支持用户跨异构接入技术的漫游和移动,其关键控制功能包括:安全机制、位置管理、切换控制和互操作控制。

1. 安全机制

移动性管理技术中的安全机制主要包括四个部分的功能:关键数据保密性、注册认证管理、信令消息完整性、移动服务不可否认性。其中,注册认证管理负责管理用户注册的身份信息和业务属性信息,包括两个重要功能:认证授权管理、业务属性管理。认证授权功能又分为:接入网络时的用户/终端认证授权、使用业务时的业务认证授权,涉及移动安全关联问题。认证负责验证确认移动目标的身份,授权功能负责检查确认移动目标是否有权限使用其所请求的接入或业务等。另外,还有记账功能,用于记录用户使用的资源、进行的操作,以便进行分析、审计和计费。三者合起来即通常的 AAA 功能。业务属性管理实现对业务属性的注册、更新、查找、注销等功能。

目前,只有第二代移动通信(The 2nd Generation Mobile Communication,2G)网络和第三代移动通信(The 3rd Generation Mobile Communication,3G)网络等移动通信网中的移动性管理安全机制相对比较完备,对关键数据保密性、注册认证管理、信令消息完整性、移动服务不可否认性都有相应的机制保证。而其他移动性管理技术中,大多只限于对注册认证管理的支持。

2. 位置管理

位置管理实现跟踪、存储、查找和更新移动目标的位置信息,包括两个重要功能:位置更新(或称位置注册)和位置查找(或称寻呼)。其中,位置更新由移动目标向网络系统报告其位置的变更。位置查找则是网络系统查找移动目标所在位置的过程,一般是系统发起的,涉及如何有效、快速地确定移动目标的位置。位置管理需要位置数据库支撑,例如 2G 和 3G 网络中的访问位置寄存器(Visitor Location Register,VLR)和归属位置寄存器(Home Location Register,HLR),移动 IP 的家乡代理(Home Agent,HA)和外地代理(Foreign Agent,FA),以及 SIP 中的位置服务器等。位置数据库可采用层次型数据库(如在 2G 中采用的两层数据库结构——HLR 和 VLR)、树型数据库和中心数据库结构。为了便于实现位置管理,通常将整个网络的覆盖区划分成若干个位置区(Location Area,LA)与寻呼区(Paging Area,PA)。位置区是指移动终端在其中移动而不需要更新位置数据库信息的区域,一旦移动终端跨越一个LA 的边界时,就需要向系统更新位置信息。寻呼区是通信过程中,系统对移动终端进行广播查找的区域。位置管理的性能评价参数主要有更新消息开销、更新时延、寻呼信令开销、寻呼时延等。另外,位置更新与位置查找在占用系统资源方面是矛盾的,同时优化两者是一个 NP问题,在协议设计和网络规划时需要对两者进行平衡和折中。各种位置管理方案就是在两者的开销之间寻找平衡,以降低总的位置管理开销。

3. 切换控制

切换控制实现终端或用户移动过程中、网络接入点变化时的通信会话连续性,即实现当前的接入点提供的通信接入由另一个新的接入点提供时,保证通信业务不中断。切换控制包括三个功能:切换准则、切换控制方式和切换时相关资源分配。切换准则是指何时何种条件下切换。切换控制方式是指在切换过程中,负责切换决策相关数据和信息的收集方及其收集方式、切换的发起方等控制相关因素。切换时相关资源分配的典型例子包括蜂窝网中的射频和信道分配,移动 IP 的转交地址分配及 IP 地址绑定等。切换性能评价参数包括切换成功率、掉话率、新呼叫阻塞率、平均切换次数、切换时延(含切换排队时间)、强制中断率等。

传统蜂窝移动通信网络中的切换控制主要支持用户在其网络内部移动时的会话移动性。而未来泛在、异构网络环境中,除了各个网络内部的切换控制以外,还应包括跨越网络边界、跨运营商以及跨终端漫游时的切换控制。相应地,切换具有了一些新的特征,也出现了多种不同的分类方法。根据涉及的网络范围,可以分为网内切换和网间切换。根据涉及的接入技术是否同类,可以分为水平切换(或称系统内切换)和垂直切换(或称系统间切换)。从性能角度,分为快速切换、平滑切换和无缝切换。根据切换前后所涉及的无线频率,分为同频切换和异频切换。根据切换的必要性,可分为强制切换和非强制切换。根据切换中是否允许用户控制,分为主动切换和被动切换。

目前,同构网络之间的水平切换技术已经比较成熟。然而垂直切换相比水平切换,仍面临着更大的挑战。因为各种无线接入技术的接收信号强度 RSS 参数存在差异,因此在异构网络间的垂直切换判决中不能仅以 RSS 作为判决的依据,而应综合依赖多个指标,如各个无线接入网络的可用带宽、接入费用、支持的服务类型、功耗及移动设备当前的电池状态等。

异构网络之间的垂直切换过程可分为三个阶段:切换发起、切换判决和切换执行。

(1) 在切换发起阶段,具备多网络接口的移动结点(Mobile Node,MN)需要决定哪些网络可用以及每个网络可以提供哪些服务;

(2) 在切换判决过程中,MN 决定向哪个网络进行切换,切换判决依赖于多种参数,包括信号强度、链路质量、资费和用户偏好等,判决内容包括目标网络的选择、切换机制的选择及切换时间的确定;

(3) 在切换执行阶段,需要无缝地将会话从旧网络切换到新网络,这个过程中包括鉴权、授权及传输用户的上下文信息等操作。

根据 MN 和网络在切换过程中扮演的角色,可以将切换判决机制分为三类:MN 控制切换(Mobile Controlled Handover,MCHO)、网络控制切换(Network Controlled Handover,NCHO)和 MN 辅助切换(Mobile Assisted Handover,MAHO)。MCHO 一般用于 WLAN,采用分散控制策略,由 MN 来控制切换,MN 持续地监视接入点(Access Point,AP)的信号强度并选择启动切换的时机;NCHO 一般用于第一代蜂窝网络,控制切换的判决机制位于网络实体中,采用集中控制的方式;MAHO 被广泛应用于 WWAN(如 GSM、CDMA 和 GPRS),MN 监视周围基站的信号,然后将这些信息提交给网络,由网络来决定是否发起切换。

4. 互操作控制

互操作控制是未来移动性管理技术中所特有的功能,这是由于未来移动性是跨越各种异构网络、包含多种移动性目标和类型。移动性管理技术中的互操作控制包括两个方面:

一是处理跨异构接入系统的移动性中由于接入技术异构性带来的差异。这一类互操作控制包括最佳网络选择、QoS 适配、AAA 机制等相关功能。①最佳网络选择:用户处于重叠层次网络环境中,通过不同的网络接口,可能同时具有多种接入技术。此时,终端和网络应该能够基于当前业务,从中选择最佳网络提供接入。并且,这里的选择应该基于链路质量、用户属性、业务类型、终端特性等多种因素的组合,进行综合评判的结果;②AAA机制:应该设计新的AAA机制,能够灵活适应多运营商环境,保证安全性,并为跨运营商漫游的用户提供计费机制;③服务质量(QoS)适配:用户或终端在异构接入技术间漫游,不同接入技术间的链路质量差异大而且难以预测,必然因此造成QoS的较大波动。因此,需要在QoS机制中增加相应的QoS映射和适配功能,以适应异构网络环境中漫游和切换的需求。

二是移动性管理中的跨层设计。任何单层的移动性管理均不能很好地满足广泛移动性的功能及性能要求,需要通过跨层设计,实现各层方案的优势互补。传统协议层次设计的方法,基本上是遵从严格的层次化结构,然而在无线和移动的网络环境中,由于无线链路本身状态的不稳定性、移动终端无线资源的有限性,以及网络间移动性所带来的无线链路特征的变化,如果仍然严格遵循分层结构,会带来性能方面的问题。因此,需要采用跨层设计方法,实现各层移动性管理技术的协调与配合以对移动性管理进行功能和性能优化。这一类互操作控制包括不同层移动性支持方案间的设计耦合以实现功能优化,以及通过跨层信息交互实现性能优化。

6.2.2 现有的异构无线接入网络间的无缝移动技术

异构并存的多种无线接入网络给用户带来了更好的业务体验,但是由于它们互不兼容,也给用户享受无缝连续和最优化的服务带来了困难。3G、LTE、WiMAX和WLAN等网络,分别为用户提供一项或者几项主要的服务。例如,蜂窝网络主要是针对移动业务,而Internet则以互联网服务为主。虽然蜂窝网络积极拓展对互联网业务的支持,但是由于技术本身的限制,与传统的Internet相比还有很大差距。随着人们对通信业务的要求越来越高,单一的网络可能很难满足用户的需求。为了寻求最佳的服务提供者,用户对异构网的选择策略和异构网切换技术成为通信的发展必须解决的问题。然而,因为不同网络使用的底层技术不同,在网络间切换问题上还面临着巨大的挑战。针对这些问题,众多的国际标准化组织及研究机构陆续提出了多种无缝移动技术方案,来解决异构无线接入网络间的切换问题,以实现用户的无缝移动性体验。以下将介绍目前正处于研究热点或进入商用阶段的无缝移动技术,并对其实现原理、典型应用场景、优点及缺陷等做简要的分析。

1. UMA

UMA(Unlicensed Mobile Access)即非授权无线接入技术,可支持移动语音与数据从蜂窝网络到无线局域网(WLAN/WiFi)的无缝切换,是实现移动/固定网络融合的技术之一。最早是由多家移动运营商和全业务运营商发起,旨在使用户可以在室内通过IP接入网使用移动网络的资源。它的标准化工作从2003年12月开始,2004年9月完成,并于2005年4月被并入3GPP R6。借助UMA,运营商还可以通过WiFi接入网络为用户提供VoWLAN语音和数据服务,显著提高移动服务的使用率,同时降低网络部署成本。目前,已有众多电信业的领导厂商推出了UMA相关产品,英国电信,法国电信,德国T-Mobile,意大利Telecom Italia,瑞典Telia Sonera,美国Cincinnati Bell等多家运营商也相继开始UMA业务的商用。

UMA的体系结构如图6.2所示。整个UMA网络由多模终端,WLAN接入点,Internet网络和UNC(UMA Network Controller)组成。具有UMA功能的双模手机同时支持GSM和未授权网络,并可以在两个网络中进行切换。UMA网络中的AP为移动手机提供无线连接。并通过广域IP网络连接到UNC。UMA网络控制器称作UNC,它作为UMA系统的核心,是UMA解决方案的主要网络实体,类似于传统GSM无线接入网络中的基站子系统。UNC通过Internet网络连接到终端接入的WLAN接入点,同时采用标准的A接口和Gb接口与蜂窝核心网中的 MSC 和 SGSN 相连。UNC 的主要功能有：终端和 MSC 之间语音编码的转换；UNC 与终端间数据传输通道和 Gb 接口上分组数据流之间的交互；为终端接入 UMA 网络提供注册和系统信息；管理 UMA 网络 CS 和 PS 业务的承载路径；支持寻呼、CS 切换和 PS 切换；终端和核心网之间层 3 消息的透明传输等。此外，UNC 还包含安全网关（SGW）功能，可以保证到每个手机 IP 传输的安全性。SGW 利用 IPSec 隧道提供数据完整性和保密性，并使用 IKEv2 进行隧道建立和相互认证。对核心网而言，UNC 与一般的 BSC 并无不同之处，因此 UMA 网络对蜂窝网络的业务具有非常好的兼容性。

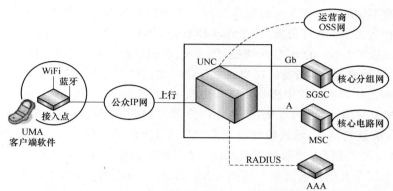

UMA：非授权无线接入　UNC：UMA网络控制器　　MSC：移动交换中心
OSS：运营支撑系统　　　SGSN：GPRS业务支持结点　AAA：认证、授权、计费

图 6.2　UMA 的体系结构

　　UMA 的典型应用如图 6.3 所示。用户首先要有一个内置 UMA 协议栈的蜂窝/WLAN 多模终端，在室外时语音或数据业务通过 GERAN/UMTS 蜂窝网络实现，进入室内 WLAN 的覆盖范围后，所有的业务则自动切换到 WLAN 网络并能保持连续；同样，用户离开 WLAN 覆盖区域进入蜂窝网络时，业务也能平滑切换过来。

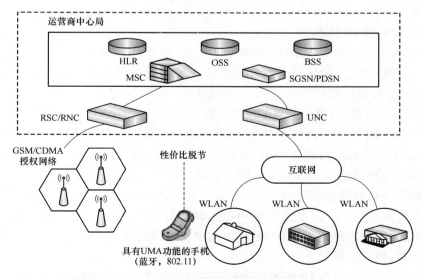

BSC：基站控制器　　RNC：无线网络控制器　　HLR：归属位置寄存器
BSS：基站子系统　　PDSN：分组数据业务结点

图 6.3　UMA 的典型应用

以一个正在 GSM 网络下进行语音通话的终端为例,它在 UMA 网络和蜂窝网络间的切换过程如下:

(1) 当终端进入 WLAN 覆盖范围时,它会向服务 UNC 发起注册。一旦终端注册成功,UNC 就会提供 UMA 网络的系统信息,其中包括 UNC 的 AFRCN/BSIC。终端在向 GSM 网络发送测试报告时就会带上 UMA 网络信息,这样在终端和 GERAN 就把 UMA 网络当成了信号质量很好的邻近 GSM 单元。

(2) 根据终端的测量报告和内部算法,GERAN 将决定是否切换到 UMA 网络,并与核心网一起使用标准 GSM 切换信令开始切换过程。核心网通过与服务 UNC 的通信建立切换资源。然后终端接入 UNC 进行切换,并在终端和服务 UNC 之间建立 VoIP 承载通道。接下来 GERAN 执行到服务 UNC 的 BSC 间切换,终端则在协议栈软件的控制下从 GSM 网络切换到 WLAN 网络。终端和 UNC 在通信切换到上行接口之前已建立好上行连接,这种软切换的方式可确保用户不会在切换过程中感觉到话音中断。

(3) 从 UMA 网络切换到 GERAN 总是由终端发起的。当终端确定需要切换时,根据其对 WLAN 信号质量的测量、承载特性以及来自服务 UNC 的任何上行链路质量指示,它将向 UNC 发送切换所需的消息,指示相邻的 GSM 单元用于切换。服务 UNC 利用终端提供的信息向核心网发送信令开始切换过程。根据 UNC 的信令,核心网会要求目标 GSM 单元采用标准 GSM 切换信令准备切换。然后核心网执行到 GSM 单元的 BSC 间切换,终端则从 WLAN 网络切换到 GSM 网络。同样,提前建立好的上行链路保证了通话的连续性。

UMA 是目前实现蜂窝网络和 WLAN 网络间无缝移动的最成熟和最简单的方案,它不需要对 GERAN/UMTS 的核心网进行改动,不影响核心网未来向 IMS 演进。而且除了 WLAN 接入,它也支持目前方兴未艾的 Femtocell 接入,支持固定电话接入(需加配终端适配器),支持 PC 机通过软件和带有 SIM 卡的适配器接入,可以说它也是解决 3G 室内覆盖和实现固定—移动融合的有效方案之一。但就目前而言,UMA 对 PS 业务尤其是多媒体类的业务支持的不是很完美。

2. 网络层的移动 IP 技术

移动 IP(Mobile IP)标准由 IETF 的移动 IP 工作组于 1992 年 6 月制定。移动 IP 技术可以使移动结点在从一个 IP 网络切换到另一个 IP 网络时仍可保持正在进行的通信,并且 IP 地址保持不变(对于对端的通信结点而言)。理论上讲,移动 IP 技术可以实现终端在任何基于 IP 的异构网络间无缝移动,因此受到了业界的极大关注。目前,3GPP 和 3GPP2 都在移动 IP 的基础上进行 3GPP/3GPP2 网络与 WLAN 融合的标准化工作,并已取得一定的进展。

传统 IP 技术的主机使用固定的 IP 地址和 TCP 端口号进行通信。在通信过程中,其 IP 地址和 TCP 端口号必须保持不变,否则 IP 主机之间的通信将无法进行下去。移动 IP 主机在通信期间可能需要在网络上移动,其 IP 地址也许会经常发生变化。如果采用传统方式,IP 地址的变化将会导致通信中断。为解决这一问题,移动 IP 技术引用了处理蜂窝移动电话呼叫的原理,使移动结点采用固定不变的 IP 地址,一次登录即可实现在任意位置上保持与 IP 主机的单一链路层连接,使通信持续进行。

如图 6.4 所示,实现移动 IP 技术必须要在网络中引入 3 种功能实体,即

(1) 移动结点:从一个移动子网移到另一移动子网的通信结点(主机或路由器)。

(2) 家乡代理(也称作本地代理):有一个端口与移动结点家乡链路相连的移动子网路由器。它是移动结点本地(不变)IP 所属网络(家乡网络)的代理,其任务是当移动结点离开本地

网,接入某一外地网时,截收发往移动结点的数据包,并使用隧道技术将这些数据包转发到移动结点的转发结点。家乡代理还负责维护移动结点的当前位置信息。

（3）外地代理:位于移动结点当前连接的外地网络上的路由器。它向已登记的移动结点提供选路服务。当使用外地代理关照地址时,外地代理负责解除原始数据包的隧道封装,取出原始数据包,并将其转发到该移动结点。对于那些由移动结点发出的数据包而言,外地代理可作为已注册的移动结点的默认路由器使用。

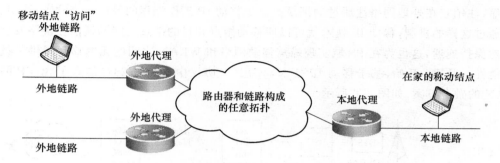

图 6.4　移动 IP 实体连接方式

如图 6.5 所示,移动 IP 的工作机制如下:

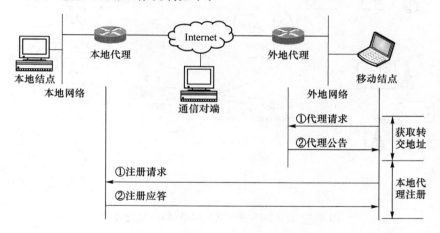

图 6.5　移动 IP 的工作机制

（1）移动代理(本地代理和外地代理)周期性地组播或广播代理广播信息,通过代理广播信息广播它的存在,移动结点可通过代理求信息,要求它所在的区域内的所有移动代理发出代理广播信息,并通过接收到的代理广播信息来确定所处的位置是家乡网络还是外地网络。这是移动 IP 工作流程的第一个阶段:代理发现阶段。

（2）如果移动结点发现它所处位置是家乡网络,则直接由家乡代理提供路由服务。移动结点就可像固定结点一样工作,不再利用移动 IP 的其他功能。

（3）如果移动结点发现它已由家乡网络漫游到一个外地网络时,移动结点则从外地代理发出的代理广播消息中获得转交地址,然后移动结点通过外地代理向家乡代理交换注册请求和注册应答信息,从而向家乡网络注册其新的注册转交地址。为防止服务攻击,注册消息要求进行认证。这是移动 IP 工作流程的第二个阶段:注册阶段。

家乡代理收到移动结点的转交地址后,通过隧道把原本发往移动结点的家乡 IP 地址的数据包传送给移动结点的转交地址。在转交地址处(可能是外地代理或移动结点的一个端口),原始数据包被从隧道中提取出来送给移动结点。对于反方向,由移动结点发出的数据包被直接选路到目的结点上,不需经过家乡代理而是根据标准的 IP 路由机制向外发送即可,即无须隧道技术。对所有来访的移动结点发出的包来说,外地代理完成路由器的功能。这是移动 IP 工作流程的第三个阶段:报文发送与接收。

(4) 如果移动结点由外地网络漫游到家乡网络,则它必须先由家乡代理通过一个注册变更程序,注销它在外地网络注册过的记录。这是移动 IP 工作流程的最后一个阶段:注销。

通过这样的机制,移动 IP 技术就可以使移动结点和目的结点之间的通信在链路发生切换后仍然保持连通,这也为在 PS 域实现蜂窝移动网络和 WLAN 之间的无缝移动提供了技术上的可能性。从 R6 开始,基于移动 IP 技术,3GPP 在协议中(TS23.234)加入了 3GPP 网络和 WLAN 的融合方案,如图 6.6 所示。

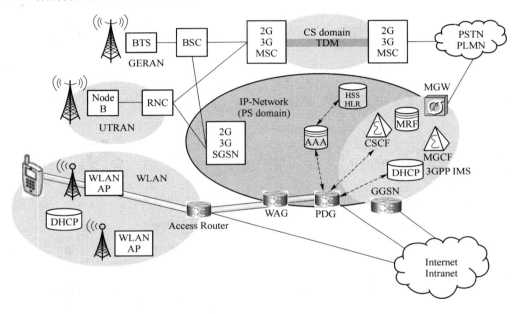

图 6.6　3GPP 网络和 WLAN 网络的融合方案

从移动 IP 的原理来讲,图 6.6 中的 PDG(Packet Data Gateway)相当于移动 IP 的家乡代理(实际上还有业务鉴权、计费、IP 地址分配等更多功能),WAG(WLAN Access Gateway)有部分外地代理的功能。当多模终端从蜂窝网络切换到 WLAN 时,PDG 就会通过隧道把来自Internet 的数据发送给终端,进而保证了业务的连续性。

目前,移动 IP 技术本身还存在很多不足,如切换时间长、切换时丢包率高,而且它属于网络层的切换,对于更上层如应用层的移动性无法支持,这些缺点对于电信级别业务来说是不能接受的。从物理层与数据链路层角度看,无线链路容易遭受窃听、重放或其他攻击;从网络层移动 IP 协议角度看,代理发现机制很容易遭到一个恶意结点攻击,移动注册机制很容易受到拒绝服务攻击与假冒攻击;家乡代理、外地代理与通信对端,以及代理发现、注册与隧道机制都可能成为攻击的目标。为改进移动 IP 的性能,研究人员提出了很多很好的方案,如缓存分组、宏移动和微移动的结合、绑定更新等;而通过与 SIP 的结合来解决应用层的移动性和支持 IMS也得到了广泛的认同和支持,现在已有厂商推出了此类设备,法国电信等运营商也在开展基于移动 IP 和 SIP 的蜂窝网络与 WLAN 间数据业务无缝切换的试验。相信随着技术的发展,移动 IP 必将成为未来全 IP 异构网络间无缝移动技术的中坚力量。

3. VCC

VCC(Voice Call Continuity),是一种基于 IMS 架构,用于在电路域和 IMS 域之间保持语音呼叫连续性的技术。它的标准化工作开始于 2005 年 1 月底,目前 3GPP 已完成 Stage2 的工作,Stage3 正在制订中。3GPP2 也有专门 VCC 工作组,工作进度基本与 3GPP 相当。

VCC 在蜂窝网络和 WLAN 之间的典型应用如图 6.7 所示。3GPP TS23.206 定义的 VCC 应用实体:VCCIWF,需要部署在用户的 IMS 家乡网络,它包括 CAMEL 业务、域选择功能、域切换功能和 CS 适配功能等 4 个功能实体。如果一个支持 VCC 的终端在蜂窝网络下处于 CS 语音通话中,那么它向 WLAN 网络切换的流程可以简要概括为如下步骤:

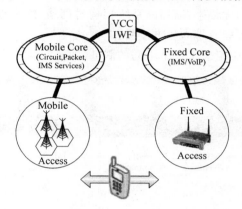

图 6.7　VCC 的典型应用

(1) 终端进入 WLAN 覆盖范围并获得 IP 连接后向 IMS 域发起注册流程。

(2) 注册之后,终端在 IMS 域发起会话建立过程,向域切换功能实体发起切入域会话接入连接,申请向 IMS 域切换。

(3) IMS 核心网中的 S-CSCF 实体执行 IMS 域呼叫发起的处理过程,将会话路由到域切换功能实体。

(4) 域切换功能实体执行域切换过程,替换蜂窝网络 CS 域原会话接入连接,更新 WLAN 接入连接。

(5) 域切换功能实体要向 WLAN 连接发起媒体更新过程以将用户平面更改到切入域接入点,更新成功之后,蜂窝网络 CS 域原会话接入连接释放。

VCC 的标准尚在完善之中,目前 VCC 只局限于语音呼叫的切换,无法支持补充业务,不支持紧急呼叫。同 UMA 等技术相比,运营商需要巨大的投入才能获得实现 VCC 方案,但作为未来核心网演进方向 IMS 的组成部分,VCC 获得了有力支持,即便是标准还未定稿,还是有北电等设备厂商推出了支持 VCC 功能的相关产品。一旦标准成熟,VCC 必将发挥出巨大潜力。

4. 802.21

802.11(Media Independent Handover,MIH,媒质独立切换),通常称作 MIH。是 IEEE 802.21 工作组针对异构网切换问题而提出的解决方案,如 802.3,802.11,802.16 等 802 网络间以及 802 网络与 3GPP/3GPP2 等非 802 网络间的无缝切换问题,并且它几乎支持目前几乎所有主流接入网的网间切换。IEEE 在 2003 年 1 月启动了相关的研究,并于 2004 年 1 月成立了 802.21 工作组专门制定相关标准;2008 年 802.21 标准获得批准,2009~2010 年进入商用部署阶段;目前,802.21 标准已经得到了英特尔和英国电信的大力支持。

802.21 的核心思想是在层 2 和层 3 之间引入一种新的功能模块——媒介独立切换功能(Media Independent Handover Function,MIHF)。MIHF 对等存在于终端和网络设备中。MIHF 定义了统一的业务接入点并通过独立于接入技术的业务与高层的各种移动性管理协议进行通信;对底层,MIHF 则为不同的接入技术定义了不同的业务接入点以获得对各种介质的访问和控制。其目的是分离异构网络的物理层、MAC 层细节,向上层提供切换所需要的信息,支持移动终端和网络的合作。值得注意的是,除切换相关信息之外,802.21 本身并不提供切换的功能,而是辅助上层的切换实体。例如,上层可以选择 Mobile IP 或者 SIP 来实现异构网切换。媒质独立切换的优势是:通用的系统架构对网络、终端设备的影响较小,灵活且容易实现;从市场角度来看,可能容易为各方接受。

如图 6.8 所示,MIHF 中定义了 3 个不同的服务,即

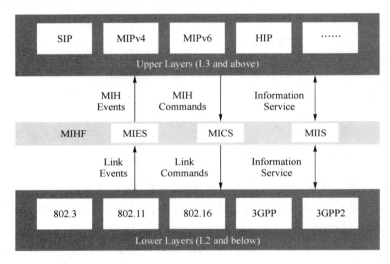

图 6.8　MIHF 各部分功能示意

(1) 媒介独立事件服务(Media Independent Event Service,MIES):根据链路特性、链路状态及链路质量的动态变化,如链路上下行的变化、链路即将发生切换等,提供事件分类、事件筛选和事件报告;

(2) 媒介独立命令服务(Media Independent Command Service,MICS):它使用从 MIES 获得的事件信息作为其执行切换等动作的依据,使得 MIH 用户能够管理和控制与切换和移动性相关的链路行为。

(3) 媒介独立信息服务(Media Independent Information Service,MIIS):可提供周围网络的详细特性和服务,使得移动结点和网络中的 MIH 功能能够发现并获取地理位置范围内的网络信息,从而实现快速切换。

通过引入 MIHF,802.21 可以有效改善多模终端在网络发现、网络选择、切换发起、接口激活和功耗优化等方面的性能。在 MIHF 的协助下,异构网络间的切换时延及切换丢包率能够大幅改善。

下面以一个在 3GPP 网络下正在进行流媒体业务的多模终端为例,简要介绍它向 WLAN

切换的流程。

　　首先,终端的 MIHF 会订阅一个事件,以便当有新的网络链路可以接入的时候 MIHF 会得到通知。接下来,终端会通过 MIIS 向存储有网络信息的信息服务器查询周边的网络情况,一旦确认有 WLAN 网络,终端会继续向信息服务器查询更多的信息,如 WLAN 的安全机制、DHCP 服务器地址、接入点的 MAC 地址等,并且要确认这些 WLAN 网络是否有足够的带宽来保证当前的服务质量。终端进入某个 WLAN 覆盖区域后,当满足事件触发条件时,如 WLAN 信号足够强、带宽足够大,MIES 将启动并向高层上报事件信息。高层将根据切换策略和切换算法下发 MICS 命令启动切换流程。待终端在 WLAN 中的新链路建好后,原 3GPP 网络中的连接断开。至此终端切换从 3GPP 网络切换到了 WLAN 网络中并且原业务保持了连续性和服务质量。

　　作为一种跨层技术,802.21 定义了清晰的架构和针对具体网络的实现方法。一方面,802.21 能够充分利用底层信息来辅助切换,另一方面,媒质独立的特性使得跨层辅助切换具有可执行性。尽管需要对 802.11,802.16,移动 IP 和 3GPP 等协议进行适当修改,802.21 还是为接入技术和移动性管理技术提供了最广泛的兼容性,因此具有极好的应用前景。之前所介绍的移动 IP 技术以及 SIP 切换技术均是上层协议,在实际切换中会带来很大的延迟,而 802.21 在各标准的 MAC 层之上向上表现为统一的接口,可以利用底层信息来制定切换策略;因此还可以将 802.21 技术与移动 IP 等上层切换技术相结合,达到有效提高切换性能的目的。但如何解决终端集成 3GPP/3GPP2,WiMAX,WiFi 等多种无线技术带来的射频干扰、功耗和成本问题也是摆在 802.21 支持者面前的一道难题。

　　除了以上所介绍的方案,其他目前比较成熟的处理异构无线网络间切换问题的方案还有:传输层的 mSCTP 协议和应用层的 SIP 协议等,由于篇幅限制,不再展开介绍,感兴趣的同学可以自行查阅相关资料了解。

6.3　基于 SDN 的无线局域网间的无缝切换

　　传统的网络架构往往由一系列硬件设备(如交换机和路由器)及实现不同业务的各种各样的网络协议组成。因此对网络的配置不仅需要配置人员对网络有很深入的专业知识,还会产生很大的工作量。而且,现有网络的控制逻辑都集成到了底层的硬件上,当网络规模较小时,这种控制是没有问题的;但当网络规模扩展到一定程度时,如拥有成百上千的交换机、路由器和主机时,问题就会出现了:当有新的全局策略出现时,每个网络设备都需要单独重新配置,这个工作量就给配置人员升级造成了很大的不便。此外,更改网络或者在现有网络里测试一些新的实验性技术也要面临极其高昂的人力物力代价。而这些问题出现的原因就在于:现有网络中控制面与数据面相耦合的特点极大地限制了网络的灵活性和可扩展性。

　　为了解决如上提到的问题,美国斯坦福大学 clean slate 研究组就提出了一种新型网络创新架构,也就是现在广为人知的软件定义网络(Software Defined Network,SDN),其核心技术 OpenFlow 通过将网络设备控制面与数据面分离开来,从而实现了网络流量的灵活控制,为核心网络及应用的创新提供了良好的平台。在 SDN 架构下,控制面与数据面实现了解耦合,网络应用对底层的网络结构进行了抽象。这种解耦合简化了网络配置和网络管理,因为管理人员只要设计相应的软件程序就可以实现复杂的控制逻辑。

图 6.9 显示了一个典型的 SDN 网络架构组成。它由三个层面组成。

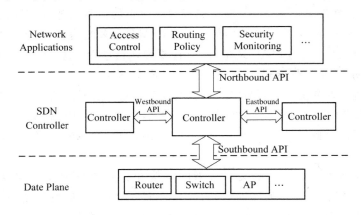

图 6.9　典型的 SDN 网络架构组成

（1）数据面抽象

SDN 数据面的物理网络设备包括路由器、交换机、无线接入点（AP）等。这些设备只负责简单的数据包转发，因此在为网络更换一个新的协议时，网络管理员就不需要再去更改硬件设备的配置。

（2）SDN 控制器

集中式的控制器便于建立或者拆除网络中的流或者路由。控制器通过北向应用程序接口（Application Programming Interface，API）来与网络应用通信，通过南向 API 从底层物理设备上获取关于网络容量等的网络信息及需求，并制定转发策略。控制器可以抽象物理层的网络资源，并联合一些操作以北向 API 的形式提供给上层应用。控制器之间的接口称作东向和西向 API，用来扩展网络，并在不同网络域间共享信息。

（3）网络应用

控制面与数据面的解耦合使得网络管理人员通过编写相应的软件程序的方式就能轻松地管理和配置网络。这样，网络管理人员就可以轻松地在现有的物理网络中配置新的协议，研究人员只需要通过在控制器上添加网络应用，就可以测试他们创新性的研究工作，而不会对底层硬件设备有任何影响。如图 6.9 所示，我们可以通过软件编写就可以实现接入控制、路由决策、安全监控等多种功能。

传统的无线局域网网间切换中，移动结点需要先断开与原物理 AP 的连接，再与目的物理 AP 重新建立连接，而没有保证不同物理 AP 间无缝切换的机制。同时在异构网间切换需要执行多个层次之间的握手与切换，导致业务连接的中断，从而影响业务用户体验。针对这些问题，结合以上所分析的 SDN 的理念和架构，北京邮电大学提出了一种基于 SDN 的新型 WLAN 架构——SWAN（Software Defined Wireless Access Network）架构，将传统网络架构里的数据与控制剥离开来，实现无线局域网间的无缝切换。以下将从总体架构、切换机制及应用或拓展所需的关键技术几个方面进行系统的介绍。

6.3.1　SWAN 概述

如今大规模 WLAN 组网方案中，通常需要部署几十到上千不等的无线接入点（AP）。同时这种大规模的 WLAN 网络需要用一种可伸缩的方式为用户提供多种多样的服务,包括支持认证、接入、计费、网络策略管理、空中接口管理、移动性管理、动态信道配置、负载均衡、入侵检测与防御和为用户提供 QoS 保障等。目前市场上有很多大规模 WLAN 组网方案,大部分通过使用 WLAN 控制器对整个网络进行集中控制和管理,然而这些组网方案的 AP 和控制器通常都是基于硬件实现的,不同厂商的设备不能互通,因此限制了 WLAN 的扩展性。此外,基于硬件实现的 WLAN 设备需要人工设置配制信息,一旦网络需求和网络参数发生变化时,需要网络管理员手动的更改设备的配置信息,工作量巨大,极大的限制了网络的灵活性。为了解决上述问题,SWAN 引入 SDN 控制与数据分离的理念,使用开放灵活的软件架构来设计 WLAN 网络。

1. 总体架构

SWAN 设计了基于 SDN 的 WLAN 架构,如图 6.10 所示。SWAN 架构包含一个逻辑集中的控制器、多个 AP(其上运行有代理),此外还有一系列的网络应用。其中控制器对整个网络有全局的视野,并将一些操作封装为 API,运行在控制器之上的网络应用就可以利用这些 API 来实现多种多样的网络管理功能。控制器使用 SWAN 的私有协议来与 AP 进行信令交互及收集数据。同时,在传统的 802.11 标准中,连接决策通常是由 UE 来控制的,在 SWAN 架构中,为了能实现控制器对连接建立过程的控制,引入了代理(Agent),代理与控制器一起实现了 split-MAC 功能,将 MAC 层逻辑分为控制器和代理两部分。

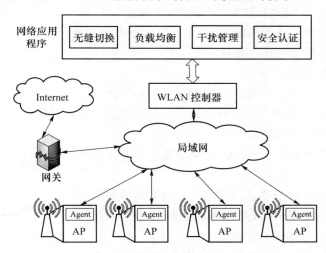

图 6.10　SWAN 整体网络架构

架构中主要包含的实体有:

(1) 虚拟接入点(SAP)

在传统的 IEEE 802.11 标准中,用户设备(User Equipment,UE)与 AP 单独建立连接,在建立连接的过程中,WLAN 系统没有对这些决策有任何系统层面的控制。如图 6.10 所示,UE 通过层 2 和层 2 的一系列握手建立与 AP 的连接。

但是如果按照传统的连接建立方式,那么当 UE 从一个基本业务区(Basic Service Area,BSA)移动到另一个 BSA 时,就没有保障 UE 的业务服务连续性的机制,会严重影响用户的业务体验。而且在 UE 发生跨物理 AP 间切换时,需要先向原 AP 发送一个断开连接的帧,在与原 AP 断开连接后,再重复图 6.11 的握手操作与目的 AP 建立新的连接。

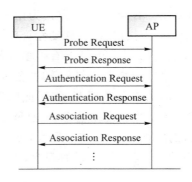

图 6.11　传统 802.11 标准中 UE 与 AP 建立连接的握手步骤

因为 UE 的连接状态是由 UE 无线网卡的 MAC 地址和 AP 的 MAC 地址所确定的,AP 往往都是固定部署的,所以在 UE 移动时,所连接到的 AP 不可能跟随 UE 的移动而移动。因此,为了达到跨接入点间无缝切换的目的,SWAN 在采用 SDN 理念构建 WLAN 网络架构的基础上,引入了虚拟接入点的概念,即基于软件实现的无线接入点(software access point, SAP)。因为 SAP 由软件实现,具有虚拟化的作用,因此称为虚拟接入点。其功能包括前端信号的发送接收、不同频段信号的处理等,可以使用户终端(User Equipment,UE)正常接入并建立数据通路。整个无线接入点从信号接收直到控制协议部分全部由软件编程来完成。在靠近天线的地方使用宽带的"模拟/数字"转换器,完成信号的数字化。"软件实现"的特点使得 SAP 拥有可重新编程和可重构的能力,从而可以实现多种功能,支持多样化的网络管理业务,支持多种标准以及智能化频谱利用等。

SAP 的关键特征可以总结如下:

① 每个 UE 对应一个专有的 SAP,对用户而言,SAP 就是一个传统的 802.11 AP,通过传统的 802.11 连接握手方式来与 UE 建立连接。每个物理 AP 上可以承载多个 SAP,从而一个物理 AP 可以支持多个用户的接入;

② 为了区分各个 SAP,每个 SAP 会被分配一个专属的 BSSID;

③ 如图 6.12 所示,SAP 中包含了与 UE 建立连接时所必须的层 2 和层 3 的状态信息,其中共包含四种内容:UE 的 MAC 地址、IP 地址、BSSID、SSID。

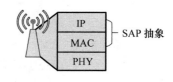

图 6.12　SAP 抽象

④ SAP 可在不同的物理 AP 间迁移;因为每个 SAP 都包含所有层 2 和层 3 的连接状态信息,所以只要迁移速度够快,那么在 UE 的再连接过程中就不需要产生额外的层 2 和层 3 处理信息。SAP 的迁移可以通过上层应用控制,实现一系列的网络管理决策。

⑤ 控制器根据 UE 的移动情况,在该 UE 需要进行物理 AP 间的切换时,就将与该 UE 对应的 SAP 从之前所在的物理 AP 移除,并在新的目的物理 AP 上建立与该 UE 对应的 SAP。由于 SAP 中包含了 UE 与物理 AP 建立连接所需的所有信息,所以 UE 到目的物理 AP 的连接不需要再进行额外的二层和三层的过程,从而可以实现 UE 从一个物理 AP 到另一个物理 AP 的无缝切换。

(2) 逻辑集中的 SWAN 控制器

即运行在一个中央服务器的网络操作系统,是 SWAN 架构的核心实体。如图 6.13 所示,它可以通过 OpenFlow 南向协议与底层的 OpenFlow 设备（包括 AP）进行通信，下发或者更新底层设备的转发流表，从而对网络数据流进行控制。控制器上运行着一个重要的应用程序 Master，它可通过自定义的南向协议和 AP 上的代理进行交互，实现对 SAP 工作模式、用户接入状态等内容的管理和控制，并收集由代理检测到的数据流信息（如：每流匹配的数据包数等）、无线信息（如：每帧接收器信信号强度、比特速率等）等网络信息，并将这些数据连同一些基本操作封装成 API 的形式提供出来。控制器以固定的间隔接收 AP 发送的 heartbeat 报文，作为确认软 AP"保持活动"的机制。

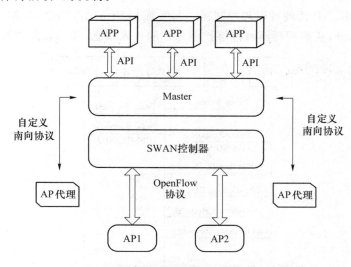

图 6.13　AP 数据面与控制器之间的通信结构图

　　控制器维持两个文档，一个文档是代理文档，记录网络中所有的代理。当控制器接收到一个代理发来的 heartbeat 报文时，它会首先检查代理文档，查找当前的代理文档中是否已经有这个代理的记录；如果已有，则说明这个代理所在的物理 AP 处在正常工作状态；如果没有，则说明这个代理所在的物理 AP 可能是新添加到网络的，这时控制器就需要把这个代理注册到代理文档中。同时，控制器也会将在一段时间内都没有发送 heartbeat 报文的代理从代理文档中移除，以保证控制器始终"知道"网络中最新的代理状态。

　　另一个是 UE 文档，包含了 UE 的 SAP 信息。如果一个 UE 之前曾接入过一个网络，则与这个 UE 相对应的 SAP 信息就会保存在 UE 文档中。当这个 UE 再次接入此网络时，控制器就会首先在 UE 文档中查找与之对应的 SAP 记录，然后把 SAP 信息移交给距离 UE 最近的一个物理 AP。如果一个 UE 是初次接入到某个网络，控制器就会为这个 UE 创建一个专属的 SAP，同时把这个 SAP 的信息记录到 UE 文档中。

　　控制器对整个网络具有感知能力，能够预测当前网络干扰信息，感知用户的位置信息和 QoE 状态信息，这些感知信息作为网络管理应用的输入信息，网络管理应用通过控制器提供的 API 获得底层设备（包括不同 AP）的网络状态信息，进行相应的判断处理，预测用户是否进行切换，制定实时的无线资源配置与调度，实现高效的资源调度管理方案，为用户提供更加精细的 QoE 服务，保持业务在高密集 WLAN 覆盖下的连续性，保障终端用户业务体验。

　　控制器制定资源分配策略时拟采用两个主要原则：①若某个控制决策会对相邻接入点制定的决策产生影响，那么就需要与这些相邻接入点进行协作，因此这个控制决策必须由控制器制定；②接入点与控制器之间通信的固有时延增加了对频繁变化参数的响应时间，因此，对于频繁变化的参数,则优先在接入点制定决策,以减少响应时延,提高响应速度。

(3) 代理(Agent)

由于目前的标准化南向协议——OpenFlow 协议并没有对 802.11 MAC 功能做相关规范,当前的 SDN 技术无法直接应用到 WLAN 环境。SWAN 基于软件来实现数据面,在每个物理 AP 上运行一个 AP 代理(Agent),补充 OpenFlow 协议没有涉及的 802.11MAC 层功能,如:探测回复,认证,关联,解除认证,解除关联等功能,从而为将 SDN 技术引入 WLAN 提供了可行性。

如图 6.14 所示,AP 代理可以和控制器一起实现 Split-MAC 功能,将 MAC 层逻辑上分为控制器和 AP 两部分,从而控制器就能够控制 UE 的接入状态、移动以及切换过程。

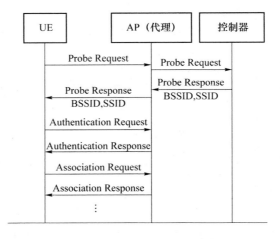

图 6.14　SWAN 的 split-MAC 模式

代理对于管理帧的处理方式如图 6.15 所示。如果一个代理接收到了一个 802.11 的管理帧,它首先会检查是否已经给发送报文的 UE 建立了对应的 SAP,如果已经建立,则代理就以传统的 802.11 协议来回复 UE;如果还没有,则代理就会把这个管理帧转发给控制器,接下来就由控制器决定是否要为这个 UE 重建一个 SAP,或者还是直接丢弃这个管理帧。

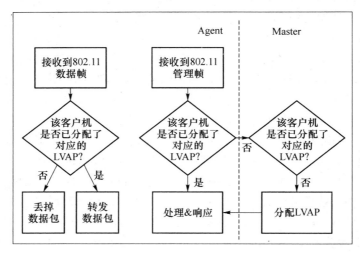

图 6.15　代理对 UE 管理帧的处理方式

此外 AP 代理还能够有效地分担控制器的一些逻辑管理功能,它能够收集到物理 AP 所接收到的所有帧:包括管理帧和数据帧,从而可以获得每个帧的一些信息,如:信号强度(RSS),比特速率,噪声干扰等,并可以把这些信息提交给控制器。同时,应用程序可以利用发布-订阅机制来获取需要的信息,从而利用这些信息来编排网络、提供网络服务,这种发布-订阅的机制称作"被动模式"。

（4）网络应用程序

网络应用位于 Master 上,作为 SWAN 控制器的一个线程,利用 Master 所提供的 API 接口来搭建不同的网络服务应用,完成具体的网络管理任务,而不像传统的网络架构中特定的网络功能都是由某个特定的物理设备完成。网络管理服务应用直接通过软件编程实现,便于设计与拓展。网络应用可以通过修改 UE 文档的状态,或以某种具体的控制逻辑判决是否为一个 UE 创建对应的 SAP,来实现用户层面的管理;通过动态地调整代理文档中的参数,又可以实现网络层面的管理。目前可实现的网络管理服务有:无缝切换,负载均衡,干扰管理,安全认证等。

总结起来,SWAN 包含一个逻辑集中的控制器、运行于物理 AP 上的代理、承载在物理 AP 上的多个 SAP 及一系列的网络应用。其中控制器和 AP 上的代理是整个架构的基础。其核心思想即:使用软件来实现 WLAN 网络中的 AP,将传统网络中与数据面耦合的控制面从底层硬件中解耦出来,并在集中的控制器上实现,从而实现对数据面的所有 AP 的统一控制和管理。同时,为了减少控制器的处理压力,SWAN 在 AP 上构造了代理（agent）来完成一些本地的处理逻辑,如 802.11 的认证、连接等。控制器通过使用 OpenFlow 协议控制底层 AP 中的数据转发,将原本完全由 AP 控制的数据包转发过程,转化为由 AP 和控制器分别完成的独立过程。同时,控制器和 AP 之间运行一套私有协议,控制器使用私有协议与底层 AP 通信从而感知底层网络状态（如:小区间干扰情况、网络负载状况、AP 状态等）,控制器还可以通过私有协议配置底层 AP 的参数从而实现对底层 AP 的集中式管理。另一方面,控制器能够将通过私有协议获取的 AP 状态信息与相应的操作捆绑成应用程序接口（API）,网络管理者利用这些 API 通过编程,设计多样的网络管理应用,通过在控制器端加载或更改网络管理应有即可实现对整个网络的控制和管理,保证 WLAN 用户最优的服务体验。

同时,通过在控制器端加载或更改软件的方式实现在网络中加入新的或删除冗余的管理功能,实现了网络功能与硬件的解耦合,消除了网络硬件设备带来的限制,提高了整个网络的灵活性和扩展性;从而就可以在不更换网络硬件设备的情形下,只需更改相应的软件,就可实现网络升级,提高了 WLAN 网络的灵活性和扩展性,降低了大规模组网的成本。

并且,因为整个 WLAN 网络都处于控制器的统一管理之中,网络管理者可以根据自身的需求动态地改变管理方案,以适应网络状态的变化。统一管理下的网络平台能够方便的提供更加多样化的网络管理服务和多层次的权限管理,因此能够大大降低网络受到非法入侵和错误操作带来的损失。

2. 安全机制

安全是任何 WLAN 管理中都必须着重考虑的问题,SWAN 架构下可使用两种安全认证架构,它们都与 SWAN 中的虚拟接入点概念兼容。

使用 WPA2 企业级进行 POST 认证

通过使用标准的企业级认证及安全标准:802.1X 和 WPA2 企业级,UE 可以在被分配对应的 SAP 后获得认证。

在 WPA2 标准中,由 AP 充当 UE 和认证服务器间的认证代理,当一个 UE 首次接入网络时,它会发起 Probe(探测)请求,系统将会通过 UE 对应的 SAP 机制。

6.3.2 SWAN 的典型网络应用

在 SWAN 架构中,SAP 抽象是最关键的技术,利用这一特点,可以用比以往 802.11 框架下更为简单的方式进行网络管理。之前我们也已经介绍过,在 SWAN 架构下,要想实现对网络的某项管理功能,只需编写相应的程序加载于控制器上即可,而不需要添加任何额外的硬件或者对网络架构进行变更,这就使得研究人员开发和设计各种各样的网络管理应用变得非常简单。在这里我们列举了两个最典型的网络应用示例:无缝切换和负载均衡。

1. 跨 WLAN 接入点间的无缝切换

随着 WLAN 的部署越来越密集,不同 WLAN 之间的切换越来越频繁,造成用户频繁掉线,用户的移动性体验差,因此 WLAN 跨接入点的无缝切换是提升未来大规模密集部署 WLAN 网络整体性能的关键。

SDN 和 SAP 的引入使得 WLAN 中的移动性管理可以通过编写移动性管理的网络应用程序来实现。SWAN 基于发布-订阅机制实现移动性管理应用,控制器将各个物理 AP 所接收到的 UE 信号强度作为尺度,来感知 UE 物理位置的移动。

如上一节所介绍到的,一个 SAP 的迁移不会影响 UE 侧的 802.11 状态机,而且,如果 SAP 的迁移足够快的话,在迁移过程中,UE 与 SAP 的连接不会断开。这是因为 UE 只关心由 AP 所发回的响应信号,而在 SWAN 架构中这个响应信号只由 BSSID 标识。

SAP 的抽象实现了各个 UE 的逻辑分离,因此,无论 UE 所连接的物理 AP 如何变迁,UE 始终"看到"的是同一个连续的 SAP。利用这个特点,只要设计合适的网络应用就能实现跨接入点间的无缝切换。接下来解决问题的关键就在于控制器(因为网络应用位于控制器上)该如何处理 UE 的移动。SWAN 中是这么做的:

假设有一个 UE 存在,它会自动地发送一些信号,在 UE 附近的所有代理都会接收这个信号,除非有一些因为距离太远而接收不到。接下来,控制器的网络应用就可以利用发布-订阅机制来获取所有能够接收到这同一个 UE 信号的代理所接收到的信号的强度(RSS),并且设定一个门限值来对这些值进行比较。如果有一个代理的 RSS 值高于这个门限值,但它却不是这个 UE 当前所连接的代理,那么,就说明这个 UE 已经发生了位置移动;接下来应用就会告诉控制器应该发起切换了,控制器就把当前所接收到的信号 RSS 值最强的那个代理所在的物理 AP 当作目标 AP,把这个 UE 当前所连接的物理 AP 当作源 AP,然后将 UE 所对应的 SAP 从源 AP 迁移到目的 AP,从而完成切换。

一个典型的切换流程如图 6.16 所示,UE1 与 UE2 是两个 UE,APa 和 APb 分别是两个软 AP,它们的覆盖区域存在重叠范围。当 UE2 从 APa 的覆盖范围移动到 APb 的覆盖范围时,APb 所接收到的来自 UE2 的信号会逐渐强于 APa 所接收到的来自 UE2 的信号,此时,控制器通过对比 APa 和 APb 接收到的 UE2 的信号大小判断出来:UE2 产生了位置的移动。因此,控制器将激活无缝切换应用程序,应用程序调用控制器所提供的 API,通过私有协议将 UE2 对应的 SAP 从 APa 迁移到 APb,从而实现了 UE2 在两个物理 AP 之间的无缝切换。

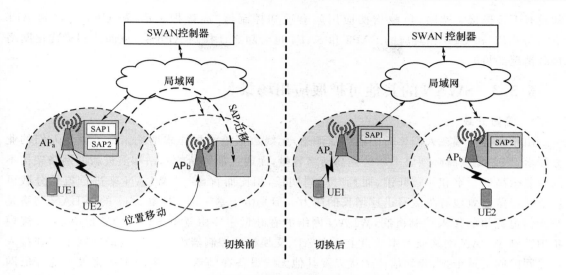

图 6.16　无缝切换流程

2. 负载均衡

　　SAP 抽象不仅可以使得无缝切换变为可能,而且还可以利用到负载均衡的管理上来。控制器通过动态地将 UE 分配到不同的物理 AP 上,就可以达到均衡网络负载的效果。在实现负载均衡的过程中,每个 UE 的 RSS 值和每个物理 AP 的负载状况需要同时考虑,负载均衡应用需要请求控制器检测每个代理上的活跃 SAP 数量,并把这个数据周期性地提交给负载均衡应用;在综合考虑每个代理所接收到的 RSS 值及每个物理 AP 的负载状况后,负载均衡应用就会制定负载分发方案,然后通知控制器去执行这个负载分配方案。

　　图 6.17 展示了一个典型的负载均衡应用场景。

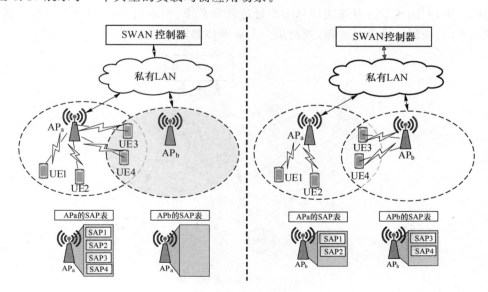

图 6.17　负载均衡

　　如图 6.17 所示的网络环境里有两个物理 AP:APa 和 APb,有四个 UE:UE1~UE4,其中 UE3 和 UE4 在两个 AP 的重叠覆盖区域。初始时刻,APa 为四个 UE 同时提供服务,而 APb

却没有 UE 连接。这时，负载均衡应用就会通知控制器"应该把 UE3 和 UE4 转移到 APb 下"，与 UE3 和 UE4 相对应的 SAP3 和 SAP4 也会随之迁移到 APb 上，从而达到最优化网络负载情况的目的。

6.3.3　SWAN 的其他可扩展应用场景

1. 流量分载

由于智能终端在人们生活中的广泛渗透，无线数据流量爆炸式增长。为了满足人们的业务需求，服务提供商必须要不断地提高网络容量，而通过部署新的基站和演进新的网络架构不仅需要很高的资本和运营开销，而且时间周期长，相比而言，通过 WLAN 来进行流量分载可以非常经济有效地解决流量迅速增长的压力。但是由于基于 IEEE 802.11 的 WLAN 网络是基于信道竞争的接入控制机制，WLAN 网络的吞吐量主要由竞争 STAs 的数量决定，大规模集中控制 WLAN 网络通常由成百上千个 AP、交换机和控制器组成。无线局域网中相邻接入点之间的同信道干扰、相邻信道干扰以及其他无线设备在信道上产生的干扰将极大地降低网络整体的效率，大量的冗余重叠覆盖虽然满足了用户容量需求，但是造成了成百上千的 AP 处于闲置状态，另外随着移动流量的增长，WLAN 设备的大规模部署，网络流量分布不均衡，AP 整体利用效率不高，局部链路拥塞越发严重，严重影响了网络质量。

当前采取的 WLAN 流量分载方案大部分是针对于静止或移动性很低的室内用户，分载的业务类型很受限。同时由于缺乏当前 WLAN 网络信息，并不能保证 WLAN 分载的性能，导致了用户体验差。利用 SWAN 架构可以针对于大规模 WLAN 网络部署环境，应用基于网络信息的以用户为中心的 WLAN 流量分载算法模型。通过 SDN 控制器收集异构网络的网络信息，综合考虑 WLAN 网络的用户数，用户的吞吐量，WLAN 数量等，如图 6.18 所示。控制器可以根据当前的网络信息，考虑 WLAN 之间的干扰对吞吐量的影响，并根据不同业务流量模型的区别，利用流量分载算法计算一个最佳的分载率，实现每一用户最大的吞吐量，减少宏网络压力，实现网络的负载均衡，提高用户的业务体验。

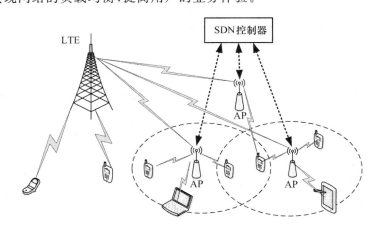

图 6.18　WLAN 流量分载

2. 干扰管理

在大规模 WLAN 的组网中，为了使接入点之间的干扰最小和系统的吞吐量达到最大，接入点对周围 AP 位置信息的了解和工作信道的选择尤为重要，如图 6.19 所示，在大规模密集部署的 WLAN 中，相邻接入点之间的同信道干扰、相邻信道干扰以及其他无线设备在信道上产生的干扰将极大地降低网络整体的性能,同时多个移动 WLAN 之间也可能相互干扰。在接入点的密集部署中,若通过单一地减少发射功率来减少同信道干扰,不仅使网络本身的抗干扰能力减弱,而且会减少接入点的覆盖范围,另一方面,由于网络本身或网络之间缺乏干扰协调机制,导致了更加严重的网络干扰。因此,干扰管理是提高网络效率和频谱使用效率的有效手段。

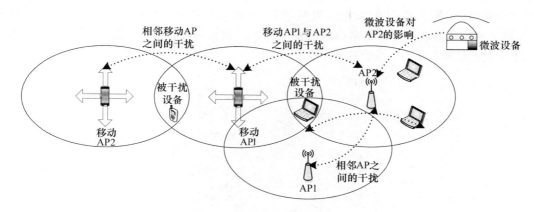

图 6.19　WLAN 场景下的干扰源

SWAN 可以通过它的中央控制器,利用频谱感知技术实现对 WLAN 网络的全局感知能力,收集各个接入点的最佳位置信息,同时利用干扰协调算法实现 WLAN 设备之间的干扰协调,结合 WLAN 接入点的位置信息为每一个信道自适应地分配传输频谱,同时通过分析覆盖与干扰强度的关系,建立有效的数学模型来分配信道功率,进一步减少 WLAN 设备之间的干扰。

3. 安全认证与接入控制

当前的安全设备由于其结构、部署和架构方面的限制,只能基于局部数据进行检测,而 SWAN 特有的基于 SDN 架构的 WLAN 组网方式则突破了这些限制;利用 SDN 的集中控制能力和云平台的集中管理能力,可以使安全设备和服务可获取多维、多层、全局的安全信息以及集中的管控能力,从而实现安全服务的重组和自动化实施。

从传统网络向 SDN 演进过程中提出了两种安全架构:虚拟化的安全设备(Virtualized Security Appliance,VSA)和软件定义安全(Software Defined Security,SDS)。VSA 通过传统安全设备的虚拟化以及 SDN 对基础设施或转发层的动态可编程来实现 SDN 网络中的安全嵌入。SDS 采用 SDN 架构设计思想,将安全管理的控制平面和数据平面进行分离,通过控制平面提供的可编程能力实现安全服务的重构,使安全功能服务化、模块化、可重用,最大化 SDN 带来的安全机遇。

在用户认证管理方面,现有的 WLAN 在管理方式上大部分属于独立的分布式管理,不同的 WLAN 网络使用各自独立的方式来进行身份验证。而在旺盛的市场需求推动下,WLAN 技术正在加快革命步伐,无线接入设备的种类也日渐增多,由于海量设备的存在以及网络复杂度的提升,使得 WLAN 用户管理也成为一个突出的问题,传统的分布式用户管理方式已经越来越不适用。在 WLAN 大规模部署的环境下,WLAN 覆盖面积、无线 AP 密度、用户规模、用户在线时间大幅增长,导致网络选择、无缝切换以及负载均衡的问题日益重要,也对用户管理提出了新的挑战。

在针对大规模 WLAN 网络部署的开放业务环境的特点，及 WLAN 开放业务环境访问控制的需求，SWAN 利用了移动互联网实名数据库和资源属性的 RBAC(Role-Based Access Control)模型来进行用户管理，并结合应用 Hotspot2.0 来设计安全认证策略，最终为 WLAN 用户提供既安全又方便快捷的 WLAN 接入方式。在用户接入控制方面。

在未来，如图 6.20 所示，SWAN 还可以结合传统的 WLAN 和移动通信网络大规模用户管理的经验，针对基于 SDN 的大规模组网 WLAN 网络特性，设计统一的集中式用户管理架构，实现全网统一的基于用户实名信息的安全认证功能和完善的用户管理系统，最终实现大规模 WLAN 密集部署场景下的管理和运营。

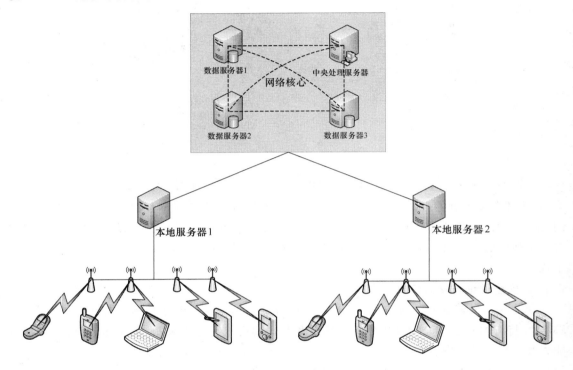

图 6.20　用户认证架构

6.3.4　关键技术

在未来无线接入网络基站密集部署以及多种异构无线网络融合的场景下，未来基于 SDN 的无缝切换技术不仅需要实现 WLAN 应用场景下的无缝切换，还需要满足各种无线接入网络间的无缝切换，促进异构无线接入网络间的融合，提升用户的业务体验。因此有必要对以下的关键技术作更深入的研究工作，需要注意的是，因为这些技术的可扩展性很强，所以它们不仅限于应用到无缝切换的实现中，同时也可以为实现未来无线接入网络的其他特性奠定良好基础。

1．集中控制

传统网络中需要由 UE 控制切换，而网络架构方面不会进行干预。这样在异构无线接入网络间进行切换时，就不可避免地需要 UE 进行断开与再连接的过程，而且由于各个网络协议的不同，鉴权、认证等的操作方式也不同，UE 在重新连接的过程中，也需要在层 2 和层 3 之间进行多次握手操作，从而不可避免地带来了时延，影响了用户的业务体验。

在基于 SDN 思想的基础上,未来的无线接入网络会实现控制与数据的分离,切换控制就可以由控制器来操作。为了实现及时、高效、无缝的切换控制,就要求控制器具备准确的切换判决能力和高效的切换执行能力。

在切换发起阶段,控制器需要根据所收集到的各种实时网络信息如基站(或 AP)信号强度、负载状况、UE 位置移动情况,对当前 UE 是否需要进行切换做出合理的判决;这就要求控制器具备对网络全局状态的感知能力,在之后的章节里,我们还会再进一步地讨论控制器的这种感知技术。在切换执行阶段,控制器通过基站(或 AP)向 UE 下发切换通知,再通过一定的虚拟化切换机制,完成基站(或 AP)间的无缝切换。

因此要想达到异构无线网络间的无缝切换,全局的集中控制是必需的。因此有必要对集中控制技术作深入的研究,从而实现对整个无线网络资源的虚拟化、屏蔽各个网络间的异构型,实现对异构无线接入网间无缝切换的高效控制。

由于未来无线接入网络具有高密度组网,高数据速率、网络环境复杂,以及业务需求动态多样的特性,现有的网络控制很难满足未来无线系统的要求,目前,国内外研究人员设计出诸多高效的未来无线异构网络的控制平台。Nicira 为原始的 SDN 网络的不足提出一种改进型架构 Fabric,该架构中将数据面分为边缘转发设备和 Fabric 转发设备,并用不同的控制器分别进行控制,Fabric 控制器只负责制定核心数据转发策略,而边缘控制器制定更多具体的控制策略。多伦大学提出一种分布式的 SDN 控制器:Kandoo。采用一种两层分级式的网络控制平台,并将控制器分为本地控制器和根控制器。本地控制器没有全局网络的控制能力,只负责控制本地应用;而根控制器负责针对一些重要事件制定策略并控制各个本地控制器。通过这种分级式的结构,数据面和控制器之间的平均通信时延可以得到有效改善。

从现有的文献来看,当前对于无线网络控制平台的研究在进行网络控制时,主要采用了逻辑集中或者分布式的思想。OpenFlow 在对网络进行抽象时,采用逻辑集中的控制思想,为了简单起见采用一个控制器对整个网络进行集中控制,但是随着网络规模的扩大,会有大量的控制请求发送至同一集中控制器,并且会对距离控制器较远的接入设备造成很大的时延,降低了网络的效率,因此这种集中控制的平台将会面临很大的高效性和可扩展性的问题;但是分布式的控制器又难以实现对网络统一的高效管理,并且进行网络升级时要对每个控制器进行操作。因此,未来还有必要对无线网络控制器的高效性、网络的安全性和健壮性以及与传统网络的共存性等方面进行研究,设计虚拟化网络平台,以克服现有方案存在的问题,实现对网络的高效集中的控制。

2. 网络状态感知

正如之前所介绍的,基于 SDN 的网络中的控制器应对整个网络具有感知能力,能够及时预测当前网络干扰信息,感知用户的位置信息、QoE 状态信息、信道状态等等,并且将感知到的这些信息以 API 的形式提供给上层应用,这些信息是上层应用进行切换判决的基础,只有达到及时、高效、精确的网络状态感知,才能便于上层应用根据这些信息进行无缝切换的管理。因此有必要对网络状态感知技术进行研究。

需要注意的是,网络状态感知是网络控制器所拥有的对网络全局状态的感知能力,控制器通过感知网络的整体状态,不仅可以进行无缝切换的控制,还可以应用到接入选择、负载均衡、流量分载等多种网络管理行为中。比如通过检测各个可用网络的网络状态,控制器可以为 UE 选择最佳的网络进行接入;通过控制器比较周围可用的 WLAN 网络的性能状态,并检测 LTE 流量中的业务类型,上层应用可以通过 API 来获得这些信息,从而通过某种决策机制为该 UE 选择一个最佳的 WLAN 网络进行流量分载,并将这个决策通过控制器下发到底层设备。因此此处只是放在无缝切换部分进行叙述,但不只局限于应用在无缝切换管理中,请读者不要误解。作为网络控制器中关键的一个组成部分,实时网络状态感知将是未来无线网络架构中实现精细粒度网络管理的关键基础。网络状态的感知主要可分为对物理层的信道频谱的感知、针对数据链路层和网络层的网络流量检测和针对多层面的网络态势感知,目前各个领域均已有较多研究。此处,我们将着重介绍频谱信道感知与网络态势感知技术。

(1) 频谱信道感知

频谱检测是无线网络状态感知的关键步骤,只有高效准确地进行频谱检测,确定目标频谱的干扰情况,才能更合理有效的分配频谱资源,实现频谱资源的动态高效利用。比如在密集部署的 LTE 网络中,频率复用因子为一,进行准确的频谱感知,就有可能避免相邻小区的同频干扰。因此频谱资源检测决定着其他环节的实施,为降低相邻小区间同频干扰、解决频谱匮乏问题、实现频谱资源分配与动态管理以及提高频谱资源的利用率提供了强有力的技术支持。目前最基本的频谱检测方法包括:1)匹配滤波器检测法;2)能量检测法;3)循环平稳特征检测法等。在实际无线环境中,信号在传输过程会受阴影衰落、多径效应等因素的影响,基本的频谱检测法不能满足可靠性,为此,必须采取有效的措施来提高检测的可靠性和精确性。因此,多天线感知以及协作感知技术目前正被越来越多地应用于无线网络频谱监测中,主要检测方法有:1)似然比检测;2)复合假设检测;3)空间相关性检测;4)空间时间合并;5)协作检测等。国内外学者也在不断地提出新的优化检测算法。

(2) 网络态势感知

未来无线异构网络结构复杂,传感器网络、AD-Hoc、天基网等新型网络的加入,使得拓扑结构复杂化;网络设备异构、数量巨大、移动性强;信息交互频繁,网络流量激增,网络负载增大;新应用不断涌现,VoIP,P2P,Grid 等应用的出现,构成了凌驾于传输网络之上的覆盖网络;网络时刻受到故障、攻击、灾难、突发事件的威胁,可用性、安全性和生存性面临严峻挑战;网络运行状况瞬息万变。传统的网络管理各功能单元处于独立的工作状态,缺少有效的信息提取和信息融合机制,无法建立网络资源之间的联系,全局信息表现能力差。海量的网管信息非但不能加强管理,反而增加了网络管理员的负担。现代网络管理必须能够在急剧动态变化的复杂环境中,高效组织不确定的网管信息并进行分析评估,提供被管对象的详细信息,提高网络管理员对整个网络运行状况的认知和理解,提供多样化、个性化的管理服务,辅助指挥人员迅速、准确地做出决策,弥补当前网络管理的不足。

Bass 于 1999 年首次提出网络态势感知(Cyber Space Situational Awareness,CSA)的概念,并且指出,"基于融合的网络态势感知"必将成为网络管理的发展方向。网络态势是指由各种网络设备运行状况、网络行为以及用户行为等因素所构成的整个网络的当前状态和变化趋势。CSA 作为数据融合的一部分,并不是孤立存在的,向下从 level1 融合获取各类网管数据,向上为 level3 融合提供态势信息,用于威胁分析和决策支持,而且与其他融合层次关系紧密。层与层之间不仅数据通信频繁,而且方法相通,没有明确的界限,作为一个整体而存在。因此,CSA 研究包括多方面内容,其总体研究框架如图 6.21 所示。

目前国内外学者对网络状态感知技术的研究众多,但是大多数研究都是针对安全场景,只有很少部分触及了网络流分析、信息的优先级及存活性等方面,而未能将已有的网络管理技术整合起来,缺乏对网络环境状态的全方位的系统化的研究。而且目前已有的研究中,也主要停留在数据层面,很少涉及网络状态的评价算法,缺乏从数据中抽象成有用信息的能力。

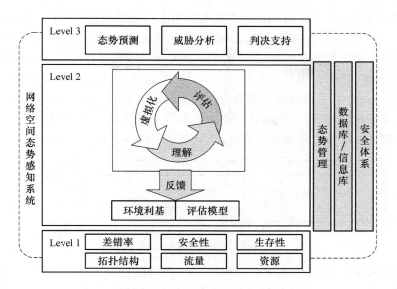

图 6.21　CSA 总体研究框架

　　因此,如何研究实现一个全方位的、稳固的、动态的网络状态感知技术,使得在原有的网络状态测量技术侧重的数据分析与显示的功能之上,附加对测量的数据进行深度分析和抽象,达到对网络状态的整体感知,是未来无线接入网需要研究的重点和方向之一。现在针对网络态势感知的研究还鲜有应用到无线网络领域,相关的理论及技术也很少,在这方面还有很多的研究工作等待我们去完成。

3. 基站虚拟化

　　我们在上一节 SWAN 架构的无缝切换实现机制中,讲解了实现跨无线接入点间无缝切换的关键技术——虚拟接入点(SAP)的概念。由于 WLAN 场景下各个无线接入点使用同一种接入协议,SAP 可以直接在两个不同无线接入点上迁移,从而可以完成跨接入点间的无缝切换。但在异构无线接入网络环境下,比如 LTE 与 WiFi,由于基站/AP 间所采用的协议栈、鉴权、用户认证等等都不同,如果要实现异构无线接入网间的无缝切换,就必须屏蔽数据面各个底层物理接入设备的差异,因此有必要研究基站的虚拟化技术。

　　虚拟化是目前 IT 行业的热门技术,也是构成云计算的一个重要技术基础。借助虚拟化技术,用户将可以在单一计算机硬件中安装多个操作系统(虚拟机),并实现多重任务处理,从而达到节省 IT 开支和高速处理计算任务等目的。基站虚拟化则指通过虚拟可实现动态的资源部署和重配置,满足业务扩展的需求,也可实现较完善的业务隔离和划分、对数据和服务可控和安全的访问,还可以通过虚拟资源提供与物理资源无关的接口和协议的兼容性。

　　当前接入网多制式共存,多种网络融合使智能终端类型、用户业务类型呈现多样化,传统的基站占用空间大,且更新维护费用昂贵,其上无线业务、数据库管理、设备管理、告警管理、版本管理、传输管理和控制等相互耦合,多制式并存时会存在多种限制和冲突。通过构造虚拟化的设备管理层,可以将无线业务与设备管理解耦,对无线业务屏蔽基站的公用设备管理,提供基站统一的设备管理操作。同时,多个不同制式业务运行在独立的虚拟空间中,无须感知其他业务的存在,可以灵活地增加和删减制式。这样就可以实现多模基站的统一管理,并能够对多业务进行独立的升级维护,为运营商提供了灵活的制式扩展能力,同时支持多制式与软件化的特性也能都有效缓解运营压力。

目前,软基站的出现,为基站虚拟化的实现提供了可能性,同时为未来无线网络中无线基站的软管理提供了基础。软基站背后的基本设计理念基于软件无线电(Software Defined Radio,SDR)思想,其基本组成如图 6.22 所示。在靠近天线的地方使用宽带的"模拟/数字"转换器,完成信号的数字化,射频单元负责前端信号的发送接收、不同频段信号的处理,基带单元使用诸如 GNU Radio 等平台完成所有波形相关方面的处理,比如调制和解调,然后通过射频拉远的方式完成基站的部署,实现基站在硬件与软件上相分离。从而整个软基站从信号接收直到控制协议部分全部由软件编程来完成,使软基站的功能可通过软件来定义和实现。

图 6.22　软基站的组成

从整个基站的角度看,室内基带处理单元(BBU)、射频单元(RU)要能够兼容多种制式业务,同时将 Iub(Abis)、Ir 两个接口标准化,屏蔽产品形态和制式的差异,才能满足软基站的要求。Iub 接口已经逐步标准化,信道化 E1 等方式逐步被 IP 化所取代,使得 2G、3G 基站能够在 Iub/Abis 口上走向统一。Ir 接口有 CPRI、OBSAI 等标准可循,宏观上可以统一。主要是在针对各制式及应用场景的实现上还存在很多技术问题。

因为基站是可编程的,因此它们可以使用同一套硬件设施,而只通过基带单元的软件程序来定义相应的信号处理协议;也就是说,由软基站实现的 WiFi 无线接入点和 eNode B 不再是两套不同的物理设备,相反,它们在物理层面将没有任何差异。网络管理员只需在相同的硬件上安装不同的软件程序,就可以让这个基站"变成"某种制式的接入设备,安装 LTE 协议程序,它就成为一个 eNode B,安装 802.11 协议程序,它就是个 WiFi AP。这种可编程的特性使得供应商和运营商可以完全以软件的方式升级和优化网络。通过软件的方式实现基带的处理方便基站的升级,同时也将是移动无线网络发展的大势所趋。目前,国内外在此方面都做了相关研究。斯坦福大学研究人员曾于 2012 年提出 OpenRadio 的设计,使用软件定义网络的方法来设计未来的无线网络,并在此基础上提出了数据与控制分离的思想,利用无线网络操作系统的方式来实现对下层基站的管理。在国内,中兴通讯和清华大学也对此进行相关的研究,促进了 SDN 技术的发展。此类的研究逐渐成为无线通信领域重要的研究方向,越来越多的研究人员参与到了其中。

6.4　本章小结

本章首先对目前的异构无线接入网络环境作了简要分析,首先介绍了现有的无线网络接入技术,包括移动蜂窝网技术如 3G、LTE 等,和宽带无线接入技术如 IEEE 802.11、802.20 等;并分析了当前密集部署的异构无线接入网络给用户业务体验及运营商部署与升级网络所带来的诸多问题,针对这些问题,总结了未来无线网络接入技术的发展趋势,及异构无线接入网络间融合的特点,分析了在融合过程中无缝切换的重要性;6.2 小节着眼于异构无线接入网络的融合问题,首先介绍了移动性管理技术,并从技术特点、实现原理、缺陷等多个方面总结归纳了现有的无缝移动性技术;6.3 小节介绍了一种 WLAN 场景下基于 SDN 的无缝切换架构——SWAN,从总体架构、典型应用及关键技术等多个方面进行了分析。值得注意的是,关键技术分析部分不仅仅针对文中所提到的 WLAN 场景下的无缝切换,而是针对未来的整体异构网络环境。

参考文献

[1]　胡海波. 无线异构网络发展综述. 现代电信科技,39(12),2009:19-22.

[2]　艾明. 异构网络移动性管理若干关键技术的研究[学位论文]. 北京:北京邮电大学,2010.

[3]　蔡景. 异构无线网络中无缝切换机制及其性能研究[学位论文]. 南京:南京邮电大学,2010.

[4]　金镝,孙姬. 异构无线网络间的无缝移动技术[J]. 电信网技术,2007,(10):12-16.

[5]　Consortium U. Unlicensed Mobile Access (UMA) Architecture (Stage 2[J]. Innovation in Telecommunications,2006.

[6]　郭大伟. 基于 UMA 的无缝移动和相关技术研究[D]. 中国科学院研究生院(计算技术研究所),2006.

[7]　Rajeev Gupta. UMA 解决蜂窝网络和 MLAN 的融合之路[J]. 中国科技信息,2006,(6).

[8]　李晓辉,顾华玺,党岚君. 移动 IP 技术与网络移动性[M]. 北京:国防工业出版社. 2009.

[9]　邱新平,阮传概,张振涛. 移动 IP 技术研究[J]. 移动通信,2000,24(3):26-29.

[10]　庞韶敏,李亚波. VCC 技术:CS 和 IMS 间的无缝切换[J]. 移动通信,2007,31(2):59-62.

[11]　Kale S V,Schwengler T. Comparing Unlicensed Mobile Access (UMA) and Voice Call Continuity (VCC) Architectures[C]// Consumer Communications and Networking Conference,2009. CCNC 2009. 6th IEEE. IEEE,2009:1-2.

[12]　Taniuchi K,Ohba Y,Fajardo V,et al. IEEE 802. 21:Media independent handover:Features,applicability,and realization[J]. Communications Magazine IEEE,2009,47(1):112-120.

[13]　徐大庆. 使用 IEEE 802. 21 的 WLAN 与 WiMAX 网的融合与切换[J]. 通信技术,2010,43(3):86-89.

[14]　ONF White Paper,Software-defined networking:The new norm for networks,2012.

[15]　N. McKeown,S. Shenker,T. Anderson,H. Balakrishnan,G. Parulkar,L. Peterson,J. Rexford,J. Turner,OpenFlow:Enabling Innovation in Campus Networks,Acm Sigcomm Computer Communication Review 38 (2008) 69-74.

[16]　Suresh L,Schulz-Zander J,Merz R,et al. Towards Programmable Enterprise WLANs with Odin[C]// Proceedings of the first workshop on Hot topics in software defined networks. ACM,2012.

[17]　Mengual E,Garcia-Villegas E,Vidal R. Channel management in a campus-wide WLAN with

partially overlapping channels［C］// Personal Indoor and Mobile Radio Communications (PIMRC),2013 IEEE 24th International Symposium on. IEEE,2013:2449 - 2453.

［18］ Kim,H,Feamster,et al. Improving network management with software defined networking［J］. Ommnaon Magazn,2013,(2):114-119.

［19］ 何丽华,谢显中,董雪涛,等.感知无线电中的频谱检测技术［J］.通信技术,2007.

［20］ T. Bass,Multisensor Data Fusion for Next Generation Distributed Intrusion Detection Systems,Proceedings of the Iris National Symposium on Sensor & Data Fusion (1999) 24-27.

［21］ M. R. Endsley,E. S. Connors,Situation awareness:State of the art,in:Power and Energy Society General Meeting-Conversion and Delivery of Electrical Energy in the 21st Century,IEEE,2008:1-4.

［22］ 任剑.无线基站虚拟化研究及实现［D］.中国科学院大学（工程管理与信息技术学院）,2013.

第7章 弹性无线资源管理

7.1 移动通信系统无线资源管理机制

在移动通信系统中,用户数量呈指数式增长,用户对多样化业务的需求日益增加。用户对服务质量的需求促使运营商之间的竞争越来越激烈,如何合理有效地管理和使用无线资源是运营商亟需解决的关键问题。

移动通信系统的无线资源包括频谱、时间、功率、空间和特征码等要素。提高无线资源利用率一直是移动通信系统发展过程中努力追求的目标。研究无线资源管理技术的目的是希望在保证一定的规划覆盖和业务服务质量的要求下,利用有限的无线资源接入尽可能多的用户。良好的无线资源管理技术可以在最大程度上发挥出无线传输技术的优势,使无线通信系统正常高效运转。

在第三代移动通信系统中,无线资源管理(Radio Resource Management,RRM)作为一种关键技术提出,开始成为衡量一个标准是否可行,系统服务质量优劣,是否被运营商接纳的重要性能指标。传统的无线资源管理目标是在有限带宽的条件下,为网络内无线用户终端提供业务质量保障,其基本出发点是在网络话务量分布不均匀、信道特性因信道衰弱和干扰而起伏变化等情况下,灵活分配和动态调整无线传输部分和网络的可用资源,最大程度地提高无线频谱利用率,防止网络拥塞和保持尽可能小的信令负荷。

无线资源管理包括接入允许控制、切换、负载均衡、分组调度、功率控制、信道分配等。无线资源管理技术研究涉及一系列与无线资源分配有关的研究内容,包括:功率控制、信道分配、调度、切换、接入控制、负载控制、端到端的 QoS 和自适应编码调制等。

7.1.1 无线资源管理组成概述

第三代移动通信系统的目标是支持多种业务,其设计方向主要基于用户对多媒体业务的需求,大量高速的分组数据业务在通信中占据主导地位。为了解决多种业务并存的分组交换情况下的资源分配问题,便于更好的对系统网络进行统一管理,3G 蜂窝移动通信系统采用集中式的资源管理方式。所谓集中式 RRM,即 RRM 功能由集中的通信实体和基站共同完成,并且 RRC 终结在集中的通信实体。3G 移动通信系统中,无线资源管理作为无线网络控制器(RNC)的组成部分,主要作用有[1]:通过负责空中接口资源的分配与使用,确保用户申请业务的服务质量(QoS),包括误块率(BLER)、误码率(BER)、时间延迟、业务等级等;确保系统规划的覆盖区域;充分提高系统容量。

RRM 的主要功能有:计算功能、控制功能和资源配置功能,相对应的组成模块包括:算法模块、决策模块、资源分配模块、无线资源数据库模块和对外接口模块等[2]。其中起决定性作用的是算法模块,常用 RRM 算法在通信实体中的分布如图 7.1 所示。

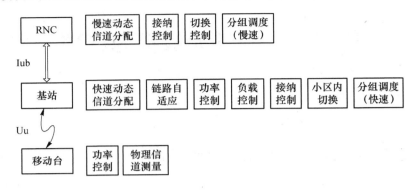

图 7.1　RRM 模块在各通信实体中的位置

- 功率控制(PC)模块:主要作用是在维持链路通信质量和保证 QoS 的前提下,尽可能小地消耗功率资源,从而将空中接口部分的相互干扰降低至最低水平,提高系统的容量与覆盖,并延长终端电池的使用时间;

- 切换控制(HC)模块:在蜂窝移动通信系统的小区模型中,为保证移动用户经过小区边界时通信的连续性,或者基于网络负载和操作维护等原因,需要用切换控制操作将用户从当前的通信链路转移到其他小区,甚至其他通信系统,确保用户切换到其他小区后,能继续得到服务;

- 接纳控制(AC)模块:当新用户和切换的用户发起呼叫时,网络执行接纳控制的过程,其目的是维持网络的稳定性和保证已接纳用户的 QoS;

- 负载控制(LC)模块:主要功能是进行负载均衡。即判决一段时间内网络的负载信息,并将该负载信息提供给其他模块。当网络出现过载情况时,LC 联合 RRM 其他模块综合作用将网络恢复到正常的状态,确保整个系统的负载保持在稳定的水平;

- 动态信道分配(DCA)模块:主要功能是负责将信道分配到小区,进行信道优先级排序、信道选择、信道调整和资源整合;

- 资源管理(RM)模块:包括码分配(CA),逻辑信道资源和传输信道资源的管理等;

- 分组调度(PS)模块:主要功能是用于服务分组数据业务,其具体的调度速率由网络负荷决定;分组调度包括对基于 RNC 的分组调度和基于基站(Node B)的分组调度。基于 RNC 的分组调度也称为慢速调度,执行实体是 RNC;而基于基站(Node B)的分组调度也称为快速调度,执行实体是 Node B。

- 无线链路检测(RLS)模块:负责检测无线链路的质量,当检测到无线链路质量变坏时,向相应的 RRM 模块报告,并进行恶化恢复处理。该模块可确保以上模块获得当前移动台(UE)所处信道状况。

从图 7.1 中可以看出,RRM 算法主要分散在 UE、Node B 和 RNC 中,所有算法的执行都需要三个通信实体相互协调、相互作用。

图 7.2 是 RRM 各算法在呼叫流程中的框图。从 RRM 各模块的作用可以看出,贯穿整个 RRM 过程的重要目标是保证用户的体验质量并节约功率资源。

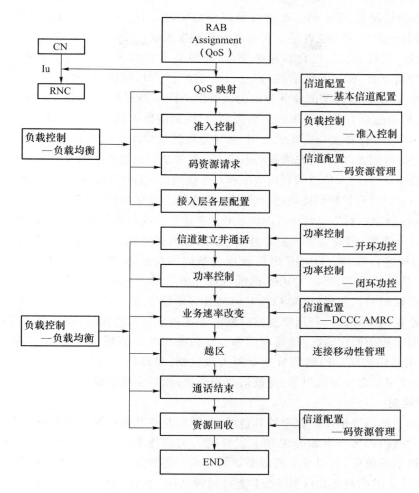

图 7.2　RRM 算法在呼叫流程中的位置

7.1.2　无线资源管理关键技术

依据对象的不同,无线资源管理可以有两种不同的划分:

- 面向连接的 RRM:确保该连接的 QoS,并使该条连接占用的无线资源最少。这时要考虑信道配置、功率控制、切换。对于每条连接,根据需要创建一个实例专门处理本连接的资源配置。
- 面向小区的 RRM:在确保该小区稳定的前提下,能接入更多的用户,提高整个系统的容量。这时要考虑码资源管理、负载控制。为每一个小区创建一个实例,专门处理该小区的资源管理。

3G 移动通信系统实现无线资源管理或控制的基本流程是:测量控制,测量 UE(用户设备)、Node B(结点 B)、RNC(无线网络控制),测量报告,判决、决策,资源的控制和执行。

RRM 的目的是保障核心网所请求的 QoS,增强系统的覆盖,提高系统的容量。要达到这个目的,需要信道配置、功率控制、切换控制、负载控制等无线资源管理关键技术的支撑。

1. 信道配置

信道配置分为三个部分:基本信道配置,动态信道配置,码资源管理。

（1）基本信道配置：基本信道配置就是根据 CN（核心网）所请求 RAB（无线接入承载）的 QoS 特性，将其映射成接入层各层的相应参数和配置模式。CN 所请求的服务质量一般包括：通信种类（会话、流量、交互、后台），速率要求，质量要求（BLER）。基本信道配置过程中使用到的空中接口信令有：RB（无线承载）建立、RB 重配置、RB 释放、传输信道配置、物理信道配置。网络根据不同 QoS 类型的业务分别为其分配不同信道资源。UMTS 定义了 4 类 QoS 类型，即对最大传输迟延有严格要求的会话类别，对端到端数据流的迟延抖动有一定要求的流类别，对往返延迟时间有要求的交互式类别，对延迟敏感性要求很低的后台类别。

（2）动态信道配置（DCA）：先进的动态信道分配算法对系统性能的改善非常重要，可以增强对业务负载的适应性，增大信道的利用效率和对干扰的适应性。TDD-CDMA 系统中的动态信道配置主要用于对时隙和扩频码资源进行管理和优化等。通常分两个步骤实现，首先给小区进行资源分配（Slow DCA），然后再对小区内的承载业务进行快速信道分配（Fast DCA）[3]。

（3）码资源管理：码资源管理主要是对 3G 系统的扩频码进行管理，特别是对正交可变扩频码（OVSF）树进行管理。OVSF 码树管理包括码的分配和码树的优化整合。对于语音业务，由于主要是干扰受限，所以 OVSF 码的管理并不重要。但对于数据业务来说，高速数据业务将占用长度较短的扩频码，此时 OVSF 码的管理非常重要。码资源分配策略性能指标包括利用率和复杂度两个方面。利用率是指分配的带宽和总带宽的比值，该比值越高越好，同时尽量保留扩频因子小的码字，这会提高利用率。复杂度与多码的数目成反比，复杂度越小越好，注意尽量使用单码传输。码资源分配原则大致包括：提高码字利用率；降低码分配策略复杂度；确保尽量使用正交性好的码字；降低信道间干扰；提高系统容量；降低系统的峰平比。

2. 功率控制

随着移动通信系统中用户数量的日益增加，数据业务开始占据支配地位。在这种趋势下，功率控制作为通信系统中资源分配和干扰管理的关键技术，成为提高系统容量的重要手段。在蜂窝移动通信系统中，有限带宽的频率被划分成一定数量的信道，只要共信道干扰是可容忍的，每个小区所要求的载干比（CIR）水平能得到满足，一个小区的中信道就可以被其他小区重用。在执行信道配置之后，必须要执行功率控制限制共信道干扰。一个小区的传输功率一方面必须被减小，以降低在其他共信道小区中的干扰，另一方面必须大到可以保证接收端接收到的信号质量，以满足通信的基本要求。因此，功率控制在移动通信系统中是十分必要的。

自 CDMA 蜂窝移动通信系统被提出以来，克服系统中存在的"远近效应"一直是一个主要问题。"远近效应"是指信号被离基站近的 UE 的信号所淹没，系统因此无法进行通信，小区被 UE 阻塞。"远近效应"与功率有很大关系，所以功率控制极其重要。功率控制的主要目标是使得所有的移动终端以恰好能满足信号目标 CIR 要求的最低功率电平发送信号，依次降低整个系统的同频和邻频干扰，节省移动终端的能量消耗，同时使得基站接收到的本小区内的各个移动台的上行信号功率相同，从而克服"远近效应"。同时，功率控制还能够调整发射功率，保持上下行链路的通信质量；克服阴影衰落和快衰落；降低网络干扰，提升系统质量和容量。

功率控制分为开环，闭环两种功率控制，其中闭环功率控制又分为上下行内功率控制和上下行外功率控制。开环功率控制技术就是根据测量结果，对路径损耗和干扰水平进行估计，从而计算初始发射功率的过程。开环功率控制的目的是提供初始发射功率的粗略估计。在开环功率控制技术中，移动台根据接收到的基站信号功率的强弱来大致确定发射功率的大小。由于上下行的相关性很小，使得上下行信号的传播经历不尽相同的衰落，因此开环功率控制技术很不准确，需要闭环功率控制技术加以修正。在闭环功率控制技术中，基站通过估计接收的比特能量与干扰功率谱密度之比发出相应的功率调整命令,移动台根据调整命令提升或降低发射功率以此补偿不相关的路径损耗变化以及附加的干扰源,外环功率控制根据接收信号的误比特率或误帧率来调整目标 CIR 的设置值。内环功率控制是快速闭环功率控制。上行内环功率控制的目的是使基站处接收到的每个 UE 信号的比特能量相等,而每一个 UE 都有一个自己的控制环路。上行外环功率控制是 RNC(无线网络控制器)动态地调整内环功率控制的 SIR(信号干扰比)目标值,其目的是使每条链路的通信质量基本保持在设定值,使接收到数据的 BLER(块误码率)满足 QoS 要求。

3. 切换控制

在移动通信系统中,处于连接状态的移动用户从一个基站的覆盖范围移动到另一个基站的覆盖范围时或者脱离一个小区进入另一个小区时,为了维持通信的连续性,保证移动用户连接不中断,通信网络控制系统会启动切换过程来保证移动用户的业务传输。这种切换过程是指释放与原服务小区(源小区)的连接,与新的服务小区(目标小区)建立连接的过程。切换过程是蜂窝移动通信最重要的过程之一,它不仅影响着小区边界处的呼叫服务质量,还与网络的负载情况有着紧密的联系,也就是说还与无线资源的使用情况有着密切的联系。有效的切换控制不仅可以实现小区间的负载均衡,保证小区的通信业务质量,还可以大大提高系统中的资源利用率。相反,如果切换过程控制得不理想的话,不仅有可能造成小区间负载不均衡的现象(一部分小区过载的同时,一部分小区处于空闲状态),还有可能造成移动终端的"掉话"现象,使网络服务质量大大下降。

移动通信系统中的切换大体分为两种:软切换和硬切换。硬切换的特点是先中断源小区的链路,后建立目标小区的链路,这时通话会产生"缝隙",非 CDMA 系统都只能进行硬切换。硬切换包括同频硬切换、异频硬切换、系统间切换(3G 系统和 2G 系统间的切换,比如在 WCDMA 和 GSM 中进行切换)。软切换的特点是 CDMA 系统所特有,且只能发生在同频小区间:软切换先建立目标小区的链路,后中断源小区的链路,这样可以避免通话的"缝隙"。其增益可以有效的增加系统的容量,但是要比硬切换占用更多的系统资源。由于处于软切换状态的移动终端可以同时与多个基站保持连接,RNC 可以从多个基站接收到的相同帧中选出质量最好的一个,从而提高了通信链路的健壮性,产生了宏分集增益。但是同时,软切换也占用了更多的下行信道资源,增加了系统内的信令开销。处于软切换状态的移动终端应当维持在一定的比例范围内,比例过多或者过少都不能最大限度地提升通信系统的容量。因此,设计合理的切换控制算法,设置恰当的软切换门限值是无线资源管理中的一项重要内容。

目前的 3G 系统中,主要是 FDD-CDMA 系统使用软切换技术,而对于 TDD-CDMA 系统来说,由于区分用户除了依靠码外,还与所处的时隙有着密切的关系。鉴于 TDD-CDMA 系统使用软切换技术对设备和物理层的要求太高,所以目前只采用硬切换技术。

4. 负载控制

简单来说,网络负载一般指对网络数据流的限制,使发送端不会因为发送的数据流过大或过小而影响数据传输的效率。在小区管理的移动系统中也会存在要求负载平衡的问题,希望将某些"热点小区"的负载分担到周围负载较低的小区中,提高系统容量的利用率。那么就用到了负载控制技术。负载控制技术分为:准入控制、小区间负载的平衡、数据调度和拥塞控制。准入控制涉及负载监测和衡量、负载预测、不同业务的准入策略、不同呼叫类型的准入策略。而且,上下行链路要分别进行准入控制。小区间负载的平衡主要包括:同频小区间负载的平衡、异频小区间负载的平衡、潜在用户控制。数据调度是为了提高小区资源的利用率,引入 Packet Scheduling 技术,在小区内的速率不可控业务负载过大或过小时,降低或增加 BE 业务的吞吐率,以控制小区的整体负载在一个稳定的水平。拥塞控制是在前面三种技术的基础上,为了保证系统的绝对稳定引入的技术。其目的是保证系统的负载处于绝对稳定的门限以下。具体的方法有暂时降低某些低优先级业务的 QoS;还有一些比较极端的手段,如暂时降低 CS 业务的 QoS 等。

无线资源管理中的负载控制功能的目标是,在遇到过载的情况下,使系统可以迅速并且可控地回到无线网络规划所定义的目标负载值。要进行负载控制,首先必须对系统的容量和负载进行有效且正确的评估,由于 CDMA 是一种干扰受限的系统,具有"软容量"的特征,所以从理论上分析系统的极限容量,并且给出不同干扰时的容量和负载大小是负载控制的基础。

7.1.3 无线资源分配与调度算法

在蜂窝移动通信系统中,频谱资源非常稀缺,而移动运营商总是期望获得尽可能大的网络覆盖区域以及网络容量,同时还需要满足各种分组业务越来越高的传输速率及用户"爆炸式"增长的业务服务质量需求,这无疑导致了有限的频谱资源与提高移动网络运营能力、提升用户业务体验之间的矛盾,如何提高无线资源的频谱利用效率成为了通信领域面临的重要挑战之一。由于无线资源的紧缺性和受限性,如何有效地调度和分配稀缺的无线资源以满足通信业务发展新需求、提高无线网络运营能力、满足多业务 QoS 需求以及保障多用户业务体验成为移动通信系统重点研究的核心问题。

移动通信系统中的资源调度技术主要针对分组数据业务进行调度,所以也被称为分组调度技术,旨在判断什么时间分配什么资源给哪些用户。调度算法的根本目的是要在保证多业务 QoS 的基础上最大化网络频谱利用率以及最大化网络容量,而且还要保证无线资源能公平公正地分配给用户,使得用户能获得均等的调度机会,进而保证无线资源能够得到公平的分配,即保障无线网络中多用户的公平性。评价调度算法优劣需考虑多业务 QoS、系统吞吐量以及多用户公平性等综合性能。

移动通信系统资源分配与调度策略的研究目标主要体现在以下几个方面[4][5]:

(1)提高频谱利用率

在移动通信系统中,由于移动通信网络的频率、时隙、功率等资源严格受限,而且业务类型多样化、用户需求复杂化,因此对于网络运营商来说,解决有限的频谱资源与网络覆盖及系统容量之间的矛盾,在满足各种分组业务更加丰富的服务质量要求的基础上,提高移动通信系统的容量以及无线频谱利用率是无线资源分配与调度技术研究的主要目标之一。

(2)保障 QoS/QoE

移动通信系统要为语音、文件传输、网页浏览、无线多媒体等多级业务提供服务。目前,衡量业务质量主要采用系统 QoS 指标,如系统带宽、时延、误码率、抖动等。为了满足多业务不同的服务需求,QoS 保障机制被引入到了无线资源分配与调度算法中。对于丰富多彩的数据业务也必须提供差异化的服务以满足各种业务不同的 QoS 需求,因此设计保障多业务 QoS 的无线资源分配与调度策略也是无线资源分配与调度技术研究的主要目标之一。

(3)抑制干扰

由于无线环境的复杂多变以及各种新型组网方式采用的同频复用技术导致的共道干扰大大降低了无线系统的网络性能,比如由于多小区组网产生的严重的小区间干扰、Femtocell 的引入带来的双层 Femtocell 网络中的同层、跨层干扰等严重影响了无线资源的利用率以及制约了各种业务的质量性能。所以尽可能降低无线网络的干扰、提升系统有效容量也是未来无线网络资源分配与调度技术研究的重要目标之一。

（4）降低能耗/提升能效

随着移动通信的飞速发展，移动通信系统的二氧化碳排放量日益增高导致的全球气候变暖问题也成了全球关注的焦点。如何在提高用户感知业务质量的同时降低基站以及终端设备的能耗，进而提升系统能效即单位能量的服务能力已经成为无线领域面临的主要挑战，也已经成为移动通信领域的研究热点。研究既能降低系统能耗又能提升网络能效的绿色、节能、环保的无线资源分配与调度策略具有十分重要的意义。

（5）保障公平性

公平性作为移动通信系统的一个重要研究目标，一直是无线资源分配与调度策略亟待解决的关键性问题，因为无论用户所处位置与基站距离远还是近，无论用户优先级是高是低，所有用户都希望可获得同样优质的用户体验。同时对于网络运营商来说，也要为网内所有用户提供公平性的服务，保障网内所有用户的业务体验。因此保障多用户公平性也是无线资源分配与调度策略不得不考虑的重要内容。

本章将基于三种研究场景选取三种典型的组网结构，从简单到复杂分别是单小区OFDMA系统、多小区协作网络、双层 Femtocell 网络，围绕这三种网络介绍几种典型的资源分配调度策略。接下来对这几种网络结构做一下总体上的简单介绍。

（1）单小区 OFDMA 系统

作为一种多载波调制技术，OFDMA[6][7]技术最大的特点就是允许各个子载波的信号频谱在频域产生重叠，基本原理是将一个宽频带分成若干个子信道，且这些子信道相互正交，并利用串并变换技术，将高速数据流映射到正交的子信道上成为并行的低速子数据流进行传输。由于接收端可以对正交信号进行正交变换，采用 OFDMA 技术有效地降低了小区间干扰（Inter-channel Interference，ICI），也消除了相邻符号间干扰（Inter-symbol Interference，ISI）。

在 OFDMA 系统内无线资源的构成是二维的：时域、频域。在时域上，无线资源由多个时隙构成，而每个时隙又由多个 OFDMA 符号组成；在频域上，无线资源由多个子信道构成，每个子信道中包含多个子载波，这样便可以减少上行链路的负载。而且所有有效子载波的一个子集合构成子信道。为了使频率选择性衰落更低，子信道的载波遍布于整个频谱的频率范围之中。由于并行信息码元的符号周期远大于串行信息码元的符号周期，加之采用了保护间隔技术，基本消除了系统的码间干扰。

OFDMA 系统的优势可以归结如下：

① 子信道相互正交，有效避免了小区内干扰，提高了系统频谱效率。

② 接收端可以对正交信号进行正交变换，消除了相邻符号间的干扰，具有较强的抗多径衰落能力。

③ 资源分配与调度模块根据各用户在各个子载波上的衰落灵活地为每个用户分配所需的子载波和功率资源，充分发掘了系统潜在的多用户分集增益。

（2）多小区协作网络

通过前面的分析可知，OFDMA 系统可以有效抑制小区内干扰。但是，当 OFDMA 多小区组网时，如果相邻小区采用同频复用技术，小区用户不可避免地会受到周围邻近小区同频信号的干扰。而且，移动终端距离基站远近的不同也会导致接受到同频干扰的程度也不同，特别是当用户处于小区边缘时，由于与干扰小区距离更近，会受到严重的小区间干扰，这样就会导致整个系统吞吐量的下降[8][9][10]。所以，如何降低多小区间同频干扰成为了无线网络亟待解决的问题。为了解决多小区组网时的小区间干扰问题，多小区协作技术应运而生。

多小区协作[11]也可以称作多基站协作（Multiple Base Station Coordination/Cooperation），与之相关的术语还有协作多点（Coordinated Multiple Point，CoMP）传输，网络协作（Network Coordination）。核心思想是：协作多小区基站的天线通过相互协作构成虚拟天线阵列，将其他同频小区的干扰视作有用信号。多小区协作技术的出现，为解决多小区间干扰问题提供了新的研究方向，为提高移动通信系统总体系统容量的研究提供了新的研究思路。

为了满足移动通信系统在频点、带宽、峰值速率、平均吞吐量、边缘用户吞吐量、时延以及兼容性等方面的需求，多小区协作资源分配与调度策略的主要研究目的是针对移动通信系统中抗干扰发展瓶颈，通过基站间协作，共享一些必要的信息，如调度信息、信道状态信息、数据信息等，合理地分配与调度无线资源，有效地降低小区间干扰，甚至变废为宝，化干扰为有用信号，在满足系统 QoS 的同时尽量减少系统的整体干扰，提高整个系统的容量。

（3）双层 Femtocell 网络

Femtocell，中文为毫微微小区，又可以称为家庭基站、飞蜂窝，具有覆盖范围小、功率低、成本低、即插即用、配置灵活等特点，单个 Femtocell 的发射功率在 10～100niW，覆盖的半径要小于 30 m，由于覆盖范围比较小，Femtocell 主要用于家庭、企业、学校等室内场所[12][13][14]。Femtocell 可以通过宽带连接，如数字用户线（Digital Subscriber Line，DSL）与宏小区网络进行通信。并且可以与全球移动通信系统（Global System for Mobile Communications，GSM）、高速分组接入（High Speed Packet Access，HSPA）、通用移动通信系统（Universal Mobile Telecommunications System，UMTS）、LTE、LTE-A、WiMAX 等各种网络及标准兼容，而且可以做到与通信运营商同制式、同频段，所以对于用户来说不需要特殊的移动终端设备。Femtocell 通过家庭或企业等已有的光纤、电缆等连接到 Internet，再经由 Internet 连接到移动通信运营商的核心网。在传统的蜂窝网络系统基础上引入 Femtocell 网络后，Femtocell 网络则与传统的蜂窝网络构成了一个双层通信网络：宏蜂窝层和 Femtocell 层，Femtocell 层也可以称为毫微微小区层或家庭基站层。为了便于对该种双层通信网络结构的描述，在本文中将这种宏蜂窝层和 Femtocell 层共存的网络结构简称为"双层 Femtocell 网络"，因为 OFDMA 已经成为移动通信系统中的主流技术，所以在接下来将主要介绍 OFDMA 双层 Femtocell 网络中的资源调度算法。

双层 Femtocell 网络相比于传统的单层蜂窝网络，优势主要体现在以下几个方面：增强室内覆盖、绿色节能、提高系统容量、降低运营商的建设费用与运营成本、能平滑演进等，在未来的移动通信领域 Femtocell 必定会起着至关重要的作用。但是与此同时，在传统的蜂窝网络中引入 Femtocell 网络也面临着许多挑战，比如 Femtocell 基站与宏基站的频谱共享问题、自配置与自优化、安全问题、干扰问题等。其中由于宏小区和 Femtocell 小区频谱共享而带来的干扰问题尤其严重，双层 Femtocell 网络的干扰可以分为两大类：同层干扰和跨层干扰，干扰的存在使双层网络的性能大打折扣，所以如何有效抑制干扰是当前 Femtocell 网络亟待解决的首要问题。

1. 基于 QoS 驱动的跨层资源调度算法（单小区 OFDMA 系统）

在移动通信系统中，子信道相互正交的 OFDMA 系统能有效避免小区内干扰，同时可以根据各用户在各个子载波上的衰落灵活地为每个用户分配所需的子载波和功率资源，充分发掘系统潜在的多用户分集增益，提高系统频谱效率，基于 OFDMA 的无线资源分配与调度新算法的实施也为移动通信系统提供多业务 QoS 保障奠定了基础。

针对单小区 OFDMA 系统，本文介绍一种保障多业务 QoS 需求的无线资源跨层调度方案[20]，该方案旨在满足移动通信系统差异化 QoS 要求、保证系统公平性的前提下，尽可能地提高网络频谱效率。该策略通过基于效用最大化的无线网络跨层优化方法对资源调度算法进行跨层效用最优化设计,而且充分考虑由于跨层设计的引入所带来额外的通信开销以及系统计算代价,基于传统的粒子群优化算法,针对目标跨层资源调度问题提出了一种二进制约束型粒子群优化算法,降低了跨层资源调度模型的求解复杂度并保证了迭代求解的快速收敛。该策略的主要思想如图 7.3 所示。

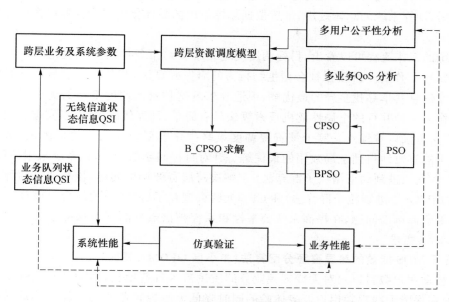

图 7.3 基于 QoS 驱动的跨层资源调度策略

跨层设计[21]是指打破传统单层网络中的层间设计,在关注单层、网络个体性能的同时,更要协调、融合网络的各个子层。跨层设计的本质是通过对协议栈进行整合,实现对无线资源更加有效的管理,即通过综合考虑协议栈各层之间传递的信息来协调层间工作,更好地适应移动通信环境,满足各种不同的业务的 QoS 需求。基于跨层设计的资源分配和调度算法可以看作一个在多约束条件下的目标优化问题,不仅考虑系统吞吐量而且也考虑传输功率,还要考虑来自应用层多业务的 QoS 需求,比如最小传输速率、最大延时以及传输优先级等。跨层资源调度系统的基本框架如图 7.4 所示。

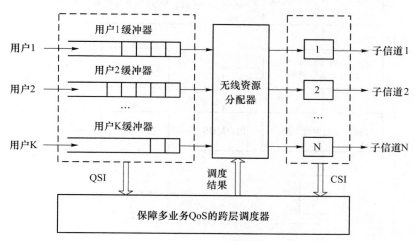

图 7.4 跨层资源调度系统基本框架

　　该系统的工作流程为：在每个时隙伊始，位于基站的保障多业务 QoS 的跨层资源调度器将采集所有终端用户的信道状态信息 CSI 以及所有数据缓冲器中用户的队列状态信息（Queue State Information，QSI），其中 CSI 以及 QSI 参数周期性更新，更新周期为一个时隙。基于以上所采集的信息，跨层调度器计算每个用户的基于 QoS 保障的个体效用。然后基于每个个体效用，计算系统的总体效用，最后根据总体效用的最优化跨层调度器选择最佳的资源调度模式。

　　由系统的工作流程可以看出，目标调度问题是带多约束条件的多维优化问题。粒子群优化算法（PSO）[22] 作为一种模拟社会型生物行为的启发式算法，其基本思想是通过群体中个体之间的协作信息共享寻找全局的最优解，很适合求解这种资源调度策略的优化问题。粒子群优化算法作为一种并行的全局性随机搜索算法具有简单、计算代码少、容易实施、运行速度快、成本低、应用范围广等优点。鉴于该资源调度策略优化模型为 0-1、多约束优化，基础的粒子群算法并不能有效地得到全局效用的最优解。针对目标问题的特点，该系统采用一种简单、快速的 B_CPSO（二进制约束型粒子群算法）[20] 解决跨层资源调度问题，该算法是两种改进型粒子群算法 BPSO（二进制粒子群算法）和 CPSO（约束型粒子群算法）的综合。该算法可以有效地解决跨层资源调度问题，在提高系统公平性和系统频谱效率的同时保障了移动通信系统中的多业务 QoS 需求。

2. 基于 MOS 能效的跨层资源分配算法（单小区 OFDMA 系统）

　　随着移动用户数目以及对无线视频业务的质量需求日益增长，移动基站系统功耗势必会提高，如何在保障无线视频用户业务体验的同时降低无线视频业务的能耗对移动通信技术提出了新的要求。针对未来移动通信系统中的无线视频业务，通过将衡量 QoE 指标的 MOS 模型引入到无线资源分配当中，本文介绍一种基于 MOS 能效的跨层资源分配策略[20]。该资源分配策略分析了无线视频端到端的 MOS 模型以及系统能耗之间的内在联系，建立了基于 QoE 的新型 MOS 能效函数。通过平衡终端用户的 QoE 和功率消耗最大化系统 MOS 能效，保障了视频用户的业务体验，同时降低了移动通信系统的能耗，达到了节能、减排、绿色、环保的目的。图 7.5 表明了该策略的主要思想。

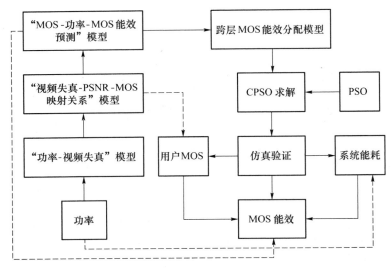

图 7.5　基于 MOS 能效的跨层资源分配策略

资源分配总体模型主要功能是根据视频业务特性以及无线网络信道时变信息提取业务及无线系统相关参数。首先建立无线视频失真模型即"功率-视频失真"模型，然后基于"功率-视频失真"模型建立基于 QoE 的 MOS 预测模型即"视频失真-PSNR-MOS 映射关系"模型，最后综合 MOS 预测信息以及发射功率，建立"MOS-功率-MOS 能效预测"模型，即基于 MOS 驱动的能量高效资源分配模型。将该模型应用于跨层资源分配中进行无线资源的最优分配，具体的跨层资源分配框架如图 7.6 所示。

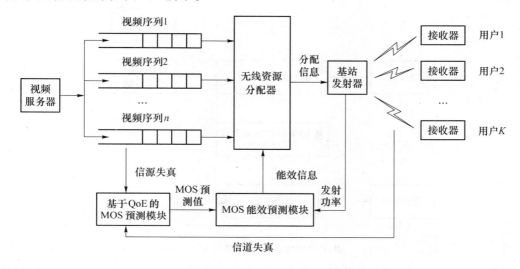

图 7.6　无线视频跨层资源分配框架

整个框架共有 6 个模块组成，包含视频产生模块、基于 QoE 的 MOS 预测模块、MOS 能效预测模块、跨层资源分配模块、基站发射模块、用户接收模块等。视频产生模块主要是指流媒体服务器里所产生的预编码视频流，当用户端请求视频时，视频服务器将相应视频流通过无损的光纤链路传达给跨层资源分配器模块。基于 QoE 的 MOS 预测模块主要通过视频产生模块获得相应视频的信源失真，同时通过无线网路获得无线信道的状态信息获得视频的信道失真，然后生成 MOS 预测信息传给 MOS 能效预测模块。MOS 能效预测模块是跨层资源分配策略的核心模块，通过综合考虑 QoE 的 MOS 预测模块传递过来的 MOS 预测值以及发射功率，生成 MOS 能效预测值，然后将 MOS 能效值传送给跨层资源分配器。最后跨层资源分配器根据 MOS 能效输出最优的无线资源分配信息。

该策略实现了真正从用户角度出发分配和调度无线资源，有效提高了系统的 MOS 能效并降低了系统的功率消耗、保证了用户业务体验，达到了节能、减排、绿色、环保的目的。

3. 基于势博弈的跨层资源分配与调度策略(多小区协作网络)

移动通信系统在多小区组网时，如果相邻小区共用频谱，将会产生严重的小区间干扰，进而导致整个系统性能的降低。如何通过抑制小区间干扰进而提升系统整体性能成为了资源分配与调度技术关注的热点问题。

针对多小区协作网络，本文介绍一种基于势博弈理论的跨层资源分配与调度策略[20]。该策略把资源分配与调度归结为跨层优化问题，考虑了整个系统的效用函数，包括 MAC 层的子信道分配和 PHY 层的功率分配，并通过小区之间协作进行联合的资源分配与调度来降低ICI。为了降低小区间干扰，所提策略除了采用多小区协作技术之外，还在设计无线资源分配与调度效用函数时引入了定价机制。并将资源分配过程映射为势博弈策略，搭建了跨层势博弈资源分配模型,利用势函数固有的性质降低了系统模型与目标问题的求解复杂度,增强了系统模型的可扩展性,有效抑制了多小区网络的干扰并提高了系统的性能。该策略的主要思想如图 7.7 所示。

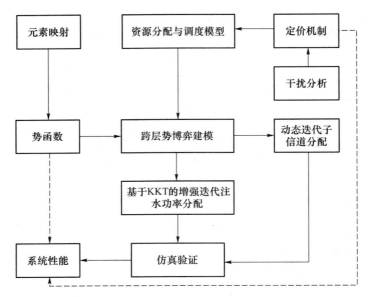

图 7.7　基于势博弈的跨层资源分配与调度策略

在移动通信网络中,更高的传输速率意味着更好的服务质量,增加基站在某一子信道上的发射功率,虽然会改善该子信道的传输环境,但是却会给其他小区的同频子信道带来更大的干扰,进而会增加系统的能耗,所以说如何在能耗和信道质量之间寻找一个合理的折中,使整个网络的性能达到最佳平衡,显得尤为重要。该策略采用定价机制设计系统效用函数,定价机制技术的采用能有效缓解小区间干扰[23]。系统效用的最优化问题是一种带约束条件的复杂优化问题,解决该问题的有效方法是基于势博弈理论通过元素之间的映射把跨层优化问题转换为势函数求解,保证纳什均衡的存在和唯一性。然后把问题拆解为两部分,分别对用户调度以及功率分配进行求解:一部分是动态迭代子信道分配;另一部分是基于迭代注水算法的动态功率分配。

该策略的核心是将跨层资源分配问题映射成势博弈问题,这意味着跨层势博弈中的元素和多小区协作网络中的元素合适的映射,映射方式如表 7.1 所示。

表 7.1　势博弈和资源分配间元素关系的映射

博弈中元素	资源分配的元素
博弈	跨层资源分配的过程
参与者	协作小区同频子信道
策略	跨层资源分配策略
效用函数	带定价机制的个体效用
决策偏好	效用函数最大化

博弈中的博弈主体为协作小区的同频子信道集合,也是博弈迭代过程中的决策者。通过动态地调整基站在各个资源块对应频谱上的发射功率,可以有效地降低系统的总体发射功率,

进而达到节约系统能耗的目的。

4. 基于效用公平的资源分配策略(双层 Femtocell 网络)

在移动通信系统中,由于频谱资源的稀缺性以及宏小区和 Femtocell 小区之间协同性的缺乏,双层 Femtocell 网络一般采用共享频谱方式即宏小区和 Femtocell 使用相同的频谱。这种共享频谱方式会带来严重的跨层和同层干扰,削弱网络的性能。同时考虑到宏小区用户的重要性,在双层 Femtocell 网络中应优先保证宏小区用户的传输。有效抑制双层网络中同层及跨层干扰并保障多用户公平性、满足多业务 QoS 需求的资源分配策略已经成为了双层 Femtocell 网络中的热点问题。

双层 Femtocell 网络中同层干扰、跨层干扰根据链路方式的不同可以分为上、下行链路干扰。因为上行链路的干扰情况相较于下行链路来说更加严重、复杂,因此对上行链路的干扰研究更有意义。针对频谱共享双层 Femtocell 网络中的上行链路,在保障宏小区用户传输质量的前提下,基于网络效率和 Femtocell 小区用户间的公平性,本文介绍了一种合作纳什议价功率控制博弈模型[20],该博弈模型不仅考虑了对宏基站的干扰,而且考虑了 Femtocell 网络用户最小 SINR 需求。并针对目标博弈模型,进一步分析了具有 Pareto 最优的 RKS 议价解。该策略既保证了用户公平性、最小 SINR 需求,又能够提高网络频谱利用率。图 7.8 表明了该策略的主要思想。

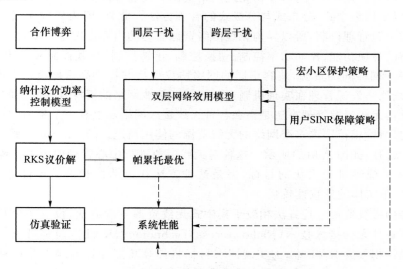

图 7.8   基于效用公平的资源分配策略

该策略所讨论的功率控制问题就是在保证宏小区用户正常传输和 Femtocell 用户最小 SINR 需求前提下,最大化整个网络效用,该网络效用能够反映网络的频谱利用率。这种效用的优化问题要求用户的效用与最大效用成比例,即用户不只是关心自己的收益,还关心别的用户的损失。为了保障多用户的公平性,该策略采用合作纳什议价功率控制博弈中的 RKS 议价解形式解决功率优化问题。在合作博弈以及 RKS 议价解的基础上,将双层 Femtocell 网络中的资源分配问题映射为基于合作博弈理论的纳什议价模型并找出了具有帕累托优化的 RKS 议价解。该策略不仅能够有效地提高 Femtocell 小区网络的频谱利用率、满足用户的最小 SINR 需求,而且能够保证用户之间的公平性。

7.2　异构网络无线资源管理

　　LTE 技术从 2004 年被提出开始,经历着快速的发展与完善,已经成为近期通信系统领域的最大热点。LTE 的目标是提高数据传输速率,降低系统时延,增加系统容量,解决小区边缘覆盖问题并降低运营成本。因为 LTE 基于全 IP 架构并且可以向下兼容 3G 和 2G 的无线网络,所以各种无线网络将在 LTE 网络中共存。在这种异构共存的网络中,无线资源管理的问题将变得愈加重要。与传统意义上的无线资源管理不同,LTE 中的无线资源管理是一组网络的控制机制的集合,它能够支持智能的呼叫和会话接纳控制,业务、功率的分布式处理,从而实现无线资源的优化使用和达到系统容量最大化的目标,这些机制同时应用多种接入技术,并需要可重配置或者多模终端的支持。就功能而言,LTE 中的无线资源管理涵盖了原有无线资源管理的功能。LTE 系统中,无线资源管理对象包括时间、频率、功率、多天线、小区、用户,涉及一系列与无线资源分配相关的技术,主要包括资源分配、接入控制、负载控制、干扰协调等。

　　由于传统移动通信系统所采用的集中式 RRM 会带来复杂的信令流程和较大的时延,且不利于进行同步的无线资源配置,异构无线网络资源管理技术不再局限于单一的集中式管理模式,而是可以采用集中式、分布式与分级式的管理方法。此外,因为异构无线网络的融合需要采用联合的资源管理机制,所以异构无线网络资源管理的内容也发生了变化,不仅包含原有无线资源管理的各项功能,比如功率控制、切换控制、接纳控制、负载控制和分组调度等;还要协调不同接入网络间的资源,兼容不同的网络协议架构并提供高密度覆盖下的 QoS 保障。因此,异构无线网络资源管理在实现机制上要比单一无线网络的资源管理复杂的多。

　　集中式异构无线资源管理方法是指在各种无线接入网络之上有一个集中的资源管理控制实体,能够测量所管辖范围内多个网络的无线资源的使用情况,并且能够对这些无线资源进行统一的分配和管理,如图 7.9(a)所示。这种对无线资源进行中心管理的方法能够达到全局资源最优利用和系统容量最大化的目标,但是这种方法在灵活性和可扩展性方面较差,各个 RAT 对中心决策实体的依赖性较强。

　　分布式异构无线资源管理方法相较于集中式无线资源管理方法,没有一个集中的管理实体来统一协调各种无线接入技术(Radio Access Technology,RAT),而是将统一协调的功能分散到各个地位相等的 RAT 中,为实现同一目标将计算功能和控制功能分配到所有的分布式结点中,如图 7.9(b)所示。在分布式无线资源管理模式下,各个 RAT 的 RRM 实体不仅需要完成自身网络的资源管理,还需要与其他 RAT 的 RRM 实体进行交互,收集其他网络的信息,完成诸如垂直切换、联合接纳控制、联合负载均衡等策略的决策,并通知相应的 RRM 实体执行决策结果。这种资源管理方法具有较好的可扩展性和灵活性,各个 RAT 的 RRM 独立性强,便于维护,降低了对中心决策实体的依赖性。同时也缺乏对全局信息的把握,无法做出有效的全局优化策略,各个实体间需要大量的信息交互,增加额外的信令开销。

　　分级式异构无线资源管理方法综合了集中式和分布式的特点,将部分资源管理功能分散到各个 RAT 的 RRM 实体中进行执行。并在多个 RRM 实体之上设立中心 RRM 实体,使之能够协调各 RRM 实体间的资源状况并做出全局优化策略,在系统开销、网络灵活性以及网络性能等方面可以取得很好的折中,如图 7.9(c)所示。这种管理方法既有集中式的全局统一管理优势,又提高了各个 RAT 的 RRM 实体的独立性,具有较强的实用性。

异构无线资源管理模式虽然没有对异构网络中具体的功能模块进行详细的划分及明确的说明,但是对异构融合网络的联合资源管理实体与各个不同制式接入网络的资源管理实体之间的关系进行了定义与说明,为异构网络资源管理的优化操作提供了决策控制参考模型。经过对三种模式的比较,可以发现,集中式资源管理模式与分布式资源管理模式各有优劣,而综合二者特点的分级式资源管理模式则被认为是最具竞争优势的管理模式,具体模式的采用依据具体的异构网络融合情况而定。

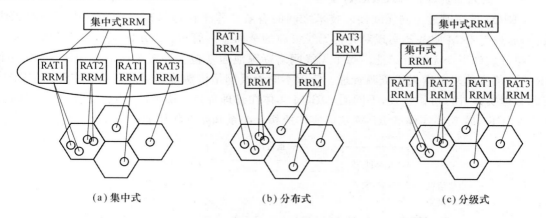

(a) 集中式　　　　　　　(b) 分布式　　　　　　　(c) 分级式

图 7.9　异构无线资源管理模式

7.2.1　异构网络无线资源管理架构

面向异构网络的融合技术是解决不同接入网间互相协作、通信,缓解无线资源枯竭问题的一种重要方案。异构无线网络融合旨在提供一种灵活开放的架构,该架构融合多种无线接入技术(比如 GSM、CDMA、WCDMA、WLAN、WiMAX 等)、不同 QoS 需求的服务和应用以及不同的协议栈等。异构无线网络融合技术可以极大地提高系统容量,提升整个无线网络的性能。异构无线网络的融合主要包括 LTE 与 3G 的融合,LTE 与 WLAN 的融合,WLAN 与 3G 的融合。异构无线网络融合场景如图 7.10 所示。

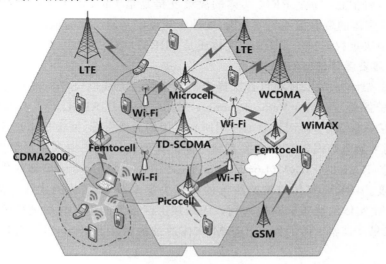

图 7.10　异构无线网络融合场景图

异构无线网络中的资源管理模型是异构无线网络资源管理研究的基础。异构无线网络中的资源管理模型主要有三种:公共无线资源管理(CRRM)模型、联合无线资源管理(JRRM)模型和多无线资源管理(MRRM)模型。了解这三种资源管理模型的优势与不足对深入探讨异构网络融合无线资源管理,改进异构无线网络资源管理架构,提高异构网络中无线资源分配的灵活性与效率等都有很大的帮助。下面简单介绍一下这三种异构无线网络资源管理模型。

1. 公共无线资源管理(CRRM)模型

CRRM 旨在通过不同无线接入技术之间的有效合作来协调管理异构网络中可用的无线资源,通过 CRRM 服务器实现对异构无线资源的全面统一管理。3GPP 将所有可用的无线网络资源分成许多个无线资源池。每个无线网络资源池通常包含许多小区的无线资源,由一个 RRM 功能实体来负责无线资源管理。管理不同无线网络资源池的多个 RRM 实体由 CRRM 资源管理实体进行协作管理,不同的 CRRM 实体在管理各自资源池的同时进行相互之间的信息交互,CRRM 功能实体和 RRM 功能实体的相互关系和相互作用如图 7.11 所示。

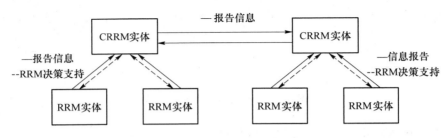

图 7.11 CRRM 管理模型

由图可看出,CRRM 作为异构融合网络中无线资源接入的策略管理者,每个 RRM 实体周期性地或者事件触发性地给它所属的 CRRM 实体报告相关信息,比如负载情况、传输功率、干扰信息等,而 CRRM 作为异构融合网络中无线资源接入的策略管理者,可以根据这些信息为用户选择合适的资源池,从而提高整个异构无线网络的资源利用率。每个 RRM 实体只受其直属 CRRM 的控制,不同 CRRM 实体控制下的 RRM 实体之间信息的交互则通过 CRRM 实体之间的相互报告信息实现。RRM 实体的决策支持是指 CRRM 实体通过对信息报告的分析来影响 RRM 实体的资源控制相关决策,这种影响可以是建议性的也可以是引导性的,两者的区别在于最终决定权取决于是 RRM 实体还是 CRRM 实体。

2. 联合无线资源管理(JRRM)模型

欧盟第六框架计划中 E2R 项目首次提出了基于软件无线电(SDR)技术可重配置系统的终端联合无线资源管理(Joint Radio Resource Management,JRRM)[15]。JRRM 的目的在于确保不同异构接入场景下,协调有效地使用所有可用的无线资源,并根据用户的业务需求类型特征、终端和网络能力等因素将用户接入到不同的无线接入系统中以满足最大化系统性能。JRRM 实体与各 RAT 的 LRRM(Local Radio Resource Management)实体协作实现灵活的业务流分割和调度。JRRM 实体以策略决策的形式决定 LRRM 实体的无线资源分配,LRRM 实体根据 JRRM 实体的决策针对接入到该无线接入网络上的用户终端进行传统无线资源管理,并将执行结果反馈给 RRM 实体,JRRM 实体通过协调各 LRRM 实体实现异构无线资源的优化利用。

JRRM 模型包括以下 4 个功能模块[16]:

(1) 联合会话接纳控制(Joint Session Admission Control,JOSAC):负责处理新发起的呼

叫/会话请求,并根据该会话所请求的业务类型、网络性能状态以及用户和运营商的策略偏好等,决定是否接纳该呼叫/会话请求以及接入到哪个 RAT。此外,JOSAC 还负责会话的数据速率以及传输带宽分配,分配的速率及带宽至少需要满足用户的基本需求。

（2）联合会话调度（Joint Session Scheduling,JOSCH）:负责对会话业务流的分割,以及分割后多个并发数据流在不同的无线接入网络中业务流数据的速率分配。针对支持同时接入多种无线接入网的多模/多带可重配置终端,JOSCH 可以将用户业务数据流分割成多个并发的数据流,通过不同的无线接入网络传输这些并发的数据流。同时,也可根据网络状况、终端能力、业务类型等信息灵活地调整不同 RAT 上传输的数据流速率,制定合理的业务数据流速率分配策略,从而提高无线资源利用率,更好地保证用户业务的 QoS。

（3）切换（HO,HO）:包括水平切换和垂直切换。当接入源 RAT 的终端切换到另一个目的 RAT 时,该模块能够保证业务的连续性。在 RAN 出现拥塞(部分 RAT 过载的同时,部分RAT 空闲)时,可以通过控制终端的切换来调节不同 RAT 的负载,以达到负载的均衡。

（4）联合负载控制（Joint Load Control,JOLDC）:负责异构无线网络之间的拥塞控制,通过接纳控制、带宽分配、系统间切换等措施平衡不同网络间的负载分布,以获得最大的聚合增益（Trunking Gain）,提高可重配置系统的整体容量。JOSAC、JOSCH、HO 是实现 JOLDC 的具体手段。

上述功能的实现依赖于 JRRM 算法,通用的 JRRM 算法模型如图 7.12 所示。

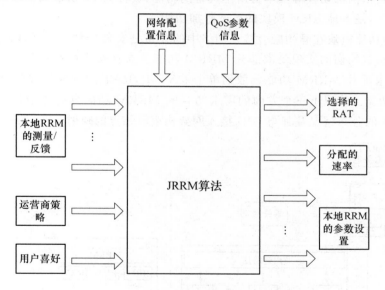

图 7.12　JRRM 通用算法模型

JRRM 算法的输入信息主要有:1)RATs 的部署信息、每个 RAT 的可用带宽、场景配置信息(比如基站的最大发射功率水平);2)来自不同 RAN(Radio Access Network)和 UE(User Equipment)的测量信息(比如负载情况、接收端的接收功率水平);3)运营商的策略和用户喜好(比如商业战略、RAN 所有权、定制业务)。依据这些输入信息,JRRM 将在不同的应用场景下给出相应的输出结果,其中包括对接入权限、时隙、码字、载波、带宽、功率等资源进行合适的动态分配和管理,如终端接入以及垂直切换时的 RAT 选择和比特速率分配,业务流分裂(Traffic Splitting)方式的选择以及分裂后业务流接入方式的选择等。

3. 多无线资源管理(MRRM)模型

在欧盟 1ST 第六框架 AN 项目中,针对下一代移动通信网中多种无线接入技术接入的特殊应用场景,研究人员提出了多无线资源管理(Multi-Radio Resource Management,MRRM)的概念,采用模块化方法设计可以整合和集成异构无线接入技术的架构模型,将所有无线接入技术整合到一个统一的网络环境中,达到有效利用全部无线资源,为用户提供具有 QoS 保证的业务[17]。MRRM 主要功能包括整体的资源管理、RRM 功能的补充、对无线资源联合管理(如动态负载分配)、有效的接入发现和选择、数据流切换、会话接纳控制、通用链路层(GLL)控制和拥塞控制。

逻辑上,MRRM 分为两个功能模块:RAT 协调功能模块和 RRM 补充功能模块,这两个模块都建立在现有 RAT 的本地 RRM 功能块之上[18]。RAT 协调功能模块的应用范围覆盖了整个接入网系统内所有可用的 RATs,该模块的典型功能是:动态地添加或移除系统内的RATs,不同网络的 MRRM 之间信息交互,发现可用的 RAT,终端在不同 RAT 之间的切换,拥塞控制,负载均衡和多种 RAT 之间自适应协调的资源分配等。RRM 补充功能模块是特别为一个或多个 RAT 设计的模块,并不是取代各种 RAT 的本地 RRM 功能块,而是对 RRM 功能块的补充完善。该功能模块的功能有:为潜在的 RAT 提供其本身缺乏的 RRM 功能或者完善其功能不足的 RRM 模块,比如可以为基于 IEEE 802.11 的 WLAN 提供接纳控制、拥塞控制和无线接入技术内部切换等其本身所不具备的功能;负责 RAT 协调功能模块中特定 RATs之间的信息交互,是本地 RRM 模块的可选附加功能。

MRRM 的功能模块在异构融合接入网络中的分布是实现多种异构无线网络资源整合的关键。全局化负载均衡的实现要求部分 MRRM 功能分布在接入网络中心结点上,终端切换功能的实现要求部分 MRRM 功能分散到单个 RAT 上,RAT 的发现与选择则需要终端具有部分 MRRM 功能。将以上三个方面的需求结合的 MRRM 功能分布是最佳的分布选择,[19]给出了 MRRM 的分布情况及其与 B3G 接入网架构逻辑结点的映射关系,如图 7.13 所示。

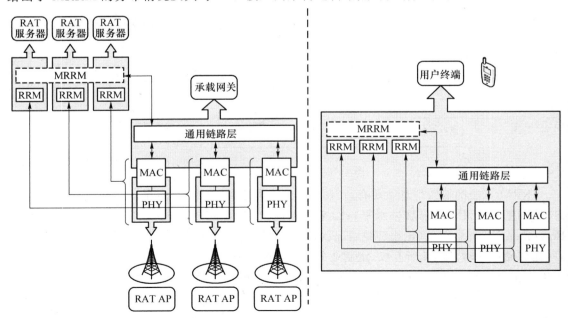

图 7.13 MRRM 与 B3G 接入网架构逻辑结点的映射关系

B3G 接入网架构逻辑结点主要有：用户终端，该逻辑结点包含了支持与其他用户终端和接入网络通信的必需功能；RAT 接入点（RAT AP），该逻辑结点包含 RAT 的物理层的所有功能以及层 2 的部分功能；承载网关，该逻辑结点作为接入路由器，包含层 2 的部分功能和通用链路层；RAT 服务器，对用户终端、RAT AP 以及承载网关进行控制，进而实现 RAT AP 和 RAT 的选择以及 RAT 承载的实现。由图可以看出，MRRM 功能主要分布在接入网络侧的 RAT 服务器和终端侧的用户终端两个逻辑结点中，剩余的部分功能则在通用链路层实现（比如，动态的接入路径切换）。这种终端侧和网络侧同时分布的方式可以使 MRRM 更有效地控制不同 RAT 之间的切换，合理地调配所有的无线资源，满足应用层的业务 QoS 需求。

上述三种无线资源管理模型既有自己独特的优势，又各自都存在一些不足。CRRM 机制在资源处理过程中仅考虑了负载因素，未考虑用户移动模式，覆盖范围，信号强度等其他决策因素，准确性不够。JRRM 所选择的无线网络融合模型不具有代表性，此外，只是采用简单的算法得到资源分配策略，可靠性较差。MRRM 定义了 GLL 的物理结构，但是需要再修改网络底层的协议以支持 GLL 功能，实用性不强。

目前的异构无线网络融合性较差，只能进行简单的互通，单个用户无法利用多个无线接入网络进行业务数据传输，不同接入制式的异构网络之间因其资源格式以及资源调度策略的巨大差异仍无法进行更高层次上的无线资源协同管理。随着无线通信新技术的涌现以及多模终端的兴起，迫切需要实现异构无线接入网络的进一步融合，实现泛在化的无线接入网络。针对此问题，不仅需要对异构无线网络资源管理架构进行创新，也需要对资源管理实体的功能进行优化与升级。

7.2.2 异构网络无线资源抽象与虚拟化

新一代无线通信系统将会是一个多种无线接入制式、多种移动业务、多种终端设备融合的网络。在这种异构融合的网络中实现异构无线网络的全局化一致性无线资源管理不仅需要对异构无线网络资源管理架构进行革命性的创新，也需要对不同无线接入网络制式下的不同种无线资源格式进行资源抽象与虚拟化，以实现对所有资源的统一调度和最优化利用。在计算机科学中，虚拟化是一种表现逻辑群组或计算资源的子集的过程，用户可以用比原来的组织更好的方式来使用资源，这些资源的新虚拟部分不受现有资源的架设方式、地域和物理形态所限制。本质上来说，虚拟化是一种资源管控技术，即对相应的软件硬件资源做管理控制，为上层提供应用需要的逻辑形态，以更高效更灵活的方式使用资源。

目前国内外学者对异构网络资源抽象已经有一定的研究，斯坦福大学的 SoftRan 项目研究组提出的 Soft Defined Radio Access Network[24]（SoftRan）中，对异构无线接入网进行了融合，提出了对 LTE、3G 等不同无线接入网的无线资源进行虚拟，将无线资源抽象为包含时间、频率、基站索引的 3D 资源格式。奥斯汀大学的研究人员提出了一种 NVS 无线资源虚拟层[25]，研究了一种蜂窝网络里面无线资源虚拟化的方法，将基站的上行资源和下行资源抽象为网络分片（slice），并可以基于网络分片来实现不同的流调度和业务优化策略，为网络隔离、网络租赁和虚拟运营商提供了一种便捷的实现方式。Bhanage 在文献[26]中提出了一种基于 ASN 网关的 WiMax 网络虚拟化方法；另外，文献[27][28]都是针对于虚拟运行商提出的不同粒度的网络虚拟化方法。

本文将对 SoftRan 网络架构下的资源抽象方法以及 NVS 无线资源虚拟层进行详细介绍，并在此基础上，提出一种新型异构网络无线资源抽象方法。

1. SoftRan 网络架构下的资源抽象方法

传统意义上的无线接入网络是独立基站的集合,这些基站之间的协作仅仅依靠一些分布式的协同机制,如自组织网络(SON)、小区间干扰协调(ICIC)、协同多点传输(CoMP)等。而且这种协作性仅局限于很有限的范围(limited scale),这种小区间的低协作性使得异构无线接入网络之间的干扰管理、负载均衡以及无缝切换很难实现,这无疑会降低系统资源的利用率,无法依据网络状态实时地进行资源分配策略的调整。

针对这种现状,斯坦福大学提出 SoftRan 网络架构,将部署在同一地理区域内的所有基站抽象成一个虚拟化大基站,每个物理小基站作为组成该虚拟基站的无线元素(Radio Elements,RE)。这些无线元素仅具有逻辑上的部分控制功能,关键决策由逻辑上的中心控制实体完成,所有的无线元素均由中心控制实体控制。这个逻辑上的中心实体被称作这个虚拟化大基站的控制器,控制虚拟大基站下的所有物理小基站之间的协作,具有该区域无线接入网的全局信息。SoftRan 网络架构图如图 7.14 所示。

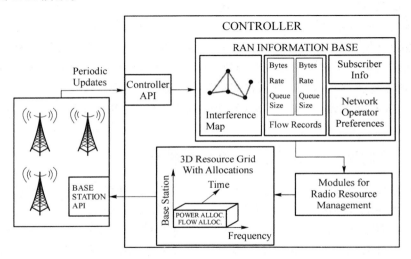

图 7.14　SoftRan 网络架构图

该架构下,基站的无线资源被抽象成一个由时间、频率、基站索引构成的三维资源网格,由控制器给该三维无线资源网格上的各个资源块分配合适的传输功率以及具体的服务流。从网络运营商的角度来看,该区域内的所有无线元素都可以看做是具有一个三维资源网格的单个基站,这种对基站无线资源的抽象可简化控制算法的设计和实现。但是,从用户角度来看,在源基站和目标基站进行切换时,仍需要感知多个基站并需要和源基站、目的基站进行握手连接。即便如此,这种中心控制思想的应用仍然会使用户在基站间的切换变得更加流畅,并且有效减少连接中断以及"乒乓效应"(同组源基站和目的基站间的来回切换),提高移动场景下用户连接的稳定性。通过对同一地理区域内的基站发射功率的集中控制,也可以更好地进行干扰管理,降低不同基站间的干扰,提高用户体验质量。

基于该架构的下行链路通信中,中心控制器给 RE 分配资源块时并不会影响对其相邻小区的资源分配策略。相邻小区只需要知道该 RE 的传输功率,而不需要知道每个资源块具体被分给该 RE 范围内的哪个用户终端。每个 RE 范围内,用户终端会周期性地给 RE 报告信道测量信息,RE 会依据这些测量信息实时地对无线资源块的分配做出调整。因此,当 RE 具有最新的无线信道信息时依据这些信息进行无线资源分配,此外则依据中心控制器的资源分配策略进行无线资源块的分配。此架构下的上行链路通信则与此相反,因为每一个特定资源块对应一个特定的传输用户,所以上行链路中资源块分配决策显然会造成相邻 RE 之间的上行干扰,上行链路的资源块分配由中心控制器来完成。总的来说,RE 仅仅负责在 RE 收到来自用户终端的关于无线信道质量的最新消息时,更新下行链路无线资源块的分配,其他的所有决策都是由逻辑上的中心控制器来实现。

SoftRan 网络架构中的基站虚拟化可以有效地提高同一物理区域内各个物理基站之间的协作性,实现整个无线接入系统中数据流的效用最优化。同时,对无线资源的抽象可以使基站更高效地进行资源管理与分配,提高系统的资源利用率。通过中心控制器获取无线接入网络全局信息来均衡无线资源分配,降低基站间的干扰,并实现基站间的负载均衡。但这种基站虚拟化与资源抽象仅适用于狭义的异构无线接入网(比如 Femtocell 和 Microcell 之间异构),即同种接入制式下密集部署的接入网络。此外,这种对资源的时间、频率、基站索引的三维抽象中,频率并不能直接用来屏蔽广义异构网络(比如 LTE 和 3G 之间异构)之间的差异。

2. NVS 无线资源虚拟层

对无线网络资源共享的需求不仅来自于资源的使用者——用户,也包括了资源的分配者——网络运营商。无线网络资源虚拟化的可以在以下四个部署场景使网络运营商受益[25]。

(1) 移动虚拟网络运营商(MVNOs):MVNOs 自身不拥有无线网络架构,从移动运营商(MNOs)那里租用网络架构为用户提供网络服务,包括 VoIP、视频会议、实时流媒体以及传统的语音业务等等。这种 MVNOs 和 MNOs 合作双赢的架构可以帮助 MNOs 吸引更多的消费用户。

(2) 合作捆绑计划(Corporate Bundle Plans):随着语音业务收益的急剧下降,数据业务开始受到运营商的青睐,运营商投入大量的财力和精力去发展数据业务,开拓数据业务消费市场。迄今为止,运营商为了增加收益,已经开展并实施了许许多多复杂的数据计划[29]。一些合作捆绑数据计划悄然兴起,这种捆绑计划可以支持同一个合作群体里的运营商灵活地共享无线资源。

(3) 创新技术的可控评估(Controlled Evaluation of Innovations):无线资源的虚拟化可以支持运营商在不影响运营网络运行的前提下,分离出部分无线资源用来进行新方法的部署与测验。这种资源上的分离可以减少因为运营方案更新换代带来的基站的重置和实验基站的兴建,也可以为大规模实时场景下的创新技术研究构建一个虚拟实验环境。

(4) 租用网络服务(Services with Leased Networks,SLNs):随着用户依赖性较高的网络服务的变革,无线网络"最后一公里"的用户数量越来越多,未来将会是由应用程序服务供应商代表用户付款给无线网络运营商,以此来保证用户的体验质量。

基于以上四种场景需求,奥斯汀大学的研究人员提出了一种 NVS(Network Virtualization Substrate)无线资源虚拟层,这种无线资源的虚拟化是基于不同的资源分片(Slice)实现轻量级的宽带无线资源虚拟。NVS 的实现与评估虽然是基于 IEEE 802.16e WiMax 架构完成的,但是这种资源的虚拟方式却是通用的,同样适用于具有同种特征的接入技术,比如 LTE 和 IEEE 802.16m。WiMax(IEEE 802.16e)基站使用 OFDMA 帧结构实现基站和用户终端之间上下行数据传输调度,OFDMA 的每一个帧都可以看作是时间轴和频域轴上的二维资源块集。基站周期性传输的 MAC 帧结构示例如图 7.15 所示。

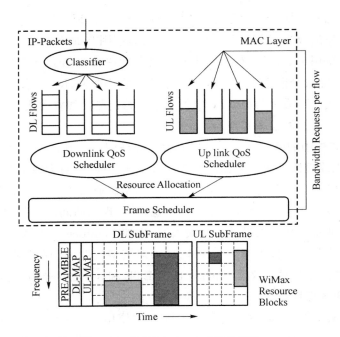

图 7.15 IEEE 802.16e MAC 模块

从图中可以看出,所有的用户使用 WiMax 资源块报头(preamble)实现同步。下行链路示意图告诉用户该接收资源块中的哪几个小块,上行链路示意图告诉用户该发送资源块中的哪几个小块,这种集中式的资源调度可以最大化网络吞吐量。WiMax 依据不同资源流的 QoS 参数进行归类,主要有五类,按照优先级递减的顺序依次是费请求的拼块分配(unsolicited grant service,UGS),扩展实时轮询服务(extended Real-time rolling service,eRTPS),实时轮询服务(real-time rolling service,RTPS),非实时轮询服务(non-real-time rolling service,nRTPS)和尽力型服务(best-effort service,BE)。UGS 和 eRTPS 这两类适用于 VoIP 流,RTPS 适用于视频流,nRTPS 适用于 ftp 和文件共享,BE 适用于 Web 流。归类器依据 IP 包中数据流的参数进行归类,QoS 调度器依据不同类数据流的优先级决定数据包传输的序列,据此进行无线资源的合理分配。

基于此结构进行资源的虚拟化以及 NVS 的设计需要满足以下 3 个要求:

(1)独立性:网络资源分片之间具有独立性意味着发生在一个分片的任何资源分配上的变化都不能影响其他分片上的资源分配变化,产生这种变化的原因可能是新用户的产生、用户的移动、信道状况的波动等。

(2)定制性:不同的资源分片依据服务的特殊性使用不同的流调度策略,以达到提高定制化服务的服务质量来提升运营商的服务竞争力。因此,NVS 需要提供简单合适的编程接口以实现分片的定制化解决方案,由分片来进行流的 QoS 管理。

(3)效用最大化:无线网络运营商总是通过对稀有无线信道资源的尽量占有来最大化其收益。因此,NVS 应该能够实现分片之间的资源自适应动态分配以最大化 MNOs 和分片持有者的收益。

为了满足以上三个方面的要求,NVS 将流调度问题从片调度问题中分离出来,这种分离有以下两个方面的好处,一是这种分离给上下行方向上的分片提供了很好的自定义化控制,推动了相同所有权和相近资源流调度算法的部署;二是这种分离让分片的供应,分片持有者和

MNO 之间的定价以及分片的调度问题变得更加简单。尽管对流调度和片调度做了分离，NVS 仍然将上下行链路服务流保留在传统 WiMax 基站调度器中，同时也保留了每个流的队列，只是给每个流加上了分片 ID 作为标签。NVS 在 MAC 帧粒度下完成数据包的传送和资源的分配。针对每个方向上的每个帧，NVS 选择具有最大效用的分片，这是因为分片的效用函数是依据片持有者和 MNO 协商制定，这样得到的分片可以使 MNO 的收益最大化。一旦资源分片选定，NVS 就会选定分片中的一个流。

NVS 设计如图 7.16 所示。

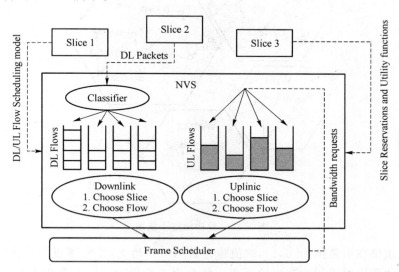

图 7.16　NVS 设计图

虽然 NVS 的设计与实现是在基于 TDD(时分双工)的 OFDMA 系统环境下进行的，但它也适用于基于 FDD(频分双工)的 OFDMA 系统，这是因为 NVS 是将无线资源看做一个信道带宽和时间上的二维资源块。NVS 的意义在于可以使蜂窝网络给用户提供更好的服务体验质量，促使服务提供商和 MVNOs 提供更多样化、定制化的服务，开辟了一个新的研究无线接入网络技术的方法。尽管如此，NVS 仍存在一些局限性。一是在上行链路中，IEEE 802.16e 移动 WiMax 标准从提高系统效率的角度出发，允许同一用户的流窃取另一个流的带宽，如果这些流属于不同的片，这将会破坏流之间的独立性，影响资源的分配；二是目前 NVS 只是在单个基站的基础上进行无线资源的虚拟化，不适用于网络整体的资源分配，这并不适合合作捆绑数据计划的部署场景，因为这类场景要求的是对一个无线接入网络内所有基站的无线资源进行虚拟化。

3. 新型异构网络无线资源抽象方法

在未来异构无线接入网络中，为了避免无线资源的浪费，提高无线资源的利用率，迫切需要将不同的无线资源抽象成可以统一调度的无线资源。本文将基于可编程数据面，研究控制器对底层无线资源的抽象，通过控制器将异构无线资源映射到由带宽、时间、基站索引所标示的三维虚拟资源粒子，并且将向上层应用提供资源调度管理的开放接口 API，屏蔽不同接入网之间管理上的差异，网络管理应用可以通过调用开放接口来实现对网络资源的管理和调度。另外，在无线环境中，干扰是无线资源到虚拟资源映射的一个关键因素，本文拟构建无线接入网的干扰图，为无线资源的映射策略提供依据。具体思路如下：

使用有向权重图来表示异构网络的干扰图,图 $G=(V,E,W)$。点集 $V=\{v_1,v_2,\cdots,v_g\}$,g 为用户的个数,每个点代表 1 个用户;边集 $E=\{e_1,e_2,\cdots,e_h\}$,h 为边的条数,边为有向边,两点间有边代表存在干扰;W 为边上权重值的集合。所得出的各个异构网络的干扰图如图 7.17 所示。由于不同接入网使用的频段不同,异构网络间的干扰可以忽略。

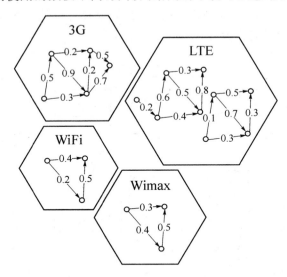

图 7.17 异构网络干扰图

干扰的权重值取值范围为 $[0,1]$,取值越大表示干扰越大,指向该点的箭头的所有权重值之和是所有其他用户对该用户产生的干扰。每个用户都是一个以自身为中心,以一定距离 d 为半径的区域,如果其他某用户处在此区域的边界上,对此用户产生的干扰使得此用户的信干噪比恰好等于要求的门限值,则我们将此半径定 d 义为这个用户的门限距离。若其他用户离此用户的距离小于此门限距离时,用户将受较大的干扰,用干扰图中的边来表示此干扰,边上的权重值大小表示干扰的大小。本文定义边的权重值如下:

$$w_{2\to1}=1-\frac{d_{f2\to1}}{d_{thrf1}}$$

其中 $d_{f2\to1}$ 为干扰用户 f_2 到用户 1 的距离,d_{thrf1} 为用户 1 的门限距离,$w_{2\to1}$ 为干扰图中家庭基站 f_2 指向用户 1 的边上的权重值。

通过上述有向权重图方案,得到异构网络的干扰图,把干扰图抽象成干扰图 API,运营商、开发者可以利用干扰图 API 进行功率分配、干扰抑制等工作。

基于构建的干扰图,将不同资源抽象成统一格式的 3D 虚拟资源粒子(Virtual Resource Element,VRE),它包括带宽、时间和基站三个维度,如图 7.18 所示。控制器中需要周期性更新控制器的 API 和信息中心的信息,通过控制器 API,得到一些相关信息,包括网络的干扰图、业务流和感知的网络状态信息等,得到三维的无线资源,即在每个调度时间内相应的基站上分配频谱资源,降低干扰,高效地利用异构网络中的无线资源。

异构网络的融合不仅需要对不同接入网的干扰进行判断,更需要对异构网络的无线信道进行统一的抽象。为了便于对异构网络中的不同资源进行统一调度,本文通过抽象函数将不同接入网的资源和子信道相关参数转换成带宽、时间和基站索引的 3D 资源 API,如图 7.19 所示。控制器可通过使用相应的 API 完成对异构网络统一多力度的快速资源分配。下面以

异构网络中带宽 API 抽象过程为例叙述,研究思路:

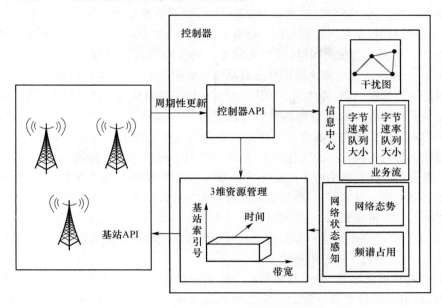

图 7.18　三维无线资源形成图

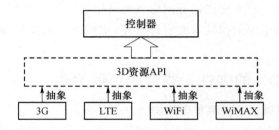

图 7.19　异构网子信道 3D 资源 API

无线网络中网络资源一般指子载波、时隙、调制解调方式、功率等,为了实现统一的带宽 API,则需要将无线参数映射到带宽资源,同时 API 中屏蔽物理协议上的差异,其映射函数可由以下范式表示:

$$f(\mathrm{cell}, \mathrm{RB}, \mathrm{subcarrier}, \mathrm{modem\_mode}\ldots) = B$$

其中,cell 为小区标示,RB 为资源块数,subcarrier 为子载波数,modem_mode 为调制方式,由于不同的无线网络中无线参数不同,因此该映射函数也不相同,$f(\cdot)$ 中参数为可选参数,网络控制器为不同网络提供适配层,从而向上层提供统一的调度接口。

7.3　弹性无线资源管理机制

未来无线通信网络具有高密度组网,高数据速率、网络环境复杂,以及业务需求动态多样的特性,这些因素使网络资源管理面临巨大的挑战。

由于资源分配的粒度偏大,当前资源分配策略在时空维度上的灵活性和效率都不高,研究人员设计了更高效的弹性网络资源分配策略。NTT 公司网络创新实验室的 Masahiko Jinno 提出弹性光网络中一种距离自适应的频谱资源分配方法,根据每条光路的调制格式和光滤波器宽度参数,自适应分配频谱,使频谱资源利用率提升了 45%[30],进一步又提出了光路路由和频谱分配最大化算法[31]。不同于传统光网络,弹性光网络的路由和频谱资源分配更加复杂,佐治亚州立大学的 Wang Yang 等人在已知光路中静态数据流量的前提下,采用线性规划建模弹性光网络中的路由和频谱资源分配问题,为达到不同优化目标设计了具有最大频谱复用率的最短路径算法,以及需要最少子载波数目的负载均衡频谱分配算法[32]。加利福尼亚大学戴维斯分校的 Zhang Shuqiang 采用多层辅助图的方法分析弹性光网络中的光电层路由和频谱分配问题,通过调整图中各个边的权重实现不同目标的优化方案,同时还提出了频谱预留机制,进一步提升了频谱资源的利用率。考虑到弹性光网络中不同业务的差分延迟限制,中国科技大学的 Zhu Zuqing 等人提出了一种动态多径路由保障算法,该算法以尽力而为的方式设置单径路由的动态连接,相比于其他算法可以降低带宽阻塞概率,并使网络容量提升10%~18%[33]。为了解决频谱碎片和失准问题,中国科技大学的研究小组进一步提出了具有较低复杂度的碎片重构路由、频谱分配算法以及拥塞避免算法,大大降低了带宽阻塞概率[34]。

从已有文献和报道来看,弹性网络资源分配是一种基于业务需求的、灵活的、多尺度的资源分配策略,目前对弹性资源分配的研究主要面向光网络。而在无线网络中同样面临着面向业务的资源分配问题,需要研究弹性网络资源分配,然而弹性光网络的资源分配机制不能直接沿用到无线网络中。因此,有必要以提升网络资源利用率为目标,综合考虑资源占用状况和用户需求,研究未来无线网络中的弹性资源管理机制,实现统一抽象资源的智能分配,提高资源利用率。

7.3.1 基于 SDN 的弹性无线资源管理架构

1. 基于集中式分层树状的资源管理架构

关于无线资源管理架构的设计主要有两种模式,集中式管理架构和分布式管理架构。集中式资源管理架构主要由一个统一的中心来进行管理、决策和控制,具有全局优化的资源利用效率,但是控制处理都由管理中心实现,容易造成负荷过载,同时效率相对比较低,适合规模较小的网络环境,不利于扩展;分布式资源管理架构由于没有中心控制而具有良好的扩展性能,但是分布式通信协议、同步机制的实现都非常复杂,额外的通信开销给网络带来负荷,且在跨域资源管理调度中同步没有保证。基于本文所提出的未来无线接入网架构中无线资源管理的特点,并综合集中式与分布式机制的优劣,使用一种基于集中式分层树状的无线资源管理架构,如图 7.20 所示。

该架构主要由三部分组成:虚拟资源池、虚拟资源管理、管控平台。虚拟资源池是多个多模资源基带池的集合,基带池资源主要包括通信资源(包括时隙资源、频率资源、功率资源、天线资源等)和计算资源(包括存储能力和 CPU 能力等)。一个多模基带池对应一个虚拟资源管理实体,虚拟资源管理实体首先完成无线资源的感知过程,之后对感知到的无线资源进行资源的虚拟化,将不同接入制式下的无线资源抽象成统一的三维资源粒子,对抽象后的三维资源粒子按照基于业务 QoE 需求的优先级进行资源粒子排序。将排序后的资源进行资源的汇总及全局性的管理,以便于资源管控平台对所有的资源进行全局统一的资源调度与分配。管控平台通过对汇总后的资源粒子进行静态的分配和动态的调整来实现整个无线接入网系统覆盖范围的最优化,均衡系统内各个基站的负载均衡,共享不同制式接入网络的频谱资源,同时使系统效用达到最优。

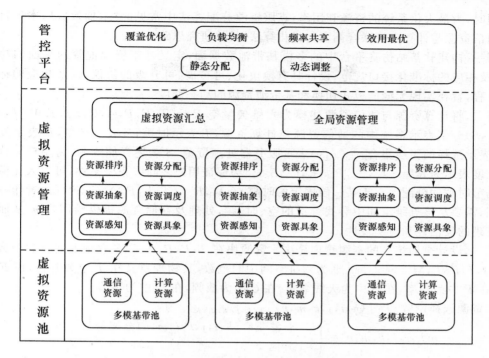

图 7.20　基于集中式分层树状的无线资源管理架构图

从整体上讲,该架构中的资源管控平台是集中式的,位于资源管理架构的顶层,掌握着所有无线资源的管理并在汇总了各个多模基带池的资源排序信息之后对资源的分配与调度进行优化的统筹规划,扮演着决策者的角色。而各个虚拟资源管理实体相对于底层虚拟资源池内分布式的多模资源基带池是集中式的,相对于顶层的资源管控平台则是分布式的,负责收集各个基带池的无线资源并将资源信息汇报到决策层,并根据上层管控平台对各个基带池无线资源的决策执行相应的控制操作,进行资源的分配、资源的调度以及将统一的资源粒子具象到具体的资源池中,该层扮演着执行者的角色。这种集中式决策与分布式控制的架构形式就是集中式分层树状无线资源管理架构,它的基本特征是"资源的集中管理、分布控制;决策的统一规划、分散部署"。

通过对以上基于集中式分层树状的无线资源管理架构的分析可以看出,该架构的设计通过全局统筹规划和各虚拟资源管理实体分工协作使得管理架构具有良好的全局优化性能和底层可扩展性。同时为无线资源的灵活配置和动态调度提供了弹性的管理和控制模式,屏蔽了底层无线资源的差异,将其纳入到顶层资源管控平台对资源的统一管理调度中来,而统一的资源管理控制操作指令下达到各虚拟资源管理实体时,由各虚拟资源管理实体根据资源的具体属性进行操作。这样资源管控平台就可以透明的对底层虚拟资源进行管理和操作,便于根据无线资源状态变化与用户业务需求来动态调整资源的分配,保证不同业务的 QoE 需求,给用户良好的 QoE 体验。

2. 基于动态多模基带池的资源联合调度

针对多种制式基带资源联合处理,建立多模资源联合处理模型,考虑不同制式业务的特点,设计合理的基带池资源协同调度算法,并保证多制式间互不干扰。然后,通过动态资源调度方法实现资源的共享。针对业务潮汐现象,对小区进行小区组规划,将部分辅载波设为共享载波,共享小区组内的部分基带资源,并根据小区的业务量动态调节小区的共享载波状态,从而实现基带资源的共享。

同时,为最大化系统的资源利用率,克服资源分配算法中常见的"木桶效应",本项目还将研究通信资源与计算资源联合调度与优化算法,具体研究思路如下:

第一,构建软基站仿真平台中的多模基带池数据面,定义基带资源池管理平面的功能实体,以及相应的标准化接口规范,设计具有模块化、可扩展、可升级的协议,以及相应的标准化信令流程,旨在实现无缝的模式切换和基带池资源的动态调度。

第二,将计算资源与通信资源建模为六维矢量空 $R=(T,F,P,A,C,S)$,其中 (T,F,P,A), (C,S) 分别表示系统中的通信资源与计算资源,T 表示时隙,F 表示频率,P 表示发射功率,A 表示选择的天线集合,$\psi_n(x,y)$ 表示服务器处理资源,S 表述存储资源,为用户 n 分配的空间粒度表示为 $R_n=(T_n,F_n,P_n,A_n,C_n,S_n)$。为保证用户之间服务公平性,可引入比例公平准则调节时隙的分配。对于某一段固定的时隙 $t\in Y_t$, $R=(T,F,P,A,C,S)$ 可以看作一个五维空间,需要从该五维空间中寻找合适的空、时、频、处理及存储资源提供给用户 n,从而保障资源管理的灵活性和可实现性。

第三,设计全局统一的资源管理算法。资源块在 T,F,P,A,C,S 六维上划分的个数分别为 H,I,J,K,L,M。定义 $\parallel \cdot \parallel$ 为六维空间中的范数,其物理意义在 T 中为时长,在 F 中为频宽,在 P 中为功率,在 S 中为天线数量,在 C 中为载频,在 D 中为字节。

设资源选择函数 $O=[(h,i,j,k,m,n)]_{H\times I\times J\times K\times L\times M\times N}$ 为

$$o(h,i,j,k,m,n)=\begin{cases}1 & \text{资源集合}(h,i,j,k,l,m,n)\text{分配给用户} n\\0 & \text{其他}\end{cases}$$

于是第 n 个用户的平均吞吐量为

$$C_n=\frac{1}{\parallel T\parallel}\sum_{h=1}^{H}\sum_{i=1}^{I}\sum_{j=1}^{J}\sum_{k=1}^{K}o(h,i,j,k,l,m,n)\parallel t_i\parallel \parallel f_j\parallel \log_2\left(1+\sum_{l=1}^{\parallel s_l\parallel}\frac{g_{(h,i,j,k)}\parallel p_{(h,i,j,k)}\parallel}{I_{\text{other}}+N_0}\right)$$

网络时延表示为

$$d(H,I,J,K,L,M,N)=d_t+d_p+d_c+d_q$$

其中,d_t、d_p、d_c、d_q 分别表示网络的传输时延、传播时延、处理时延及排队时延,它们都是用户数目、用户需求及系统通信资源与计算资源的函数,需要根据具体的网络,通过仿真测试的方式得到。以吞吐量与网络时延为指标,系统的效用函数为

$$G=U(C_1,C_2,\cdots,C_n,d)$$

$U(\cdot)$ 既要考虑系统的总体性能,又要兼顾到各个用户的公平性,于是多维资源管理可以建模为下述优化问题:

$$\max_{C} G$$

$$s.t\begin{cases}\bigcup_{n=1}^{N}\bigcup_{h=1}^{H}t_h=T,t_h\bigcap t_{h'}=\varnothing(h=h'),\bar{t}\subseteq t_h\subseteq T(1\leqslant h<H)\\\bigcup_{n=1}^{N}\bigcup_{i=1}^{I}f_i=F,f_i\bigcap f_{i'}=\varnothing(i=i'),\bar{f}\subseteq f_i\subseteq F(1\leqslant i<I)\\\bigcup_{n=1}^{N}\bigcup_{j=1}^{J}p_j=P,p_j\bigcap p_{j'}=\varnothing(j=j'),\bar{p}\subseteq p_j\subseteq P(1\leqslant j<J)\\\bigcup_{n=1}^{N}\bigcup_{k=1}^{K}a_k=A,a_k\bigcap a_{k'}=\varnothing(k=k'),\bar{a}\subseteq a_k\subseteq A(1\leqslant k<K)\\\bigcup_{n=1}^{N}\bigcup_{l=1}^{L}c_l=C,c_l\bigcap c_{l'}=\varnothing(l=l'),\bar{c}\subseteq c_l\subseteq C(1\leqslant l<L)\\\bigcup_{n=1}^{N}\bigcup_{m=1}^{M}s_m=S,a_m\bigcap a_{m'}=\varnothing(m=m'),\bar{s}\subseteq s_m\subseteq S(1\leqslant m<M)\end{cases}$$

第四,采用启发式算法对所建模的问题进行求解,并在仿真平台中对提出的算法性能进行验证,进而实现算法的改进、优化和完善。

7.3.2　面向业务 QoE 的弹性无线资源分配模型

面向业务 QoE 的弹性无线资源分配模型主要包括面向业务 QoE 需求的弹性资源分配策略和基于组合拍卖算法的弹性资源分配流程两个部分。弹性资源分配策略的制定过程主要是通过分析不同业务的 QoE 需求,基于不同业务的需求制定资源的合理分配策略以实现资源的最大化利用。在完成了资源分配策略的制定之后,基于组合拍卖算法高效地分配无线资源,提高资源分配的系统效率。通过合理资源分配策略的制定和高效资源分配流程的实施,可以在满足用户需求的基础上很大程度的提升整个异构无线接入系统的资源利用率。

1. 面向业务 QoE 需求的弹性资源分配策略

随着用户对业务体验质量的需求日益增加,不同业务的 QoE 需求有很大差异,通过对不同业务进行 QoE 感知,依据得到的感知数据对业务进行适当的资源分配,可以有效地避免资源的浪费及不均衡使用,提高资源利用率。本文设计了视频类业务的 QoE 感知模型和 BE 业务的 QoE 感知模型,通过这两种模型对不同业务进行 QoE 感知。

（1）视频类业务的 QoE 感知模型

自然场景下视频帧一些特征会服从一定的统计规律,即自然图像统计规律（NSS）,当视频发生失真时会偏离 NSS,其偏离程度可以反映视频帧质量。本文采用广义高斯分布（GGD）对视频帧进行建模,计算失真视频帧与自然图像之间的马氏距离。总体框架如图 7.21 所示,具体的研究思路如下:

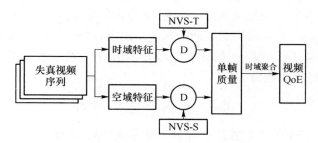

图 7.21　视频业务 QoE 感知模型

首先对视频序列中每一帧进行归一化处理,自然图像区别于计算机图像、噪声图像等,它拥有一些固有的统计特性。为了模拟人眼 HVS 特性,采用 Ruderman 归一化算法对视频帧像素值进行归一化,使其更符合高斯分布。

$$\psi_n(x,y) = \frac{\Phi_n(x,y) - \mu_n(x,y)}{\sigma_n(x,y) + C}$$

其中,$\Phi_n(x,y)$ 是视频序列中第 n 帧图像 (x,y) 位置的像素点。$\mu_n(x,y)$ 是像素点 (x,y) 周围 $N*N$ 区域像素点的均值,$\sigma_n(x,y)$ 是它们的方差。

然后采用对称高斯分布拟合 $\psi_n(x,y)$ 的分布,该高斯分布的形状可以使用其形状参数 α,β,γ 来表示,失真会使帧图像的分布偏离 NSS 的分布,同时得到 α,β,γ 的值也会不同,因此选择这三个参数作为帧图像特征的前三个参数。

其次,采用基于 $N*N$ 的块对帧 $\psi_n(x,y)$ 计算两点间的相关性的方法计算空域相关性特征 ρ。自然图像空域间存在着很强的相关性,它同样也存在一定的统计特性。采用非对称高

斯分布拟合 ρ 的分布,同样可以得到一系列可以表征视频特性的参数。

最后提取整个视频序列时域统计特征,对帧序列 $I_n(x,y),n=1,2,3\cdots$ 进行运动估计,并得到运动残差图像

$$I_{residual}=I_{n+1}-I_{n+1}^p$$

同样的,对 $I_{residual}$ 进行归一化,并使用 GGD 来拟合残差图像的归一化后的 DCT 系数,这样可以得到三个参数用来衡量时域残差 NVSS 特征。

为了得到单帧的质量,使用马氏距离对视频单帧进行质量评价,得到视频的空域质量。分别计算空域特征和时域特征与自然视频特征间的马氏距离

$$D(v_1,v_2,\Sigma_1,\Sigma_2)=\sqrt{(v_1-v_2)^{\mathrm{T}}\frac{(\Sigma_1+\Sigma_2)^{-1}}{2}(v_1-v_2)}$$

由于人眼视觉系统(HVS)的非线性特征,呈现出来视觉迟滞效应,因此直接对单帧质量求平均并不能准确得到视频序列的整体质量,通过深入研究 HVS 视觉迟滞效应,并据此对得到的单帧视频质量进行合并,最终得到视频业务的 QoE。

(2) BE 业务的 QoE 感知模型

人类感知源自于外界事物的刺激,心理物理学中韦伯-费希纳定理描述了人类感觉敏感度与外界刺激的自然对数关系。对于 BE 类的业务,业务完成时间是影响业务体验的主要因素,因此,可以将业务完成时间看成 QoE 的刺激。用户对下载类业务体验质量和业务完成时间之间存在着的对数依赖关系,传统上,下载类业务的 QoE 可表示为:

$$\mathrm{QoE}_{download}=\alpha\cdot\log(\mathrm{BW})+\beta$$

其中,BW 表示归一化后的带宽,α,β 为物理刺激参数向 QoE 映射训练得到的参数。然而在实际的业务体验不仅仅只受到完成时间影响,业务内容信息量也是影响业务体验的重要因素,由直观认识可以得知,在业务完成时间相同的情况下,信息量越大,用户体验将会越高。本文基于信息熵理论提取 Best Effort 信息量 I_{BE},并采用韦伯-费希纳定理,对 Best Effort 业务QoE 评价模型进行改进,建模为

$$\mathrm{QoE}_{BE}=\alpha\cdot\log\left(\frac{\kappa I_{BE}}{\tau}+\omega\right)+\beta$$

其中,I_{BE} 为 Best Effort 业务信息量,τ 为业务完成时间,通过主观实验并训练得到 $\alpha,\beta,\kappa,$ ω 模型参数,从而得到 Best Effort 业务的用户体验模型。

基于以上两种 QoE 感知模型可以感知到不同业务的 QoE,依据感知到的 QoE 对业务进行分类,得出优先级排序,依据业务的优先级顺序给业务分配不同的无线资源,以此在满足用户 QoE 需求的基础上提高资源的利用率。

2. 基于组合拍卖算法的弹性资源分配流程

在环境复杂和资源受限的背景下,提高资源利用率是未来无线网络一个亟待研究的问题。本文设计一种弹性网络资源分配策略,对虚拟化资源进行分割与定价,采用组合拍卖算法模型完成资源的弹性分配。具体研究思路如下:

第一,基于开放无线网络架构下资源的虚拟化,设计虚拟化管理层,进而提出集中式分层树状资源管理架构,上承虚拟网络的管理,下接虚拟资源的管理,实现资源的集中管理和分布控制,以及决策的统一规划和分头部署,在虚拟资源与虚拟网络之间建立良好的沟通与协调机制,充分保证下层虚拟资源的合理利用与上层虚拟网络高效运营。

第二,基于上述资源虚拟化思想,采用基于资源定价的组合拍卖算法建模。参与拍卖的有

多个买家和卖家,竞拍者可以对若干种类和数量的网格资源的组合进行竞价,这种定价模型大大提高了系统效率,其算法流程表示如下:

Step 1: N 个网格结点(包括个 N_{UB} 买家和 N_{GSP} 个卖家)分别向资源拍卖师提交其组合资源包 a_j 和单价 u_j,这里 $\forall j \in \{1, 2 \cdots, N\}$。

Step 2: 设定约束条件,求解竞标目标函数:

$$\max \sum_{j=1}^{N} \sum_{i=1}^{I} u_{ij} a_{ji} e_j, \text{ s. t. } \sum_{j=1}^{N} a_{ji} e_j \leqslant 0, \forall i \in \{1, \cdots, I\}, e_j \in \{0, 1\}, \forall j \in \{1, \cdots, N\}$$

Step 3: 资源拍卖师根据竞标结果 e_j,将胜出买家的结点标号存入买家列表 BL;将胜出的卖家的结点标号存入卖家列表 SL。

Step 4: 对于第 i 类(这里 $\forall i \in \{1, \cdots, I\}$)资源,分别生成其对应的"买家子列表"和"卖家子列表",并进行排序;

Step 5: 计算单位交易价格矩阵 tu_i。以 $tu_i(x, y)$ 表示 bl_i 中第 x 个买家与 sl_i 中第 y 个卖家对第 i 类资源的单位交易价格 $tu_i(x, y) = \dfrac{ub_i bl_i(x) + us_i sl_i(y)}{2}$。

Step 6: 分别以矩阵 Allo_i 和 Pric_i 存储第 i 类资源的分配结果和定价结果,这里 Allo_i 和 Pric_i 都是 $N_b \times N_s$ 的矩阵,其中 $\text{Allo}_i(g, h)$ 和 $\text{Pric}_i(g, h)$ 分别表示买家列表 BL 中第 g 个买家与卖家列表 SL 中第 h 个卖家对第 i 类资源的交易数量和价格,这里 $\forall g \in \{1, \cdots, N_b\}$,$\forall h \in \{1, \cdots, N_s\}$,通过迭代为买家分配资源。

Step 7: 资源拍卖师将资源分配结果 Allo_i 和定价结果 Pric_i 通知各买家和各卖家。以 tpb_g 表示买家列表 BL 中第 g 个($\forall g \in \{1, \cdots, N_b\}$)买家所支付的总费用,以 tps_h 表示卖家列表 SL 中第 h 个($\forall h \in \{1, \cdots, N_s\}$)卖家所获得的总报酬,有

$$\begin{cases} tpb_g = \sum_{i=1}^{I} \sum_{h=1}^{N_s} \text{Pric}_i(g, h) \\ tps_h = \sum_{i=1}^{I} \sum_{h=1}^{N_b} \text{Pric}_i(g, h) \end{cases}$$

弹性资源分配流程如图 7.22 所示。参与拍卖的有多个买家和卖家,竞拍者可以对若干种类和数量的网格资源的组合进行竞价,这种定价模型大大提高了系统效率。

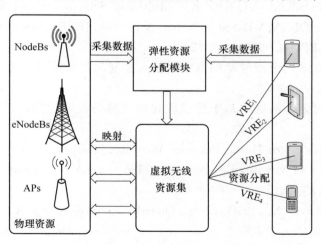

图 7.22 弹性资源分配流程

7.4 本章小结

本章 7.1 小节首先介绍了移动通信系统中无线资源管理模块的各个组成部分,并对各个模块的功能作用及其在通信实体中的分布做了简单的介绍。然后对支撑无线资源管理的关键技术进行了具体的说明,详述了几个关键技术的实施过程及其作用。在此基础上,通过对移动通信系统中无线资源分配与调度策略研究目标的把握,基于三种研究场景选取三种典型的组网结构,围绕这三种网络介绍几种典型的资源分配调度策略。然后,7.2 小节首先分别介绍了三种异构无线网络中的资源管理模型,通过这三种模型了解了资源管理架构的特点。然后对 SoftRan 网络架构下的资源抽象方法以及 NVS 无线资源虚拟层进行详细介绍。之后提出一种新型异构网络无线资源抽象方法。最后,7.3 小节主要针对所提的未来无线接入网架构设计了一种弹性无线资源管理机制,这种弹性无线资源管理机制的实现依赖于一种基于集中式分层树状的无线资源管理架构。在对该架构的具体组成详细阐述之后,介绍了面向业务 QoE 的弹性无线资源分配模型。

参考文献

[1] 彭木根,王文博. TD-SCDMA 移动通信系统. 北京:机械工业出版社,2005.

[2] 彭木根,王文博. 3G 无线资源管理与网络规划优化. 北京:人民邮电出版社,2006.

[3] 3GPP TSG. Radio Resource Management Strategies. 3GPP Technical Report TR 25. 922. 2001:35-44.

[4] Richard A. , Dadlani A" Kim K.. Multicast Scheduling and Resource Allocation Algorithms for OFDMA-Based Systems:A Survey. IEEE Communications Surveys & Tutorials,vol. PP,no. 99,2012:1-15.

[5] 伍仁勇. 支持 QoS 的无线移动网络呼叫接入控制和智能资源分配研究[学位论文]. 武汉:华中科技大学,2006.

[6] 马艳波. 下一代无线网络中基于跨层优化的资源分配研究[学位论文]. 济南:山东大学,2010.

[7] Tsem-Huei Lee,Yu-Wen Huang. Resource Allocation Achieving High System Throughput with QoS Support in OFDMA-Based System. IEEE Transactions on Communications,vol. 60,no. 3, March 2012,pp. 851-861.

[8] Miao G. , Himayat N. , Li G. ,et al. Distributed Interference-Aware Energy-Efficient Power Optimization. IEEE Transactions on wireless communications,vol. 10,no. 4, 2011:1323-1333.

[9] Liu L" Qu D" Jiang T" et al. Coordinated User Scheduling and Power Control for Weighted Sum Throughput Maximization of Multicell Network. In Proceedings of

IEEE Global Telecommunications Conference,2010:1-6.

[10]　Bo Bai,Zhigang Cao,Wei Chen,et al. Uplink Cross-Layer Scheduling with Diffoential QoS Requirements in OFDMA Systems. Eurasip Journal on Wireless Communications And Networking,vol. 58,no. 4,2010,pp. 1161-1171.

[11]　石俊峰. 多天线与有限反馈下的基站协作性能研究[学位论文]. 北京:北京邮电大学,2012.

[12]　Hasan S. F" Siddique N. H. ,Chakraborty S. . Femtocell versus WiFi _ A survey and comparison of architecture and performance. In Proceedings of 1st International Conference on Vehicular Technology,Information Theory and Aerospace &. Electronic Systems Technology,17-20 May 2009:916-920.

[13]　Zahir T. ,Arshad K. ,Nakata A. ,et al. Interference Management in Femtocells. IEEE Communications Surveys &. Tutorials,vol. 15,no. 1,First Quarter 2013:293-311.

[14]　叶敬,张欣,曹亘,等. 家庭基站技术挑战和研究现状. 电信工程技术与标准化,2011 年第 4 期:69_73.

[15]　 Ding Zhe, Xu Yubin, Sha Xuejun, Cui Yang. A Novel JRRM Approach Working Together with DSA in the Heterogeneous Networks. Information Technology and Applications,2009.

[16]　丁哲. 异构可重配置网络无线资源管理关键技术研究[学位论文]. 哈尔滨:哈尔滨工业大学. 2011.

[17]　苗杰. 异构无线融合网络中无线资源管理关键技术研究[学位论文]. 北京:北京邮电大学,2012.

[18]　F. Berggren,A. Bria,L. Badia,I. Karla,et al. ,"Multi-radio resource management for ambiet networks," Proc. IEEE PIMRC'05,2005.

[19]　Magnusson,P. ; Lundsjo,J. ; Sachs,J. ; Wallentin,P. Radio resource management distribution in a beyond 3G multi-radio access architecture. Global Telecommunications Conference,2004.

[20]　马文敏. 未来移动通信系统资源分配与调度策略研究[学位论文]. 北京:北京邮电大学,2013.

[21]　路兆铭. 下一代移动通信系统中跨层资源分配研究[学位论文]. 北京:北京邮电大学,2012.

[22]　 Kennedy J. , Eberhart R. . Particle Swarm Optimization. In Proceedings of IEEE International Conference on Neural Networks,1995:1942-1948.

[23]　Saraydar C" Mandayam N. B. ,Goodman D. J? Efficient power control via pricing in wireless data networks. IEEE Transactions on Communications,vol. 50,no. 2,2002:291-303.

[24]　Gudipati,A. ,et al. ,SoftRAN:software defined radio access network,in Proceedings of the second ACM SIGCOMM workshop on Hot topics in software defined networking. 2013,ACM:Hong Kong,China. :25-30.

[25]　Kokku,R. ,et al. ,NVS:A Substrate for Virtualizing Wireless Resources in Cellular Networks. Networking,IEEE/ACM Transactions on,2012. 20(5):1333-1346.

[26]　 Bhanage,G. ,et al. Virtual basestation:architecture for an open shared WiMAX

framework. in Proceedings of the second ACM SIGCOMM workshop on Virtualized infrastructure systems and architectures. 2010. ACM.

[27] Lera, A. , A. Molinaro, and S. Pizzi, Channel-Aware Scheduling for QoS and Fairness Provisioning in IEEE 802. 16/WiMAX Broadband Wireless Access Systems. Network, IEEE, 2007. 21(5):34-41.

[28] Floyd, S. and V. Jacobson, Link-sharing and resource management models for packet networks. Networking, IEEE/ACM Transactions on, 1995. 3(4):365-386.

[29] "AT & T available data plans," AT & T, Dallas, TX, 2011 [Online]. Available: http://www. wireless. att. com.

[30] Jinno, M. , et al. , Distance-adaptive spectrum resource allocation in spectrum-sliced elastic optical path network [Topics in Optical Communications]. Communications Magazine, IEEE, 2010. 48(8):138-145.

[31] Takagi, T. , et al. Algorithms for maximizing spectrum efficiency in elastic optical path networks that adopt distance adaptive modulation. in Optical Communication (ECOC), 2010 36th European Conference and Exhibition on. 2010.

[32] Yang, W. , et al. , Towards elastic and fine-granular bandwidth allocation in spectrum-sliced optical networks. Optical Communications and Networking, IEEE/OSA Journal of, 2012. 4(11):906-917.

[33] Wei, L. , et al. , Dynamic Multi-Path Service Provisioning under Differential Delay Constraint in Elastic Optical Networks. Communications Letters, IEEE, 2013. 17(1): 158-161.

[34] Yawei, Y. , et al. , Spectral and spatial 2D fragmentation-aware routing and spectrum assignment algorithms in elastic optical networks [invited]. Optical Communications and Networking, IEEE/OSA Journal of, 2013. 5(10):A100-A106.